意识的宇宙

——物质如何转变为精神

（重译版）

[美]杰拉尔德·M·埃德尔曼　朱利欧·托诺尼　著

顾凡及　译

U0279667

上海科学技术出版社

图书在版编目（CIP）数据

意识的宇宙：物质如何转变为精神：重译版 / (美)
杰拉尔德·M·埃德尔曼（Gerald M. Edelman），(美)朱
利欧·托诺尼（Giulio Tononi）著；顾凡及译.—上海：
上海科学技术出版社，2019.9（2023.3重印）
ISBN 978-7-5478-4545-5

I.①意… Ⅱ.①杰… ②朱… ③顾… Ⅲ.①神经科
学—研究 Ⅳ.①Q189

中国版本图书馆CIP数据核字（2019）第194503号

A Universe of Consciousness: How Matter Becomes Imagination
Copyright (c) 2000 by Gerald M. Edelman and Giulio Tononi
Chinese (Simplified Characters) Trade Paperback
Copyright (c) 2003 by Shanghai Scientific & Technical Publishers
All RIGHTS RESERVED

上海市版权局著作权合同登记号 图字：09-2019-834号

意识的宇宙
—— 物质如何转变为精神

［美］杰拉尔德·M·埃德尔曼 朱利欧·托诺尼 著
顾凡及 译

上海世纪出版（集团）有限公司
上海科学技术出版社 出版、发行
（上海钦州南路71号 邮政编码200235 www.sstp.cn）
上海锦佳印刷有限公司印刷
开本 787×1092 1/16 印张 20.5
字数 265千字
2019年9月第1版 2023年3月第3次印刷
ISBN 978-7-5478-4545-5/N·181
定价：78.00元

本书如有缺页、错装或坏损等严重质量问题，请向工厂联系调换

内容提要

在思索时，我们的头脑里发生了些什么？为什么发生在一团胶状组织中的物理事件，会产生意识经验的整个世界，这个世界包括了我们所感受到、所认识到，以及我们之所以成为我们自己的一切因素？2000多年以来，科学家和哲学家费尽心血来思考这些问题，但是直到最近以前，一直没有可能在科学实验的基础上来回答这些问题。

埃德尔曼和托诺尼在本书中提出了一种基于经验的全面的意识理论。这一理论对于意识的最基本和最普遍的性质，第一次提出了一种科学的认识。这些性质包括经验的私密性和整体性，同时又有无穷多种不同的意识状态，穷极人们记忆和想象之所能。究竟用什么样的神经过程，才能解释得以产生如此数量巨大之统一的意识状态呢？这种能力是今天的计算机所远远达不到的。

为了回答这个问题，埃德尔曼和托诺尼运用了近代神经科学的全部知识和思想，从迄今建立过的最大的脑计算机模型，直到检测我们意识到或者并不意识到某个刺激时脑活动中实际发生变化的新实验。他们的这些论点是建立在埃德尔曼三本里程碑式的书籍——《神经达尔文主义》《拓扑生物学》和《有记忆的现在》所提出的根本思想之上的，这些工作把达尔文主义的原理应用于脑的发育和心智的产生方面。

这一开创性工作的结果对有关意识的许多传统思想提出了挑战：意识过程不断地和很大一部分脑中各种各样的无意识过程相互作用；意识过程并不局限于某个特定的脑区，而有赖于许多脑区之间的相互作用；并且这些相互作用并不彼此雷同，而是极富个性。本书中的这些思想强调了每个个体的复杂性和独特性，它们对于哲学和我们有关自己的认识，都具有极为重要的意义。

米开朗琪罗在西斯廷教堂中的画作《亚当的创造》(Creation of Adam)细部。上帝画在一个很像人脑切片的背景之上。更详细的比较可以参考 F. L. Meshberger, "An Interpretation of Michelangelo's Creation of Adam Based on Neuroanatomy", Journal of the American Medical Association, 264 (1990), 1837–1841。

目 录

序

在意识的自然科学研究中，埃德尔曼的"动态核心假设"独树一帜。虽然意识自然科学研究的先驱、诺贝尔奖得主克里克曾对他提出过批评，但也承认他是"意识科学研究的领军人物之一"。本书出版于2000年，距今已差不多有20年了，但是今天读来，其中的一些思想依然很有启发，并且令人觉得他言其他人之所未言。这本书是埃德尔曼生命最后35年中最重要的著作，系统、全面、深入地阐明了他对意识研究的思考。对于想了解他对意识问题的思想的人，本书是非读不可的。本书也值得对意识的自然科学研究有兴趣的人们一读。

埃德尔曼因为把免疫系统看成是一种选择系统，颠覆了传统的免疫理论而获诺贝尔奖，此后他把这一思想用到脑和意识的研究上来。他认为脑也是一种选择系统，而不是一种指令系统。他明确地指出：脑不是图灵机。这和当前人工智能的主流思想是不一样的。他指出：没有两个脑是完全一样的，而且脑在不断地变化。由于神经回路的无穷多样性和动态变化，而脑中丘脑-皮层系统中神经元群彼此之间极其丰富的双向联结——复馈联结，又使这一系统构成一个整体。这种复杂性和整体性的并存，为意识的相应特性提供了神经基础，这就是他的动态核心假设的中心思想。他所指出的复馈的重要性、脑中弥散性价值系统的约束作用、不同回路实现类似功能的动态简并特性，以及记忆的非表征本质，都使脑区别于现有的人造机器，并为意识的涌现提供条件。他的这些思想中有许多到现在还未得到主流学术界的认同，但是如果掩卷深思，不能不承认有其道理。当然，他的动态核心假设可能是意识涌现的必要条件，但是并非充分。虽然他在书中提到私密性也是意识的主要特性，但是他对相关的主观性很少涉及，而主观性正是意识最主要的特征。不过这个问题到现在还没有取得共识，所以我们不能苛求这本书最终解开意识这一"世界之结"。

在埃德尔曼的书中，概念和内容非常密集、浓缩，经常使用一些他自己独创的术语，但是没有充分说明，这就使他的书必须十分用心琢磨才能得到真切体会。原文尚且如此，要兼顾"信"和"达"两个方面翻译此书也就成了对译者的一种挑战。幸而译者顾凡及先生在翻译意识自然科学研究的重要著作方面有丰富的经验，比如2012年他曾翻译出版克里克在意识研究方面密切合作者科赫的《意识探秘——意识的神经生物学研究》，那本书也同样被脑科学的研究者与爱好者所广泛阅读和收藏。此次我欣喜地注意到，上海科学技术出版社的这个《意识的宇宙》重译本，比2002年出版的初译本又有很大的改进，几乎每个段落都有修改，改正了初译本中许多不当甚至误译之处，而且增加了一篇"译者导读"，介绍了埃德尔曼的主要观点、他的一些闪光的思想和不足之处。相信这对读者理解本书会有所帮助。希望这一重译本的面世能使读者对埃德尔曼有关意识研究的思想有更深入的理解。

唐孝威

序于浙江大学

2019 年 8 月 23 日

译者导读
（重译版）

1972 年，美国生物学家埃德尔曼（Gerald Maurice Edelman, 1929.7.1—2014.5.17）由于对免疫机制的革命性发现，而与英国生物学家波特（Rodney Robert Porter）分享了诺贝尔生理学或医学奖。他对此的主要贡献是发现免疫系统是一种选择系统，而非指令系统。这导致他后来想到，神经系统可能也是如此，从而开始了他后半生长达 35 年对脑，特别是对意识的研究。1987 年出版的《神经达尔文主义》（*Neural Darwinism: The Theory of Neuronal Group Selection*, Basic Books, New York, 1987）一面世就引起很大的反响和争议，接着他又出版了《有记忆的现在》（*The Remembered Present: A Biological Theory of Consciousness*, Basic Books, New York, 1990）、《明亮的空气，灿烂的火焰》（*Bright Air, Brilliant Fire: On the Matter of the Mind*, Basic Books, 1992, Reprint Edition, 1993）、《意识的宇宙》（*A Universe of Consciousness: How Matter Becomes Imagination*, Basic Books, 2000）、《比天空更宽广》（*Wider than the Sky: The Phenomenal Gift of Consciousness*, Yale University Press, 2004）和《第二自然》（*Second Nature: Brain Science and Human Knowledge*, Yale University Press, 2006），系统论述了他对意识这一"世界之结"的思考，成为"意识科学研究的领

军人物之一"（诺贝尔奖得主克里克语）。在他的这些书中，《意识的宇宙》可以说是承上启下的一本，既总结了他前20多年的研究，作了详尽的分析和解释，又为后两本书奠定了基础。在本译者看来，这是他上述一系列书中最重要、最基本，也解释得最详细的一本。要完整理解他对意识研究的思想，就非读此书不可。然而，此书承其一贯的写作风格，内容浓缩，提出了许多新概念和新思想，也造了不少新词。这些有的只是他的猜想，既可能启发读者作深入的思考，开辟一条新路；也可能是误入歧途，最后未必成立。要想理解他的思想和作出有根据的判断，并不容易。笔者在近20年前第一次翻译此书时，就有许多地方没有读懂（并不是说能对他的思想正确与否作出适当判断，而是没有明白他说的究竟是什么意思），使旧译本留下了诸多遗憾。经过近20年的学习，这次重译时，对作者的思想有了深入得多的认识，既感悟到了许多当初被忽略的深刻思想，也发现了某些可质疑之处（当然，这也并非完全是笔者独自思考的结果，他人的书评以及与友人的讨论也是重要的借鉴和启发）。笔者愿意在此书重版之际，把自己的这些体会与读者共享。当然，笔者不敢说自己的臧否一定对，只是作为与读者交流心得中的一个发言。在下文中，笔者拟以介绍此书的主旨为重点，然后指出笔者所认识的书中一些还没有受到人们普遍注意的闪光点，以及某些在笔者看来作者论据不足的论断。是耶？非耶？请读者自己思考后作出判断。

一

每个清醒的正常成人都知道，自己是有意识的。意识把世界分成了自我和周围环境两个截然不同的部分。在周围世界中的各种对象，除了某些动物之外，都没有意识。这一谜题自古以来就吸引了无数哲人贤士的思考。但是直到20世纪80年代以前，没有人能够从自然科学的角度去研究意识。直到80年代末，才有一些先驱开始把意识作为科学的主题来加以研究，其中有几位诺贝尔奖得主，包括埃德尔曼和克里克。本书是埃德尔曼在 20 世纪最后 20 年中，对意识问题研究和思考的总结。21 世纪以来，虽然他的思想也有所发展，意识研究也取得了某些进展，但是他在本书中所表达的基本思想并未改变，其中的某些想法对今后的意识研究依旧颇多启发。在这一部分，我只是把他的思想作一概括，而不加评论。

意识研究的特殊性

为何意识那么难以研究？这是因为，相对于科学在之前研究过的所有对象，意识有其特殊性。按照埃德尔曼的话来说，"在物理学和化学中，我们通常是用另一些实体和定律来解释某些实体。……并且假定它（们）不依赖于有意识的观察者而独立存在。"但是，"意识经验是每个特定脑的工作产物。有别于物理学家可以共享的研究对象，意识经验不能通过直接观察来共享。因此，研究意识使我们处于一种两难的境地。虽然人们对自己的意识所做的报告是有用的，但是单纯内省在科学上无法令人满意，这种报告不能揭示隐藏在意识背后脑的工作机制。不过，仅仅研究脑本身，也不能使人明白意识究竟是怎么回事。这些局限性说明，要想把意识引入科学的殿堂，必须采取特殊的方法。"科学总是企图在描绘世界时不带主观性。但是，意识研究的主题就是主观性本身，"我们不能把我们作为有意识的观察者而置身事外"，"不管对引起主观体验的物理过程描写得如何精确，还是很难想象主观体验的世界——看到蓝色和感到温暖——是怎样从纯物理事件中跳现出来的"。这是之前的科学研究从来没有遇到过的困难。"我们是要把对外界事物（脑）的描述与内部事物（体验）联系起来……我们所要做的是深入内心"，"我们想要解释，为什么我们会有意识，为什么会有我们自身感受这样的'东西'，也就是要解释，主观上的和体验到的感受是如何产生的"。

本书设法要回答的问题

两位作者在本书的开头就说明了他们在书中要设法回答的问题：

1. 如果说意识是特殊神经过程的产物，也是脑、肉体和周围世界之间相互作用的结果，那么这一切是如何产生的？

2. 每个意识状态都是统一而不可分的，而每个人又可以在大量不同的意识状态中进行选择。怎样用这些神经过程来解释意识经验的这些最重要的性质？

3. 如何才能用神经术语来理解不同的主观状态，即所谓的主观体验特性（qualia）？

4. 我们对意识的认识，如何能帮助我们把严格的科学描述引入人类知识和经验的宽广领域？

研究策略

对于上述这样前所未有的困难问题，应该怎样来研究呢？作者的回答是："想解开这个结的希望，就寄托在把经得起检验的理论和精心设计的实验结合起来的科学方法。""我们应该适当地说明，意识究竟是一种什么样的物理过程，为什么意识会有它所具有的性质，以及在什么条件下会出现意识。""我们把注意力集中在意识的基本性质上，也就是所有的意识状态都具有的普遍性质。""更为具体的是要把注意力集中到确实能够解释意识的那些最基本性质的神经过程上。"在此基础上，提出一种能解释这些性质的可操作的假设——动态核心假设，用它可以区分，哪些神经过程对意识有贡献，而哪些则没有贡献。

意识的特性

作者认为，意识具有下列共性：

整体性　任何意识状态都是作为一个整体而被体验到的，不能将其分解成各种独立的成分。这个性质和我们不能有意识地同时做两件以上的事情有关，例如当我们在激烈地争论时不能同时算账。意识的有限容量以及意识状态的串行进行，都是意识为其整体性所付出的代价。

整体性的一个有用的直观准则是，如果在给定的时间尺度下，一个系统某个子集合内部元素彼此的相互作用，要远比这些元素和系统其他部分之间的相互作用强得多，那么我们就说，这个子集合构成一个"功能性聚类"。确定某个神经过程构成一个功能性聚类，意味着它在某个给定的时间间隔内，在功能上是一个整体，完全不能被分解成一些独立的或近于独立的成分。

信息性（复杂性、分化性）　意识状态的信息性，并不在于某个意识状态包含了多少"块"信息，而是在于在几分之一秒内，每个意识状态都是从无数种可能的意识状态中选取出来的，同时也就排除了无数其他可能的意识状态。每种意识状态都有不同的行为结果。虽然某些人造装置（例如电视机屏幕）也可能有大量的不同状态，但是电视机屏幕本身并不能区分这些状态。在这些像素的任何一个子集上出现某种状态，绝不会使屏幕其余部分的状态产生任何差别。由于意识是脑的内在性质，因此只有那些对脑本身说来有差别的活动模式才是重要的。

系统的子集可以取许多不同的状态，这意味着各个元素在功能上是分离的，或者说是特异化的（如果它们不是特异化的话，它们所做的就会完全一样，而这也就相应于只有很少几个状态）。而在另一方面，系统子集的不同状态对系统的其余部分来说会有差别，意味着这个系统是一个整体（如果这个系统不是一个整体，那么系统不同子集的状态就会是独立的）。因此，高复杂度对应于系统的功能特异性和功能整体性的某种最佳综合。像脑这样的系统显然就是如此，不同的区域和不同的神经元群做不同的事情（它们是分化性的），而在同时，它们相互作用而产生统一的意识场景和统一的行为（它们是整体性的）。与此成对照，如果一个系统的各个元素没有整体性（例如气体），或者没有特异性（像纯净的晶体），那么这个系统的复杂度最小。复杂度高是任何一个能产生意识经验的神经过程之必要条件。

作者在分析了这两个概念的含义之后，还在数学上制定了衡量这两种特性的定量指标。

私密性　意识是主观的，不能为不同个体所共享。无论描述如何生动具体，都不能代替主观体验本身。

作者接下来要讨论的就是，什么样的神经过程才有可能造成意识的上述特性。其出发点为，脑是一种选择系统（神经达尔文主义），脑的多样性和复馈联结是复杂性和整体性的基础。

神经达尔文主义（神经元群选择理论、选择主义）

达尔文主义的精髓是从群体的观点出发去考虑问题：在一个群体的各个体之间，有各种各样的变异或者说多样性，这是自然选择过程中进行竞争的基础。自然选择也就是在一个物种中分化繁殖出适应环境的个体。原则上，选择性事件需要在有各种变异的个体中不断产生多样性，按照这些变种的环境进行选择，并且需要繁殖（也就是放大）那些比起其竞争者更能适应环境的个体或因素。埃德尔曼发现，免疫系统也是这样，并且他认为脑也一样：每个脑的最突出特点之一是它的个别性（individuality）和多变性（variability）。在脑的所有组织层次上，都有这种多变性。正是这种多变性，使得脑在遇到来自未知世界的各种各样信号时，得以选择和增强那些使机体能够适应环境的神经元群之间的联系。他由此提出了神经达尔文主义，其主要信条是：① 发育选择：脑在发育过程中形成各种高度变异的神经元群体，造成极其多种多样的回路集合；② 经验选择：通过经验使得突触的联结强度发生变化，其中的一些路径比其他路径更占优势；③ 复馈映射：各个脑区通过交互联结不断传送信号，而在时空上得到协调。复馈使得不同脑区中神经元群的活动同步化，并把它们绑定成一些能给出一致输出的回路。因此，复馈是在时空上协调各种各样感觉事件和运动事件的核心机制。

前两个信条，即发育选择和经验性选择，为与意识共存的分布式神经状态的巨大多变性和复杂性提供了基础；第三个信条，也就是复馈，则是这些状态整体性的基础。

所有的选择性系统还有一种特性，就是要得出某个特定的输出或类似的输出，通常可以有许多不同的方式，而不一定非要在结构上完全相同不可。这就是简并。简并使系统有很强的鲁棒性，而且有助于联想。

意识的神经基质

作者认为，意识是特定神经过程的性质，意识和神经过程两者之间的关系并不是因果关系，而是过程及其性质之间的关系。所以，要想寻求意识的神经基质，就需要那些和意识有类似特性的神经过程。所谓类似特性，也就是整体性和复杂性。

在对神经系统进行了考察之后，他们把神经系统分成三大类不同的子系统：① 丘脑-皮层网络：这一系统的特点是在其各个区域（神经元群）之间存在着大量双向联结，也就是埃德尔曼所称的复馈。② 皮层-皮层附器链：皮层附器主要包括基底神经节、海马和小脑，这一系统中不存在复馈联结，而有大量并行的单向多突触长回路，不同的回路彼此隔离。③ 弥散性价值系统：这一系统起源于脑干和下丘脑的一些特殊核团中的少量神经元，并且弥散性地投射到脑的广大区域。当环境中发生重要事件时，它们就会激活而弥散性地释放各类神经递质或神经调质，可能影响多达几十亿的突触。这些化学物质不仅能影响神经活动，还能影响神经的可塑性，从而产生适应性的反应。

从上述区分中可以发现，丘脑-皮层网络由于其中广泛存在的复馈联结，为整体性和复杂性提供了解剖基础。不过，结构上的联结并不就完全等同于功能上的联结，因此意识的基质必然还要随时间动态而变化。此外，不同神经元群体的活动模式，必须有足够的区别。如果脑中大量的神经元开始以同样的方式进行发放的话，脑中神经元活动的多样性就减少，意识随之丧失，深睡和癫痫发作时就是如此。总之，按照他们的看法，要想产生意识，不仅必须在丘脑-皮层系统中出现分布很广的神经活动，还需要在分布各处的神经元群之间有强烈而快速的复馈相互作用。此外，这种快速相互作用着的神经元群的活动模式必须不停地变化，并且彼此能够比较清楚地区分得开。复馈的重要性已经为大量神经学中的分离综合征和精神病学中的分裂失常所证实。此外，意识并不是对当时外界环境的复制，而是在以往记忆和价值指导下的重构。至于皮层附器链则为丘脑-皮层网络提供输入和输出，但是它们本身并不能直接影响广大的皮层-丘脑区域，因此并不直接对意识有贡献。

到此为止，作者们已经介绍了意识的一些性质，以及也具有某些类似性质的神经过程，这些过程是合理的神经基质的候选者。但是，由于意识是一个含义极广，而且至今还没有严格定义的概念，故作者在书的一开始就说："每个人都知道什么是意识：意识就是每晚睡着后随之而去，而翌晨醒来后又随之而来的那个东西。"虽然这不能算是定义，但这可能是大家都承认的意识是什么意思的最大公约数。诚然，要对这样笼统的概念进行深入的研究，显然是不可能的，因此有必要从中分解出一些便于研究的方面。作者们把意识大体上分成初级意识和高级意识，对前者进行了较为深入的分析，而对后者则主要提出一些猜想和假设。

初级意识与高级意识

初级意识通过大量复馈联结，把由当前接收到的刺激所引起的知觉分类（也就是把各种信号分成一些对在某个环境中的某个物种有用的类别）和过去由价值驱动的分类记忆结合起来，产生一幅与该物种自己历史有关的精神场景，这幅场景能把大量分散的信息整合起来，以指导当时或者立即要发生的行为。高级意识是在初级意识的基础上建立起来的，需要语言并伴随有自我意识，以及在清醒状态时构造和联系过去场景与未来场景的明显能力，并能意识到自己是有意识的。在脑结构与我们类似的动物中也有初级意识，这种动物看起来也能构造一幅精神场景，但与我们不一样，它们只有有限的语义能力或符号能力，没有真正的语言。

动态核心假设

按照意识研究的上述基本思路，两位作者企图通过把意识经验的一些普遍性质和产生它们的特定神经过程联系起来的方法，来解释这些普遍性质，而这些性质就是整体性和复杂性。一个兼具这两者的系统，必须是一个由大量元件构成的系统。这些元件必须功能各异，然而通过大量复馈联系又形成一个整体。这样，他们就提出了下述动态核心假设：

1. 如果要一群神经元直接对意识经验有贡献，那么这群神经元必须是分布性功能性聚类（功能性聚类是指脑中彼此相互作用的一组神经元素，这种相互作用比功能性聚类和周围神经元的相互作用要强得多）的一部分，此聚类通过丘脑-皮层系统中的复馈相互作用，在几百毫秒的时间里实现了高度的整体性，也就是说，干扰核心某一部分的活动，其结果会扩大到整个核心。

2. 为了维持意识经验，这个功能性聚类必须是高度分化性的，表现为有很高的复杂度值。也就是说，在核心中任何元素子集状态的变化，对其余部分的状态来说，都造成很大的差异。

他们把这样一种在几分之一秒的时间里彼此有很强相互作用，而与脑的其余部分又有明显功能性边界的神经元群聚类，叫作"动态核心"，以此来强调它的整体性，以及它的组成经常在变动。因此，动态核心是一种过程，而不是一种东西或者一个位置，并且它是用神经相互作用来定义的，而并非通过特别的神经部位、联结或活动来定义。虽然动态核心有一定的空间范围，但是一般说来它在空间上是分布性的，同时其组成一直在变动，因此它不能被局域化于脑中的某个单独的位置。

根据对脑的毁损和刺激研究结果，他们确信，动态核心大部分（尽管并非全部）落在丘脑-皮层系统之中。但是即使在大脑皮层中，也有相当大一部分神经活动，和人觉知到什么并不相关。

他们认为，每一种可区分得开的意识经验，都表示一种不同的主观体验特性，不管它是一种感觉、一幅影像、一种思想或者一种情绪。而每一个主观体验特性，都对应于整个动态核心的一种不同的整体状态。任何意识知觉的意义，都是通过对核心的无数个其他可能状态加以区分而确定的。每个不同的状态，都会导致不同的结果。这就是他们所说的意识具有信息性之确切含义。他们认为，只有动态核心的活动，才对意识有贡献；不属于动态核心的神经元群的活动，则与意识无关。

他们还提出了一种用动态核心假设解释意识私密性的想法：发生在核心中的变化，很快强烈影响核心的其余部分；而发生在核心之外的变化，对核心的影响就要慢得多，也要弱得多，甚至根本没有什么影响。因此，在环境和动态核心内部的信息性状态之间，有某种功能性的边界，使得这些核心状态是非常"私密的"。

有意识和无意识

如上所述，他们认为动态核心主要是丘脑-皮层系统的一部分，皮层附器链则不在其中。后者负责运动和感觉的无意识过程。很可能，在脊髓、脑干和下丘脑中，任何时刻都有功能上隔离的像反射那样的大量重要回路在活动，并且在许多情形下，它们都不会与动态核心有功能性的联系。这种神经活动不仅一直是无意识的，而且完全不能进入核心，因此也没有有意识的监督或控制。

　　只有在必须作出选择或者计划的关键时刻，才需要意识控制。而在这些关键的瞬间之间，连续不断地触发和执行着我们意识不到的程序，因此之故，意识可以不去管所有的细节，而只策划重要的计划，并使之合理。无论对动作还是对知觉而言，似乎都只有在控制或分析的最后阶段才需要意识，而其他的一切都自动进行。这一特性使得许多人断言，我们意识到的只是脑中"计算"的结果，而并不意识到计算本身。

　　但是，意识经验也并不是和无意识过程绝不相干。相反，它一直影响着许多无意识过程，又受到许多无意识过程的影响。两者通过输出端口或输入端口（同时与核心内其余部分和核心外神经元有相互作用的神经元群，具体是哪一个可以视相互作用的方向而定）联系起来。无意识的过程与核心在输入端口和输出端口处形成界面。核心的特定状态触发特定的过程。当这些过程在运行的时候，它们可能产生也可能不产生明显的运动输出。当它们结束的时候，它们再一次和核心建立起联系，并帮助实现特定的意识状态。就像运动外周和感觉外周中的神经过程一样，这种过程对意识经验产生很大的影响，但是它们本身不会直接引起意识经验。虽然它们在输入端口和输出端口处与核心有联系，它们并不直接参与到造成核心本身的各种全局性相互作用之中。我们的认知生活就是一连串核心状态，这些状态触发某些无意识的过程，而这些过程又再触发某些别的核心状态，如此等等，循环往复。意识在快速整合信息和做计划的有效性上，有着很大的进化益处。把这种计划转换成不需要意识的习得过程，甚至形成更为复杂的习得动作，对于动物的存活至关重要，这些过程构成了行为的很大一部分机制。

　　到此为止，作者们建立起了一个有关初级意识的理论框架。在书的最后一部分，他们企图把这一框架推广到高级意识，包括语言、思想和自我。不过这些在很大程度上还只是猜想和推测，在我们这一简短的"译者导读"中就不再介绍，读者还是自己去阅读和思考吧。

　　最后，笔者还想说一句的是，作者们在全书最后也企图探讨什么是目前的科学能够研究的，而什么还做不到。他们的下列想法对读者很有启发：

虽然意识是由脑中的物理事件产生的，但它不能还原为这些事件，而是从这些事件中涌现出来的。这正如水是由两个氢原子和一个氧原子化合而成，但水的性质不能直接还原为单个氧或氢的性质。

意识具有具身性，也就是说，它不能脱离具体的脑和身体而独立存在，并且还依赖于此个体和周围环境相互作用的历史，因此意识是主观的，具有私密性，它不能为不同的个体所共享。但是这并不意味着，我们不可能描写产生意识的充分必要条件，而只是说，描述意识并不等于产生并且体验意识本身。我们可以分析意识，描写意识是怎样涌现出来的，但是如果我们不先拥有生物个体体内适当的脑结构及其动力学过程，就没有办法产生意识。这一假设有助于避免下列观念：有关意识的成功的科学理论，就是意识经验本身的替身；或者只要根据科学描述和假设（不管它们和意识的关系如何密切），就可以体验到某个主观体验特性。

二

在上一部分中，我们对本书的主要内容和脉络进行了一次梳理，希望能有助于读者理解作者们对意识问题的主要想法。当然，笔者虽然翻译此书两遍，还读了作者们在此后出版的主要著作，但是不敢说就一定完全理解和吃透了作者们的思想。其实，以笔者从两位作者此后分别发表的著作来看，两人的观点也未必完全相同。所以，读者只能把这一"译者导读"权作参考，还是需要自己细读原著，自己作出判断。

在这一部分中，笔者想向读者指出笔者在阅读此书时，除了上一部分所介绍的他们对意识问题的思考主线之外，所感受到的一些闪光点。他们当时的有些预测，在此书出版后经过一些科学家的努力，已经得到了证实；他们提出的另一些思想，虽然现在尚无定论，但是值得深思。

在本书中，作者们提到了下列思想："相对于被试能意识到某一感觉输入时的反应，不能意识到这种输入时的反应，是一种更特殊的参照状态。"可惜的是，作者们并没有就这一想法深入研究下去。近年来，法国学者迪安（S. Dehaene）正是抓住了这一关键，对意识的这一方面进行了系统的实验研究，这成为近年来意识研究上最耀眼的成就。他把在仅仅改变一个实验参数的条件下（例如利用掩蔽作用、启动效应等），被试就从未能意识到刺激转变为意识到了刺激——这样一种现象称为"进入意识"（conscious access）。他紧紧地抓住这一点，通过脑成像实验来研究，当发生这种转变时，脑中发生了什么样的变化。他把这样的变化称为进入意识的印记（signature）。他发现的主要印记是：① 较低层次的脑活动增强，逐渐积聚力量并侵入前额叶皮层和顶叶皮层的多个区域；② 脑波晚成分中事件相关电位 P300 突然增强；③ 高频振荡发生晚期放大；④ 跨脑区域活动发生同步化。他总结说："在给刺激后大约 300 毫秒，开始进入有意识状态。在此期间，脑的额区以自下而上的方式接受感觉输入，但是这些区域也以相反的方向，自上而下地发送大量投射，到分布甚广的许多区域。最终的结果是形成一个由许多同步活动的区域所构成的脑网络，其各个方面为我们提供了许多意识印记。"其实在本书中，作者们也曾提到："持续时间长的晚电位，对于产生有意识的躯体感觉也是必要的。""为了从意识上知觉到某种刺激，需要在多个脑区之间不断地有复馈相互作用。然而，至少在这些实验的条件下，只有当刺激所引起的神经反应持续几百毫秒，才能够产生或维持这种相互作用。""看来与对感觉刺激的觉知类似，对运动意向的觉知也需要产生它的神经活动持续相当一段时间，其数量级在 100～500 毫秒。"不过，他们的论述不像迪安的研究那样系统、深入。

迪安根据其研究提出了有关意识机制的"全局神经工作空间"假

设。这一假设认为，意识就是在整个皮层中广泛扩布而被共享的全局信息。这种扩布发端于一些有长轴突的特殊大神经元，这些神经元的轴突散布到脑各处，从而把脑整合为一个整体。它们构成了他所谓的全局神经工作空间，并和感知觉系统、长时记忆系统、评估系统、注意系统以及运动系统息息相关，同时使这些系统得以通过这一平台随时交换信息。脑内有许多局部处理器，每个局部处理器都专门执行某类操作。全局工作空间则是一种使局部处理器能够灵活分享信息的通信系统。在任何特定时刻，工作空间都选定由某些处理器组成的子集，建立它所编码信息的协调一致的表征，在内心保持一段时间，并扩布回几乎所有其他的处理器。当它们的活动同步化成大规模的全局通信时，就会触发一阵高强度的活动，由此进入工作空间的信息就被意识到了。这一假设虽然和动态核心假设不完全相同，但是我们不难看到两者之间有许多共同之处。

作者们在书中花了许多笔墨表达的另一个观点是，脑并非传统意义上的计算机。脑是进化的结果，而非设计出来的产品，正如前面讲到过的那样。他们的基本观点是，脑是一个选择系统而非指令系统，其工作主要也不是靠逻辑，这使脑能够创造，而传统计算机则不能。其理由是：① 没有两个脑像同一型号的计算机一样，会完全相同。脑中所有的联结都不精确，它们都要随着发育和经历而不断变化。② 脑所接收的信号，并不像给计算机的数据那样确切无误。脑要依靠其记忆和价值，对这些信号进行知觉上的分类。③ 脑内存在大量的复馈联结，这对不同脑区之间的同步活动和功能协调，起到至关紧要的作用；脑中并没有类似于计算机这样唯一的中央处理器、时钟和可以协调功能上分离的各个区域的算法或者详细指令。④ 脑中的记忆是非表征性的，虽然突触变化确实对脑中的记忆起重要作用，但是脑中的记忆实际上是一种重建，每次都是在价值系统的影响之下，选择一些不同的回路得出类似的结果。这虽然牺牲了记忆的精确性，却为联想和创造性提供了条件。

所以，作者认为，脑并非图灵机。这和现在某些人工智能专家的看法正好相反。当然，孰是孰非尚是一个争论中的问题，但作者们的这些观点对于今天创造"类脑"智能的热潮是一服清醒剂。既然脑和传统计算机有着这样多的根本性不同，那么从工程实现的可行性看，究竟脑的哪些性质可以作为借鉴，而要想照搬脑的哪些性质，则在目前根本不可行呢？反过来说，目前的神经科学和认知科学也借用了大量的信息科学概念，如表征、编码、计算等。当然，多学科交叉对于打开思路，借用其他学科的成果很有益处，但是我们也不能陷入盲目性，而应该思考这些概念是否适用于脑。有些概念如表征、编码等，在感觉的早期阶段有意义，但是一旦进入知觉阶段，我们感受到的就不再是刺激的表征了，而要加上记忆和价值约束以后的意义。如何恰当地使用这些概念，也值得生物学家仔细加以衡量。

　　作者们在书中，寥寥几句也提到了一些重要的问题，但是并未深入展开，笔者以为也值得读者思考。例如作者指出："要强调，我们并不认为意识的一切方面都只来自大脑，因为我们相信，脑的高级功能需要与外界的相互作用，也需要与他人的相互作用。"而现在的意识研究，往往只专注于意识和个体脑的关系，而忽略了社会和人际交流这些重要因素。笔者以为值得注意的另外一个思想是：从脑内部考察意识的观点。既然意识具有私密性，从外部观察者的立场来研究意识就产生了问题，所以作者们认为："只能从系统本身的角度，来评估活动模式之间的差别。""最简单的方法就是把系统看成是它自己的'观察者'，这样做是很直截了当的。我们所需要做的，只是想象着把系统分成两部分，并且考虑系统的一个部分如何作用于系统的其余部分。"笔者觉得，这是一个值得思考的观点，然而要怎样做才能取得效果，依然是个问题。

　　作者们还为整体性和复杂性制定了定量指标，这为定量衡量意识的这两个侧面提供了可能性。虽然没有明说，作者们应该没有把这两个指标作为衡量任何一个系统是否拥有意识的判断标准。作者们在书中申明过："我们也同样怀疑：赋予整个世界以意识的性质（泛心论的观点）。"如果他们真的认为，系统只要具有他们所定义的整体性和复杂性就有意识，那么绝大多数生物，甚至人造物体以至互联网或人类社会，都多少具有这样两条性质，岂非都有意识了吗？这不就成了泛心论的一个版本吗？但是在本书出版之后，作者之一的托诺尼，又在这方面做了进一步的工作。他把这两条性质扩展成了五条"公理"，其实核心依然是这两条性质；并按此制定了一个统一的度量，称之为"整合信息"，以符号 Φ 表示。他企图以此来度量任何系统是否具有意识，以及意识的程度。尽管这一理论受到了一些科学家的欢呼，但是也受到了不少科学家的批评。笔者个人认为，无论是整体性、复杂性还是整合信息，都只刻画了意识的某个侧面，都只是意识涌现的必要而非充分条件。所以，尽管用这些指标度量意识的这些侧面是有意义的，但是要用它们来判断某个系统是否具有意识，依然是有问题的。事实上，他们自己所做的计算机仿真表现出了这些特性，但是他们自己也承认，他们用来做这样仿真的计算机本身并没有意识。假如对这些性质作过度解读，可能会陷入泛心论的泥淖。

三

在前面两部分中，笔者介绍了翻译以及阅读作者们相关著作之后的感悟和启发，但是对于像意识问题这样一个"世界之结"，期望经过作者们二三十年的工作就解开，显然是不现实的。因此，在说了本书的成就之后，适当指出本书的不足之处也是有必要的。当然，这里所说的，有许多不过是笔者的管窥蠡测而已，远不是确论，仅供读者在阅读中思考和作为参考。

在本导读的开头就说过，作者们企图通过本书回答下列四个问题：

1. 如果说意识是特殊神经过程的产物，也是脑、肉体和周围世界之间相互作用的结果，那么这一切是如何产生的？

2. 每个意识状态都是统一而不可分的，而每个人又可以在大量不同的意识状态中进行选择。怎样用这些神经过程来解释意识经验的这些最重要的性质？

3. 如何才能用神经术语来理解不同的主观状态，即所谓的主观体验特性（qualia）？

4. 我们对意识的认识，如何能帮助我们把严格的科学描述引入人类知识和经验的宽广领域？

那么在读完全书之后，笔者自问：对这些问题了解了多少呢？

对于第一个问题，其实作者们并没有解决。尽管作者们对意识所表现出来的整体性和复杂性，用他们提出的动态核心假设作了一些解释，也对其私密性在一句话里提出了猜测，但是关于意识的主观性和第一人称视角，作者却没有回答。虽然作者指出了意识具有从其神经基质中涌现出来的不可还原的特性，没有任何一种解释能够代替意识本身，不过在笔者看来，这样的回答还不够彻底。其实，这个问题本身就不是一个合适的问题。如果我们承认，意识是某种神经过程的不可还原的涌现特性，那么，问神经过程如何产生意识本身，就不合适。这就好比，既然带有负电荷是电子的不可还原的性质，那么问电子如何带有负电荷，就没有意义了。由于意识现象的复杂性和重要性，因此大家不愿意承认这是一种不可还原的特性，而老要追问如何产生的问题，实质上并不合适。其实合适的问题是，如作者们在后面所说的：意识涌现的充分必要条件是什么？意识有哪些性质？什么样的系统才能够涌现出意识？作者所提出的整体性和复杂性，可能是意识涌现的必要条件，但不充分。

笔者以为，主观性才是意识的最核心的性质；至于是否还有其他重要特性，现在可能还不清楚。他们所提出的动态核心假设，虽然对产生整体性和复杂性来说可能是充分的，但是对涌现意识，依然还不充分，因为从动态核心中并不必然涌现出主观性。尽管如此，考虑到意识研究的困难性，对意识涌现之必要条件的深入研究，仍是意识研究上前进的一大步。作者们的动态核心假设是如此，迪安对进入意识（conscious access）的研究和神经全局工作空间假设，同样是如此。

作者们对第二个问题的回答，在笔者看来是全书中最为成功之处。他们用动态核心假设合理地解释了意识的整体性和复杂性这两个特性，并且得到神经学事实的支持，尽管笔者对作者们关于意识信息性（复杂性）的论据持怀疑态度。在笔者看来，光敏器件区分亮暗没有意识，而人区分亮暗有意识，其关键不在于光敏器件能区分的状态有限，而人能区分的状态则无限。事实上，现在的光敏器件也能区分大量不同的亮度，如果用人工智能自动读出其数值，这样的状态数也非常多，和人相比只是量的区别，而非质的不同。这里的关键是人造器件没有主观性，而人有。因此，作者们的这一论证未免有点牵强。倒是作者们涉及人类丧失意识和发生失常时脑活动的讨论，为复杂性作为意识涌现的必要条件，提供了可信的论证。

对于第三个问题，作者们的回答是，主观体验特性就是动态核心中的某个特定全局状态。这和以前把主观体验特性认作是知觉的"原子"的看法完全不一样，很具有启发性；但是否就是定论，也还值得商榷。

对于第四个问题，作者们固然提出了许多想法，但是这些在目前依然只是设想和猜测，有待于今后的大量研究。

以上仅仅是笔者翻译或者说阅读此书之后的读后感，名之为"导读"有点言重，尤其是笔者的感想未必都对，愿与读者们共同切磋，并期待读者们教正。

顾凡及

2019 年 5 月 1 日

译者的话
（中译本初版）

意识问题算得上是千古之谜，几千年来一直引起哲学家和科学家的浓厚兴趣。有意识是我们人类成为万物之灵的关键，但是长期以来除了内省和哲学上的思辨之外，人们对这样复杂问题的研究几乎无从着手。最近一二十年，神经科学得到了飞速发展。直到我们积累了和意识有关的大量实验资料，发明了新的实验手段，可以客观观察有意识的脑的活动，拥有了信息科学和数理科学的新理论和大规模的仿真方法，意识这才终于真正成为科学研究的对象。

意识问题引起了相当一批顶尖科学家的关注，例如两位诺贝尔奖得主克里克（F. Crick）和埃德尔曼（J. M. Edelman）（后者为本书作者之一）。然而诚如作者所言，要想这样做就必须依靠"把经得起检验的理论和精心设计的实验结合起来的科学方法"。作者在这本书中所介绍的，正是这种理论和实验，以及它们之间的结合。因此，本书对于任何一位关心严肃而科学的意识研究的人，或者至少想对此有一初步了解的好奇者，都是一本值得一读的好书。也正是基于自己对这个问题的浓厚兴趣，当上海科学技术出版社邀约翻译本书时，我欣然应允。

经过9个多月的努力，四易其稿，终于把《意识的宇宙》一书译完。高兴之余，又略有遗憾，主要原因是本书虽为一本高级科普读物，但由于内容涉及面广，思想深度大，作者作为科学大师有自己独特的学术思想，要想完全理解作者的原意，并且用流畅的汉语表达出来，实在是一项极富挑战性的任务。虽然本人已尽了最大的努力，译稿还是很难说尽如人意。

作者在书中用了不少生僻的术语，其中有些貌似普通词，但作者给它们赋予了新意。这些术语还未见到有标准的汉译名，本人作为译者只能在说明清楚含义的前提下予以直译，例如把"value"译为"价值"，"reentry"译为"再进入"，如此等等。读者在看到这些译名时不能只看它们的通常意义，而必须明白，作者在书中给它们赋予了确切的含义。另外，还有一些概念，以前亦未见有别人应用，更没有标准的汉译名，译者也只能尽可能合理地造一个译名，如把"remembered present"译为"记忆中的现在"。对于这些非标准的汉译名，在第一次出现时都在译名后面括注了原文。另外，作者在文中还使用了一些意义略有差别的同义词，如 feeling、emotion、sensation 等，译者只能根据上下文加以翻译，并在适当的地方加注原文。虽然如此，译文中的缺点以至错误仍在所难免，敬请读者予以批评指正。

最后，我要感谢复旦大学苏德明教授，还有英国的李宝敦先生（Mr. William Leigh-Pemberton）在如何翻译一些难句上施与援手。复旦大学李葆明教授在百忙中阅读了"价值"这一节的初稿，并与译者进行了讨论，提出了中肯的建议。对于一些艰涩之处，原作者之一的托诺尼（G. Tononi）教授给予了宝贵的简明解释。本书责任编辑应韶荃先生对每次改稿都作了精心的校阅，提出了有价值的意见，指出了本译者的某些误译，并对译文作了大量的润色。没有他们的帮助，本书不可能以现在这样的面貌出现在读者面前。在该书中文版出版之际，我谨向上述诸位先生致以最诚挚的谢意。

顾凡及

2002 年 8 月 10 日

于复旦大学

作者致谢

我们要特别感谢我们的同事拉尔夫·格林斯潘（Ralph Greenspan）、奥拉夫·斯庞斯（Olaf Sporns）、契阿拉·西来利（Chiara Cirelli）。在本书的写作过程中，他们提出了许多有益的建议，并且作了富有启发性的讨论。我们也要感谢戴维·辛顿（David Sington），他在编辑方面提出了一些深刻的建议和中肯的分析。Basic 出版社的主任编辑乔·安·米勒（Jo Ann Miller）给我们可贵的帮助，使本书的部分内容阐述得更为清楚。当然，对于那些可能还遗留下来的、未能注意到的错误和不足，我们要负全责。本书中所讲到的许多思想以及绝大多数工作，都是在神经科学研究所搞出来的，该所人员研究的正是脑如何产生心智。

杰拉尔德·M·埃德尔曼

朱利欧·托诺尼

前　言

　　人们一直把意识看得很神秘，把它看成是神秘之源。意识是哲学探讨的主要对象之一，只是到了最近人们才同意，值得用科学实验来研究意识。为什么直到那么晚才接受这一点呢？其原因很清楚：虽然所有的科学理论都认为在付诸应用时，意识以及有意识的感知觉是必不可少的，但直到最近，才有了对意识本身进行科学研究的手段。

　　意识有其特殊性。意识经验是每个特定脑的工作产物。有别于物理学家可以共享的研究对象，意识经验不能通过直接观察来共享。因此，研究意识使我们处于一种两难的境地。虽然人们对自己的意识所做的报告是有用的，但是单纯内省在科学上无法令人满意，这种报告不能揭示隐藏在意识背后的脑的工作机制。然而，仅仅研究脑本身也不能使人明白意识究竟是怎么回事。这些局限性说明，要想把意识引入科学的殿堂，必须采取特殊的方法。

　　本书的主题正在于此，我们要设法回答下列问题：

　　1. 如果说意识是特殊神经过程的产物，也是脑、肉体和周围世界之间相互作用的结果，那么这一切是如何产生的？

　　2. 每个意识状态都是统一而不可分的，而每个人又可以在大量不同的意识状态中进行选择。怎样用这些神经过程来解释意识经验的这些最重要的性质？

3. 如何才能用神经术语来理解不同的主观状态，即所谓的主观体验特性（qualia）*？

4. 我们对意识的认识，如何能帮助我们把严格的科学描述引入人类知识和经验的宽广领域？

描述引起意识的神经机制，说明意识的一般特性如何由作为复杂系统的脑的性质涌现出来，分析主观状态或主观体验特性的起源，并说明在这些方面的进展会怎样改变我们对科学观察的看法和长期以来持有的哲学见解，要想做到所有这一切当然是要求过高，在本书短短的篇幅里不得不略去许多有意思的东西。但是，如果集中注意我们的四个基本问题的话，还是可以勾勒出解答意识问题的主要轮廓。我们的解答基于一个假设：意识的产生符合某些有机体的物质规律。不过要强调，我们并不认为意识的一切方面都只来自脑，因为我们相信，脑的高级功能需要与外界的相互作用，也需要与他人的相互作用。

一旦得出了关于意识是如何涌现出来的新认识，我们就触及由此引发的一些有意思的问题。我们提出了有关科学观察的一种新见解，探索我们如何认识，也就是探索认识论的问题。最后我们讨论，哪些主题是适合科学研究的问题。仔细考察这些问题很重要，这是因为我们的下列见解含义很广：意识来自某种特殊的脑过程，这种过程既是高度统一的（或者讲是整体性的），又是高度复杂的（或者讲是分化性的）。

为了弄清楚意识的基础，并对其某些性质作出解释，我们要考虑许多富有挑战性的问题。在进入中心论题——意识的神经基质——之

---

* 也有译为"感受质"的，但是"质"容易引起"物质"的联想，而 qualia 恰恰与此对立，表示的是一种在主观上体验到的特性，例如国旗所引起的"红"的感受的这一特性。因此译者在全国科学技术名词生物物理名词审定会上提出今译，并得到了与会专家的赞同。——译注

前，必须先对脑组织的结构和功能特点以及脑理论的某些重要方面作一回顾。为了使读者易于理解，我们在本书的每个大部分之前都加上一段引言，在每章之前也加上一段概述。为了得到大致的概念，建议读者仔细地依次通读这六个引言以及每章的概述。这样做将有助于在脑中记住全貌，特别是对于阅读那些虽对分析意识很有必要，然而本身并不直接涉及意识的章节更有帮助。至于在后面的一些章节中，只有两章（第十章和第十一章）有明显的数学内容。对于那些不想追究细节的读者，仔细看看图和"哼哼调子"（humming the tune），也还是可以对其意义有相当正确认识的。对于那些想要追究某些具体问题或是文献的读者，在书后附有注解，但是这些注解对于理解我们的论题来说并不是必要的。希望读者在读完全书之后，将会觉得自己对物质如何变成思想有新的认识。

杰拉尔德·M·埃德尔曼
朱利欧·托诺尼

第一部分

世界之结

极目长空，我看到了平展展的苍穹、一轮耀目的太阳以及其下的万物。我是靠哪些步骤做到这一点的呢？一缕阳光射入眼中，并聚焦于视网膜，它引起某种变化，这种变化又往上传到脑顶部的神经层。从太阳到脑顶部这整个一连串事件都是物理的，每一步都是一种电反应；但继之而来的是一种和引发之物全然不相像的变化，对此我们完全无法解释。在头脑中呈现出的是一幅视觉场景：我看到苍穹和其中的太阳，还有其他可以看得见的万物。事实上，我知觉到在我周围的世界图景。[1]*

1940年，伟大的神经生理学家查尔斯·谢灵顿（Charles Sherrington）用这一简单的例子来说明意识问题，并阐释自己关于意识无法用科学解释的信念。

再早几年，贝特朗·罗素（Bertrand Russell）也类似地表达了他对哲学家能否解决这个问题的怀疑：

假定从某个可见物体起，开始了某种物理过程，传到眼睛后变成了别种物理过程，而在视神经中又引起另一种物理过程，最后在脑中产生某些效应。与此同时我们"看到了"引起这些过程的物体，"看到"是某种"精神上的"东西，与先于它并伴随着它的物理过程在性质上是完全不同的。这种观点太不可思议了，以至于形而上学论者想出了形形色色的各种理论，企图用某种显得不那么奇怪的东西取而代之。[2]

---

* 上标方括号中数字所标引的内容，请见书后"注释和文献"相应的部分。——译注

　　不管对引起主观体验的物理过程描写得如何精确，还是很难想象主观体验的世界——看到蓝色和感到温暖——是怎样从纯物理事件中跳现出来的。然而，在一个脑成像、全身麻醉和神经外科都在变成家常便饭的时代里，我们认识到意识经验的世界完全取决于脑的精巧工作。我们认识到，切除一小部分脑或在脑的某些部分稍稍破坏化学平衡，就会使意识和它的一切辉煌荡然无存。事实上，每当脑中的活动模式发生改变，并陷入无梦的熟睡时，我们便丧失了意识生活。我们还认识到，从深层次的意义上讲，我们自己的个人意识是唯一的存在。苍穹和其下看得见的万物（包括脑自身在内），简言之，也就是整个世界，对每个人来说都只是作为自己意识的一部分而存在，并随其逝去而消亡。主观体验怎么跟可以客观描述的一些事件关联起来？亚瑟·叔本华（Arthur Schopenhauer）很巧妙地将这个谜题称为"世界之结"。[3] 尽管看起来很神秘，想解开这个结的希望，就寄托在把经得起检验的理论和精心设计的实验结合起来的科学方法。本书之目的即在于此。

第一章

意识：哲学难题，
还是科学研究对象

　　意识问题一直受到人们注意。在过去，意识研究是哲学家的专属领域，但是近年来，心理学家和神经科学家都开始研究起所谓的心身问题来，或者用叔本华的话来讲叫作"世界之结"。在本章中，我们将对研究意识的古典方法和近代方法作一简要综述。我们将概述哲学家、心理学家和神经科学家所采取的各种立场，摈弃诸如二元论和极端还原论这样声名狼藉的东西。我们认为，可以把意识作为一个科学的主题来加以研究，而不只是把它当作哲学家的专属领地。

　　每个人都知道什么是意识：意识就是每晚睡着后随之而去，而翌晨醒来后又随之而来的那个东西。对于意识的这种貌似简单的理解，使我们想起威廉·詹姆士（William James）在19世纪与20世纪之交关于"注意"所说的一段话："每个人都知道什么是注意。注意就是头脑从好几个同时都有可能的对象中，或是从一连串的思想中，以一种清晰而生动的方式选取其中之一"[1]。一百多年之后，许多人认为，我们根本没有理解注意或意识。

对注意和意识缺乏认识，当然并不是由于哲学界或科学界对此漠不关心。自笛卡尔以来，极少有哪个主题能像意识之谜那样，一直使哲学家们念念不忘。笛卡尔和二百多年以后的詹姆士一样，他们认为有意识和"想"是同义语，例如詹姆士的思想流就是意识流。笛卡尔在他的《第一哲学沉思集》(*Maditations de Prima Philosophia*)[2]一书中写道："Cogito ergo sum"——"我思故我在"，并以此作为他哲学的基础。这直接表明，他认为意识在本体论（存在什么）和认识论（知道什么和如何知道）中都占据着中心地位。

如果严格地从"我思故我在"的字面意义出发，那就会陷入唯我论——一种认为除了个人的意识之外什么都不存在的观点，显然这种观点不会吸引我们俩去合作写书。比唯我论稍微现实主义（有双关的含义）一些，出发点就站到了唯心论的立场上了，相对于物质来说更强调精神——观念、知觉、思想，总之一句话，也就是意识。然而，如果以精神为出发点，唯心论的哲学家必然要碰到如何解释物质的难题，这一点也不比只从物质出发导出精神容易。

笛卡尔认为，物质和精神是截然不同的。他认为物质的根本特性是具有广延性，占据一定的空间，因此可从物理上予以解释；然而精神的根本特性则是有意识，或就这个术语的广义而言是有思想。在此观点看来，精神存在于每个人的头脑之中。就这样，笛卡尔开创了二元论。这是一种在科学上不能令人满意的立场，但如果不涉及如何解释精神和肉体之间关系的话（见图1.1），这种立场从直观上看起来很简单也很有吸引力。自笛卡尔以来，哲学家们提出了各种各样的二元论学说或其变体。例如，副现象论就是其中的一种，这种理论和别的理论一样，也认为精神事件和物理事件是不同的，但认为精神经验的唯一源泉是物理事件，精神只是一种在因果关系上无足轻重的副产品而已。用托玛斯·赫胥黎（Thomas H. Huxley）的话来说："如果说意识看起来和肉体机制有什么关系的话，它也只是肉体工作的一种副产

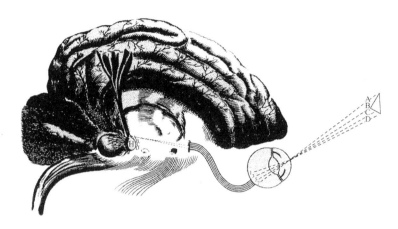

图 1.1　笛卡尔用这张图说明他有关脑如何形成对象之精神像的想法
他假定精神事件和物理事件的交汇点发生在松果体（H）上。

品，它对改变这种工作完全无能为力。这就像伴随机车工作的汽笛声对其运转部件一点也没什么影响一样。"[3]

更近些时候，哲学家们采取了唯物主义的立场。他们认为精神和意识就是脑的各种运作，或至少是其中的某些运作。有些极端的唯物论甚至认为，从本体论和认识论的观点来看，根本就没有什么意识。他们坚持认为，严格说来，除了脑回路功能之外别无其他，至少没有别的什么东西需要加以解释。有些哲学家认为，一旦我们对脑的工作有了足够清楚的认识，意识概念就会消失不见，这正像认识氧化以后，燃素概念（一种假想的包含在所有可燃物中的易于气化的成分，人们想象它在燃烧时会释放出来成为火焰）就销声匿迹了一样。在心身问题中，如果否认或回避了其中的意识方面，心身问题本身也就不复存在。另外的一些唯物论观点坚持认为，虽然意识是由脑中的物理事件产生的，但它不能还原为这些事件，而是从这些事件中涌现出来的。这正如水是由两个氢原子和一个氧原子化合而成，但水的性质不能直接还原为单个氧或氢的性质。这些观点五花八门，但总的说来，它们都认为意识是某种残留下来的状态（residual status），至少从解释的角度来说是如此。然而，他们都认为不存在脱离"脑"实体的"意识"实体。

关于心身问题的哲学争论现在非常复杂，就其五花八门的程度来说，足可跟后笛卡尔哲学家（post-Cartesian philosophers）之间的争论相提并论。我们曾经有斯宾诺莎（Baruch Spinoza）的二重论（dual aspect theory）、马勒伯朗士（Nicolas de Malebranche）的偶因论、莱布尼茨（Gottfried W. Leibniz）的并行论以及他的前定和谐学说，我们现在有同一性理论（identity theory）、中心状态理论、中性一元论（neural monism）、逻辑行为主义、标志物理主义（token physicalism）和类型物理主义（type physicalism）、标志副现象主义和类型副现象主义、异常一元论（anomalous monism）、涌现唯物主义、消去唯物主义（eliminative materalism）、各种各样的功能主义以及别的一些理论。[4]

尽管哲学观点如此之多，看来单靠哲学上的争论，不大可能令人满意地解决心身问题。用科林·麦克金[5]（Colin McGinn，一位采取极端立场的哲学家）的话来说："长期以来，我们一直在试图解决心身问题，但是我们的一切努力都落了空，心身问题依然是个谜。我想现在到了坦率地承认我们不可能解决这个奥秘的时候了。对于物理脑之水如何酿成了意识美酒的问题，我们依然一无所知。"

从哲学上探讨意识的来源，有其根本上的局限性。这种局限性部分是由于假定单靠思索就可以揭示有意识思维的来源。这一假定很明显不正确，就像过去在没有科学的观察和实验的时候，就想认识宇宙起源、生命基础和物质的精细结构一样，是不恰当的。事实上，哲学家所擅长的是指出要想解决这个问题有多难，而在给出问题的答案方面却乏善可陈。许多哲学家一再重复一种观点：不管科学家怎么做，对于一个有意识个体的第一人称视角和第三人称视角无法调和，两者在解释方面的鸿沟无法弥合；而"困难"问题（"hard" problem）——如何从大群神经元的繁忙活动中产生知觉、感知状态或体验状态（phenomenal or experiential states）的问题——也解决不了。[6]

那么,科学家们在解释这个谜团方面又做得怎么样呢? 如果考察一下心理学的话,我们就会发现,这一门"心智的科学"在试图把它的中心论题——意识——放到某个大家都可以接受的理论框架中去时,总是有麻烦。铁钦纳(E. B. Titchener)和屈尔佩(O. Kulpe)[7]的内省主义传统是哲学唯心主义或现象学在心理学上的翻版。这个学派试图仅仅根据个人对内心的考察来描写意识,由此得到"内省"的名称。许多内省论者都是心理原子论者;他们也和今天的一些神经生理学家类似,假定意识由一些可以归属于不同类别的基本部分构成(且不管美国学派认为有 4 万种以上的知觉,而德国学派认为只有 1.2 万种)。行为主义者则与一些当代的哲学家一样,他们试图把意识从严肃的科学论著中完全驱逐出去。

今天的认知心理学家又重新把意识和心智作为合法的概念引了回来。他们把意识看作是表示一连串信息处理的流程图中的一个特殊模块或一个阶段。事实上,认知心理学家常常从"精神机能方面能力有限"这样一种瓶颈的角度来考虑意识,而这种限制可能源于我们脑中某种尚不清楚的局限性。现在已经有了一些与意识有关的功能模型,这些模型来源于认知心理学或人工智能,或借用了来源于计算机科学诸如中央执行系统或操作系统之类的隐喻。心理学家也把意识比喻成某个统一的舞台、场景或是戏院,各种来源的信息就在那儿进行整合,以控制行为。[8]这种直观的想法有的可能将人引上正道,还有的虽然听上去颇具吸引力,却很可能也因此使人误入歧途。

然而,有一点是确定的,那就是这类比喻不能代替对意识的真正科学认识。认知模型通常对意识经验的体验性和感知性方面并不能给予什么帮助。如果只从这些模型的角度出发看问题,那么只要还能执行我们所假定的意识所应该有的某些功能,诸如控制、协调和计划之类,那么作为感知体验(phenomenal experience,常常也是一种情绪体验)的意识也可以无须存在。标准的认知说法不能令人信服地说明,为什么人做乘法是一种缓慢而迟疑的意识过程，而袖珍计算器迅速地做同样的工作，却根本没有意识可言。他们也不能解释，为什么走路时保持身体平衡或说话时发出一个个词这样的复杂过程，应该认为是无意识的；而按压一下你的指头这样的简单过程，却产生某种意识经验。最后，正如许多批评所指出的那样，如果只用功能主义的方法研究意识，也就是把意识当作某种信息处理，那么这种方法一点也不牵涉意识需要专门神经基质的活动这一事实，而这些基质正是神经科学家所要研究的中心问题。

除了对昏迷、麻醉之类的基本观察之外，神经科学家以往在涉及意识问题时总是小心翼翼。绝大多数人简单地声称这个问题是无法搞清楚的，并用我们目前在这个问题上的无知来说明，他们的小心态度确有道理。虽然他们中间有不少人大概也会给出某种系统水平上的解释——要是他们真知道是哪种解释的话，但在现阶段，他们认为还是小心收集新事实和进行观察更有成效，至于理论化的问题还是留待将来吧。然而，过去十年左右，在意识研究和神经科学的关系方面确实发生了某些变化。看来科学家们不再那么害怕谈到这个问题，神经科学家出了好几本书，新出版了一些杂志，还进行了一些把意识当成实验参数的研究。[9]

尽管某些现在的"科学"假设涉及面没有哲学家那么广，但它们在某些方面更极端和稀奇古怪。例如，某些神经科学家站到了二元论的立场上，认为有意识的心智通过"心理子"（psychon）在左脑的某个区域中和"树突子"（dendron）交流形成界面（笛卡尔提出松果腺是这种相互作用的场所，因为松果腺正好在头部中央）。[10]某些科学家（他们可能是、也可能不是神经科学家）下断语说，要想使意识研究理论化，传统物理学已不够了，必须借助一些诸如"量子重力"（quantum gravity）之类非常深奥的物理概念来解释。[11]

其他的一些科学家则采取另一种可能更讲究实效的策略——集中

于寻找意识的特定神经相关机制。在这方面也确实取得了进展。例如,
詹姆士限于他那个时代的神经学知识,只能得出整个脑而非其任何局
部才是意识神经基础的结论。[12] 今天的科学家已经可以更精细也更具
体地进行研究。不同的作者相信不同的脑结构是意识的基础,这些结
构有着令人目瞪口呆的名字,例如层内丘脑核(intralaminar thalamic
nuclei)、网状核、中脑网状构造、Ⅰ—Ⅱ层切向皮层内网络(tangential
intracortical network of layers Ⅰ-Ⅱ)以及丘脑-皮层回路。在詹姆士的
时代无法想象的许多问题上发生了激烈争论:初级视皮层是否对意识
经验有贡献? 直接投射于前额皮层的脑区是否比其他区域更重要? 在
皮层神经元中是否只有特定的子集合才起作用? 如果是这样的话,这
些神经元是否要有特殊性质或处于特定部位? 如果皮层神经元要对意
识经验有贡献,它是否一定要以40赫兹振荡或产生簇发放电? 不同脑
区或不同神经元群是否产生不同的意识片段——某种微意识? [13]

　　围绕这些问题的争论,正变得愈来愈频繁,而新的实验数据则推
波助澜。正如大量的这类问题和假设所表明的那样,想要把意识的神
经基础和这类或那类神经元集合挂钩,中间总还缺掉了些什么。我们
再一次碰到了世界之结。通过什么样的神奇变换,使得位于脑特定部
位的神经元发放或天生具备某些生化性质的神经元发放,变成某种主
观体验,而别的神经元发放则不会? 无怪乎有些哲学家把此等企图看
作是"范畴错误"的最好例子——犯了要事物具有它们所不可能有的
性质的错误。[14]

　　考虑到把意识作为科学研究的对象有极大特殊性,犯这类错误也
就不足为怪。在下一章中,将考虑我们怎么会碰到由这种特殊性所带
来的根本问题。我们认为,意识不是一种物体,而是一种过程。从这
种观点出发来看问题,意识确实是一个合适的科学主题。

第二章

意识问题的特殊性

　　科学总是企图在描绘世界时不带主观性。但是，如果它所研究的主题就是主观性本身，那又如何呢？在本章中，首先从科学的观点出发，探讨意识的特殊性以及为研究它所必需的一些假设。然后我们来考察：由存在意识所引起的一个基本问题。这是任何一门科学的说明都必须解释清楚的。试考虑下面这样的简单问题：为什么当我们每个人在区分像亮和暗这样的不同状态时，我们说我们每个人都是有意识的，而一个简单的物理装置在进行类似的区分时，却显然和意识经验毫无关系？这一悖论表明，任何想根据某些神经元或某些脑区的内在特性来说明意识的企图，都是注定要失败的。其次将讨论：为了认识意识的基础所需的各种新方法。最后，将要说明我们的策略——不在于只是找出和阐明那些对意识经验的主要性质起作用的神经元，更在于找出和阐明那些对意识经验的主要性质起作用的神经过程。

　　我们已经考察过了哲学家和科学家在涉及意识问题时显然要碰到的一些困难和不确定因素。认识这些困难的根源非常重要。意识研究提出了一种特殊的问题，这个问题是在其他科学领域中从来没有遇到过的。在物理学和化学中，我们通常是用另一些实体和定律来解释某些实体。我们可以用日常用语来描述水，但至少从原则上说，也可以用原子和量子力学定律来描述水。我们的实际做法是，把对同一个外界实体的两种层次的描述（日常描述和科学描述，后者要有力得多并有预见性）结合起来。所有这两种层次的描述——液体的水，或是按照量子力学定律结合在一起的某些原子组合——讲的都是外界实体，并且假定它不依赖于有意识的观察者而独立存在。

　　然而，当我们谈到意识的时候，遇到的是一种不同的情形。我们试图要做的不只是如何用他人脑的工作来解释其行为或认知操作，尽管这个任务也是极端艰巨的；我们试图要做的也不只是把对外界事物的某种描述与更为精细的科学描述联系起来；相反，我们是要把对外界事物（脑）的描述与内部事物（体验）联系起来，这种体验纯属我们个人，是我们作为有意识的观察者所取得的。我们所要做的是深入内心，正如哲学家托马斯·内格尔（Tomas Nagel）确切说过的那样，我们想知道，如果我们身为蝙蝠将有何感受。[1] 我们知道自己的感受是怎样的，但我们想要解释，为什么我们会有意识，为什么会有我们自身感受这样的"东西"，也就是要解释，主观上的和体验到的感受是如何产生的。简而言之，我们想要解释"我思故我在"，笛卡尔把这作为建立任何哲学所必需的无可争辩的首要基石。

　　没有任何一种描述能够完全说清楚主观体验，不管这种描述如何精确。许多哲学家以颜色为例，来说明他们的论点。没有任何一种有关颜色识别神经机制的科学描述，能够使你懂得知觉到某一种特定的颜色感受究竟如何，即使这种描述再完美也不行。不管进行哪种描述或提出哪种理论，也不管其是科学的还是其他的，都不能使一位色盲患者体验颜色。在一个哲学上有名的思想实验中，玛丽是将来的一位有色盲的神经科学家，她对有关视觉系统和脑的知识学富五车，也完全掌握了有关颜色识别的一切生理学知识。然而，当她最后真的有了色觉的时候，她的所有知识一丁点儿也替代不了她有关颜色的真正体验，也替代不了她看到颜色时的真实感受。很久以前，约翰·洛克（John Locke）就清楚地预见过这个问题：[2]

> 有一位好学的盲人，他竭力想弄明白可见物体究竟是什么意思。他通过书籍和朋友的解说，尽可能详细地理解他常听到的光和颜色的名字的意思。有一天他夸口说，他现在明白鲜红色是什么意思了。他的朋友于是问他鲜红色是什么意思，这位盲人回答说它就像喇叭的声音。

洛克也预见到了所谓的倒谱论点（inverted spectrum argument），即认为尽管行为相同，主观体验却可以各不相同。他以为"同一个对象可以同时在一些人的头脑中产生不同的想法。举例来说，某人看到紫罗兰时在头脑中所产生的观念，可能和另一个人由万寿菊在头脑中所产生的观念相同，反过来也一样。"[3]

哲学家也想象出了另一种假设，即可能有一种除了没有意识（也就是说，没有任何感受）之外，其他音容举止一如我们的生物——"无魂人"（zombie）*。事实上，一位哲学家可以很容易地把每个人都想象成一个无魂人（而这还真的没法揭穿呢），每个人的行为都可以用神经生理学来描述。但是说到我们自己，又怎么样呢？我们无疑是有意识的，我们也不是无魂人。怎么会出现第一人称的感知体验？对此仍无法说明。

---

* 一般译为僵尸。在全国科学技术名词审定委员会生物物理学名词审定的专家会上，许多专家认为"僵尸"一词在我国已经有了根深蒂固的迷信色彩，不宜用在这一场合。笔者提出"无魂人"作为替代，得到了专家们的肯定。故作今译。——译注

有意识的观察者和某些方法论上的假设

　　是否永远都无法给意识一种令人满意的科学上的解释呢？是否就没有办法解开世界之结呢？或者，是不是有办法从理论上和实验上有所突破，从而解答意识觉知（awareness）的难题呢？我们相信，这些问题的答案在于，认识科学解释一般说来到底能做些什么和不能做什么。科学解释可以说明发生某种现象的充分必要条件，可以解释这种现象的性质，甚至也能解释为什么只有在这些条件之下，此现象才能发生。但是，没有一种科学描述或解释本身，能够替代真实的事物。譬如说，当我们科学地描述飓风时，都接受上述的想法：飓风的物理过程是什么，为什么它会有它所具有的那些性质，在什么条件下会形成飓风。但是没有一个人会期待，对飓风的科学描述本身就是飓风，或者会引起飓风。

　　那么，对于意识，为什么就不能采取完全同样的标准来进行研究呢？我们应该适当地说明，意识究竟是一种什么样的物理过程，为什么意识会有它所具有的性质，以及在什么条件下会出现意识。正如将要看到的那样，并没有什么东西妨碍我们对与意识相应的特定类型的神经过程作恰当的科学描述。那么，意识的特殊性究竟又在什么地方呢？意识的特殊性就在于：它和科学观察者的关系方面。与别的科学描述的对象不同，当研究意识的神经基础时，我们想要说明的神经过程实际上涉及的正是我们自己——有意识的观察者（参阅图2.1）。我们不能把我们作为有意识的观察者而置身事外，但在研究别的科学领域时，我们总是这样做的。

　　关于意识，我们要科学描述的正是我们自己，这与所有别的实体都不一样。对于别的实体，可以用两种不同的方法来加以描述，这就是把它当作外界对象而用日常用语或是科学语言加以描述。上述论述

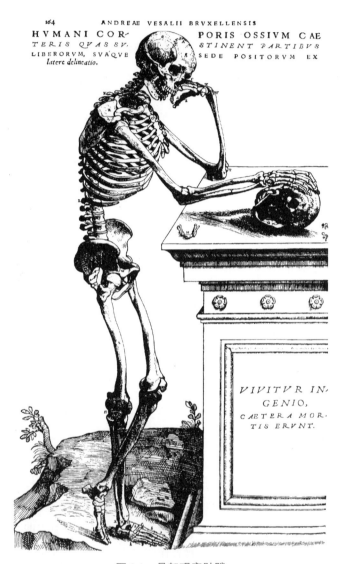

图 2.1   骨架观察骷髅

引自安德理亚斯·维萨里（Andreas Vesalius）* 的杰出版画之一《沉思者和思想》（*De Fabrica Humani Corporis*, 1543）。图中的姿势和物体暗示着图画的标题。

---

* 安德理亚斯·维萨里（1514—1564），比利时医生，解剖学家，现代解剖学的奠基人，曾在意大利
  帕多瓦大学讲授外科学，首次以解剖人尸作教学演示。——译注

再一次确认了意识在认识论方面的特殊性。如果接受这一点，并且想出新的描述方法，就可以避开许多难题，而且躲过哲学上的拦路虎。我们依然能像对待其他的科学对象一样，也设法给意识以某种令人满意的科学解释：意识是一种什么样的物理过程，它为什么有这样的性质，在什么样的条件下会出现意识。正如我们将要看到的那样，为做到这一点，必须建立起观察者怎样才能有效地研究意识的新观点。

在执行这一任务之前，我们采取三条有关的工作假设，作为本书其余部分的方法论平台——物理假设、进化假设和主观体验特性（qualia）假设。

物理假设说的是，只要用传统的物理过程就能令人满意地解释意识，这里不需要二元论。特别地，我们假定意识是由脑的某些结构和动力学所产生的一类特殊物理过程。当然，问题在于是什么样类型的物理过程。在第三章中我们要指出，意识经验作为一种物理过程，可以用某些普遍的或基本的性质来加以表征。有两条这样的性质，它们是意识经验的整体性（integrated）（意识状态不能分解成一些独立的成分），而与此同时，意识经验又是高度分化的（differentiated）（一个人可能体验到无数不同的意识状态）。于是，科学的任务就是要找出，哪种特殊类型的物理过程，可以同时具有这些性质。

进化假设说的是，意识是动物界通过自然选择进化出来的。这一假设隐含着下面的意思：意识和生物结构有关，它依赖于某种形态所产生的动力学过程。形态是进化选择的产物，而意识不仅仅是这样的一种产物，它还会影响动物的行为。这些行为是由自然选择和动物个体一生中的选择性事件所决定的。意识是有效的。进化假设还有下面的意思：因为意识相对很晚才发展起来，所以并不是所有物种的动物都拥有意识。关于意识的进化起源这一假设，有助于使我们避免做无用功，诸如试图把意识当作计算的副产品，或是应用像"量子重力"这样稀奇古怪的科学术语，而另一方面却忽视神经学（neurology）。

最后，与我们关于有意识的观察者的观点相一致，主观体验特性假设说的是，意识的主观的、定性的方面具有私密性（private），它不能直接通过本质上是公开的和主体间的（intersubjective）科学理论进行交流。接受这一假设并不意味着，我们不可能描写产生意识的充分必要条件，而只是说，描述意识并不等于产生和体验意识本身。正如将要看到的那样，可以将主观体验特性看成是复杂的脑所作的多维度识别（discrimination）的表现形式。我们可以分析意识，描写意识是怎样涌现出来的，但是如果我们不先拥有生物个体体内适当的脑结构及其动力学过程，就没有办法产生意识。这一假设有助于避免下列观念：有关意识的一个科学理论，就是意识经验本身的替身；或者只要根据科学描述和假设（不管它们和意识的关系如何密切），就可以体验某个主观体验特性。

进一步探讨这些假设的哲学含义，将使我们进入本体论和认识论的领域，从而偏离我们的主要任务——科学地解释意识及其性质。因此，在这里暂不讨论一些有趣的推论，而把它们放到本书的末尾。这里只提及一些有用的论点，这些论点将帮助我们牢记事物应有的次序。这些论点来自我们的三条方法论假设，而且正如将要看到的那样，它们对于认识为科学地分析意识所必然碰到的一些特殊问题，十分重要。为了避免过深地陷入哲学讨论，应该花些时间考虑下面的问题：

存在和描述　先有存在，后有描述。如果意识是某种物理过程的话，尽管它是一种特殊的物理过程，那么只有作为个体的有形体的生物，才能体验意识。形式描述既不能代替也不能产生这种体验。没有一种描述可以代替个体对意识主观体验特性的主观体验。物理学家薛定谔（Erwin Schröndinger）曾这样说过：没有任何一种科学理论本身，包含有感觉和知觉。正如进化假设提醒我们的那样，不光是仅有描述不可能产生存在，而且就事物本身的次序而言，无论从本体论方面来说还是从时间先后来说，存在都要先于描述。

实践和认识　在生物学上也可以观察到一种和进化假设有关的现象，即在学习过程和许多涉及人的理解的事情上，实践一般总是先于认识。[4]这是我们从研究动物学习中得出的一个重要见解（动物能够解决那些它们显然在逻辑上并无认识的问题）。从对正常被试和额叶有某种损伤的被试所做的心理生理学研究（我们在明白为什么之前，早就采取了正确的策略）中[5]，以及从对人为语法的研究（在我们懂得某一规则之前，早就已经在用它了）中，最后从无数对认知发育的研究（我们远在懂得任何语法知识之前，就学会说话了）中，都可以得出同样的结论。虽然在像我们自己这样有语言的动物中，这一次序偶尔也可颠倒过来，但几乎总是先有实践。理解这一点，对我们现在正研究的问题是重要的，因为这帮助我们避免在用物理学和人工智能进行陈述时所碰到的困难，这两个领域不考虑具身化（embodiment）*和行动，而把我们的知觉和行为都假定成某种编程的结果。

选择主义（selectionism）和逻辑　物理假设和进化假设都清楚地说明了，什么是第一位的和什么是第二位的。换句话说，这两种假设迫使我们考虑从历史的、实用的和实体的角度来看，什么是居先的而什么是导出的。例如，逻辑是人类的一种强大而又巧妙的活动。然而，如果进化假设正确的话，逻辑作用对于意识来说就不是必要的。逻辑对于动物躯体和脑的发生来说，都不是必要的，而它对于计算机的结构和操作来说却是必要的。反过来，高级脑功能的发生，取决于自然选择和别的进化机制。更有甚者，正如将要看到的那样，早在每个人的脑根据逻辑进行运作之前，其实际工作就已经采用类似于进化原则的选择原则了。这一观点被称为选择主义。[6]简而言之，选择主义先于逻辑。稍后我们要谈到，选择主义原理和逻辑原理都是思想方式的

---

* 也就是意识不能脱离脑、身体等物理载体。与此相反的观点是，认为存在着不依附于肉体的灵魂。——译注

重要基础；但是现在必须记住，对脑适用的是选择主义原理，而只是在这之后，个体才用脑学会了逻辑原理。只有记住了这些话，才能避免由于企图只用计算来解释意识所产生的谬误。

需要解释些什么

神经科学家查尔斯·谢灵顿和哲学家贝特朗·罗素都用下面同样的例子来生动地说明意识问题：一缕光线进入眼中，引起一系列的电变化和化学变化，最后在脑内产生效应。但是正如谢灵顿指出的那样，"在这里发生了某种变化……完全是无法解释和预见的"——我们每个人都意识到"看见"了光。"看见"是一种主观的东西，完全不同于先于它以及和它同时进行的客观物理过程。简而言之，这就是意识才有的特殊问题——世界之结。

有时，解决问题最好的办法就是去提出恰当的问题。而有时提出这种恰当问题的最好办法是找出一个最能清楚地说明问题之所在的例子。让我们沿着谢灵顿和罗素的思路，设想一个能区分亮暗的物理装置（如光敏二极管），并给出声音输出。[7]让我们再设想，在执行同样任务的一个有意识的人，并要他给出语言报告。现在就可以用浅显的语言来提出意识问题了：为什么一个人简单地区分明暗就和意识经验有关，并且确实也需要意识经验；而对于做同样事情的光敏二极管，我们却不这样认为呢？或者我们再设想一个能区分冷热的热敏电阻。为什么热敏电阻始终是一个简单的、毫无生机的物理装置，它不能产生任何主观的、有知觉的性质，而当我们在执行同样的功能时，却意识到冷、热，或许甚至还有疼痛呢？

当用神经方面的词汇来考虑这个问题时，就会显得更为神秘和自相矛盾。为什么脑中某些神经细胞或神经元的活动，应该和我们称之为意识经验的私密的知觉状态有关，而另一些神经元的活动就没有如此奇妙的性质？举例来说，为什么区分明暗的视网膜中的神经元的活动，并不直接和意识经验有关，而视觉系统更高级部位的其他神经元的活动却显然有关？或者为什么我们意识到冷热，却并不直接意识到血压的高低？不管怎么说，正如有神经回路负责体温调节一样，也有复杂的神经回路进行血压调节。说得更一般性一些，为什么仅仅靠脑中的部位或是特定的解剖或生化性质，就使得某些神经元的活动变得如此特殊，以至突然间就使得这个脑的所有者有了主观体验，有了哲学家们称之为主观体验特性的那些难以捉摸的性质？这就是意识经验的中心问题。

　　我们不用通常的策略来处理这个问题。我们不想解释所有一切——各种形式的知觉、想象、思想、情绪、心情、注意、意志和自我意识——我们不为极其多样的意识现象所迷。相反，我们把注意力集中在意识的基本性质上，也就是所有的意识状态都具有的普遍性质。正如下一章要讨论的那样，这些性质包括整体性（unity）——任何意识状态都是作为一个整体而被体验到的，不能将其分解成各种独立的成分；也包括信息性（informativeness）——在几分之一秒内，每个意识状态都是从无数种可能的意识状态中选取出来的，每种意识状态都有不同的行为结果。我们不去求助于模糊不清的隐喻，而是从基本的理论思考出发，来考虑这些性质应该意味着什么，并且建立适当的模型、概念和度量来分析它们。这一策略发展了威廉·詹姆士（图 2.2）有关意识是一种过程的富有远见的看法——这是一种私密性的、有选择性的、连续且不断

图 2.2　威廉·詹姆士

伟大的心理学家和哲学家。他在其杰作《心理学原理》（*The Principles of Psychology*）一书中，最为广泛地思考了有意识思维的各种性质。

变化着的过程。

　　在下面各章中，将要考察什么类型的神经过程才能真正解释意识的基本性质，而不只是和这些性质有关。有许多神经科学家强调了一些其活动和意识经验有关的神经结构。不同的神经科学家强调不同的神经结构，这并不奇怪。正如我们将要在许多病例中看到的那样，每个结构的工作都可能对意识有贡献，但是我们如果期望，单单靠精确地确定脑中的特定部位，或是了解特定神经元的内在性质，就能够解释为什么它们的活动会或者不会对意识经验有贡献，那就大错特错了。这种期望是范畴错误（category error）——其意思是把事物不可能有的性质硬加给它——的一个最好例子。[8]与此不同，我们相信重要的是把注意力集中到产生意识的过程上去，而不仅限于产生意识的脑区，更具体的是要把注意力集中到确实能够解释意识的那些最基本性质的神经过程上。

第三章

每个人的私人舞台：全始全终的整体性和无穷无尽的多样性

　　我们在解释意识的神经基础时，采用下列策略：把我们的注意力集中在意识经验的最普遍性质上，也就是集中在每个意识状态都具有的性质上。整体性是这种最重要的性质之一，指的是在任一时刻，主体都不能把他所经验到的意识状态分解成一些独立成分。这个性质和我们不能有意识地同时做两件以上的事情有关，例如当我们在激烈争论时不能同时算账。意识经验的另一个极为重要且恰成对照的性质是它的极度分化性或者说信息性：在任何一个时刻，都可以从无数可能的意识状态中选取出一个状态来。这样从表面上看起来，就有了一个悖论：既要整体性，又要复杂性——脑必须处理各种可能性，而又不失其整体性或协调一致性（coherence）。我们的任务就是要说明脑是怎样做到这一点的。

　　我们的体验能有多广，我们的想象能有多远，意识现象学

（conscious phenomenology）*的范围和所包括的五花八门的内容也就能有那么多；体验和想象是每个人的私人舞台。关于意识的分类问题，已经有了很多书；也已经建立起了以试图揭示其结构为基础的整个哲学体系。试考虑一下日常意识经验的某些明显的主观体验特性。意识状态表现为感知觉、想象、思想、内语（inner speech）、情绪感受（emotional feeling），以及有关意志、自我、亲昵等的感受。还可以想象对这些状态再加以细分，或者组合成新的状态。感知觉是意识经验的典型组成部分，它来自许多不同的模态——视觉、听觉、触觉、嗅觉、味觉、本体感觉（有关我们自己身体的感觉）、动觉（有关身体位置的感觉）、愉悦和痛苦。此外，每个模态又包括了许多不同的子模态，例如视觉体验包括颜色、形状、运动、深度等（见图 3.1）。

　　与感知觉相比，思想、内语和意象（conscious imagery）虽然在细节方面没有那么生动和丰富，但是它们都强烈地表明，即使在没有外界输入的情况下，还是可以构造出意识场景（scene）。梦就是这方面最突出的表现。做梦虽然也有它自己的特殊性，例如人在做梦时容易轻信、专心致志、丧失自我反省，但做梦时和清醒时的意识还是非常相似的：通常都认得出视觉对象和场景，语言通顺，在梦中展开的故事甚至高度连贯，以致有时还可能误以为真了呢。[1]

　　意识既可以是被动的，也可以是主动的和需要付出努力的。当我们让感觉输入随意进入我们的意识状态，而不特别去注意某个对象时，意识包容万物，也是自然和无须努力的，例如当我们漫步街头，欣赏市景时就是如此。另一方面，当我们要从不断地接收到的感觉输入流中刻意找出某个对象，这时的知觉就变成一种主动的活动了。在英语

---

* 现象学（phenomenology）一词在不同场合有不同的含义。在心理学中，现象学指的就是研究主观体验的心理学领域；在哲学中，它是指研究意识和体验的结构的哲学领域。这里指的正是哲学上的这种意思。在物理学中，现象学则指的是把理论物理的理论，应用于实验数据，再根据理论作出定量预测。如此等等。——译注

图 3.1　卢梭（Rousseau）的油画《落日野林》（*Virgin Forest with Setting Sun*，1910，巴塞尔美术博物馆）
假定在画中去掉那个人和美洲豹（箭头所指），这张画就恰当地象征了在一个正在工作着的脑中的种种秩序和复杂性。

中，被动知觉和主动知觉用了不同的词：seeing（看到）和 watching（注视）、hearing（听到）和 listening（聆听）、feeling（碰到）和 touching（触摸）。我们知道什么时候需要意识的较为主动的方面，因为这时通常需要作出一番努力。当我们集中注意，或是从我们的意识中搜索某种东西时；当我们竭力回忆某件事时；当我们想在工作记忆中记住某个数或某个想法时；当我们做心算或想象一幅场景，或是陷入沉思时；当我们做计划、筹划，或想预测我们的计划和图谋的结果时；当我们开始动作，或是从若干选项中有意选取其中的一项时；当我们勉力去做，或是奋力处理某个问题时——所有这些时刻的意识都是主动的，并且需要努力。

　　在大多数意识状态中，都包括有在时空中所处地位的觉知，以及对我们自己身体的觉知。这些觉知明显来自许多不同的信息源。此外，常常还有一些意识外围（fringe）*，以及各种各样分辨得更精细的觉知。前者和熟悉程度、对或错、满意或不满意有关，而后者正是文化艺术之关键所在。

最后，意识经验可以有不同的强度。警觉程度可以覆盖从放松安睡直到歼击机驾驶员在执行任务时的高度戒备状态的整个范围，感知觉的生动程度也可以各不相同。注意是大家都熟悉的一种能力，它可以选择或有区别地放大某些意识经验，而排除其他意识经验。此外，正如我们将要在稍后几章中强调的那样，意识不可避免地要和记忆的某些方面联系在一起。实际上，持续几分之一秒的即时记忆常常等同于意识本身。工作记忆是一种在几秒之内"记住"一些意识内容（例如电话号码、句子和空间位置）并对其进行操作的能力，这显然也和意识密切相关。

对意识经验不同方面的这种划分和分析，还可随意推广。一个人可以终其一生对其意识经验的某些方面（从欣赏艺术到品酒，从锻炼意志和集中思想到学会只感受某些单纯的知觉状态）进行分析，并锻炼得更为敏锐。

不管丰富多彩的意识现象多么有趣，我们不打算进一步讨论它的众多方面。我们直截了当地承认，意识经验的可能模态和内容，虽然不是随心所欲的，但其数目极其巨大。我们不拟分析在每个人的私人舞台上演的总在变化的情景，我们集中精力去分析一些像经典戏剧的"三一律"（时间、地点和动作一律）那样的普遍原则。在本章中，我们将集中讨论在意识经验所有的现象学表现中共有的基本方面——私密性、整体性和信息性。

---

* 詹姆士用此词表示"很弱的脑过程对思想的影响"，并使我们"对关系和对象有模糊的觉知"。——译注

存在的整体性：意识经验的私密性、
整体性和协调一致性

谢灵顿在其经典著作《神经系统的整合作用》（*The Integrative Action of the Nervous System*）一书的序言中，以其惯有的雄辩阐述了意识仅为个人所有及其整体性："每个不眠的日子都是由'自我'这个角色主演的或好或坏的一场喜剧、闹剧或者悲剧。这样一直继续下去直至落幕……虽然表征（有意识的自我）有许多方面，但自我是一个整体。"威廉·詹姆士也认为，意识的整体性和私密性是它的最重要的性质。和某些东方宗教的教义不一样，他断言，每个意识事件都是只有单独一种"观点"的某个过程，并且有确定的范围而不能共享：

> 在这间房间里，譬如说，就在这间演讲厅里，有许多思想——你的思想和我的思想——其中有些思想彼此有关，而有些则没什么关系。这些思想既不是孤立的和互不相关的，也不同属一体。它们两者都不是：没有一个思想是单独的，但是每个思想都只和某些别的思想有关，而和其他的无关。我的某个思想和我其他的思想有关联，而你的思想则和你其他的思想有关联……我们日常碰到的意识状态都是个人的意识、心智或自我，都是特定地具体化到我的或你的意识状态……对意识来说，普遍成立的并不是"存在着感受和思想"，而是"我想"和"我感受到"。[2]

在强调意识经验的私密性时，谢灵顿和詹姆士都谈到某个个体的自我，这个自我有关于自己往事的记忆、关于过去和将来的想法。对于一个成年人来说，私密性不可避免地变成了个人专有性，纯粹的主观性也就变成了真实的主体。我们作为人类来说几乎不可能再回到，甚至不可能想象有一种完全和自我无关的意识状态。换句话说，我们是一种能觉知到自己有觉知的主体（agent），并且认识到我们是根据我们的历史和计划来决策的。

正如谢灵顿认识到的那样，意识事件的私密性是和它的整体性紧密联系在一起的。我们说意识状态有整体性，就是指体验到的整个意识状态总是大于其各个部分之和。当处于某种特定的意识状态时，不管纯粹是体验到某种温暖的知觉，还是看到一大群人在走动的生动而丰富多彩的场面，不管是深沉而睿智的思考，还是稀奇古怪的梦境，它们都是某种整合成统一而协调的整体的信息，此整体大于其各个部分之和。

换句话说就是，特定的意识状态是一组紧密交织在一起的相互关系，不可能完全分解成一些独立的成分。假定用速视仪呈现给你看：由两个相邻数字 1 和 7 构成的视觉刺激，为时几分之一秒，那么由这个刺激所触发的意识状态，就不是看到 1 这个状态和看到 7 这个状态之和；这是整个一幅图景，在现在这种情况下就是数字 17。当其时，这个 17 不能被分解成独立的成分。

对裂脑人 * 所做的一个实验，惊人地演示了上述情况。[3] 在这个实验中，在屏幕的右边因而也就是在大脑左半球，呈现一串空间位置；而在屏幕的左边因而也就是在右半球，则呈现另一串独立的位置。对于这些被试来说，每个大脑半球都分别地知觉到某个单一的视觉问题，被试能很好地解决这种双重任务（当然，如果分别把这不同的两串空间位置展示给两个不同的有正常脑的个体，他们同样也能做到这一点）。在另一方面，有正常脑的人却不能把这两个独立的视觉序列当作两个独立的、并行的任务来处理。他们把这些视觉信息组合成一个单独的意识场景，也就构成了一个单独的大问题。他们不能解决前述的

---

* 联系大脑两半球的胼胝体被断开了的病人。——译注

双重任务。虽然这个实验的目的是显示把大脑两半球分割开来的后果，但其结果从另一个角度来看也颇有意思：它们表明通过一大束神经纤维——胼胝体，把两半球的大脑皮层联结起来，就使两个简单的、独立的知觉系统，变成了单独一个串行的统一知觉系统。

意识经验的整体性是与知觉事件的协调一致性紧密联系在一起的。在心理学上，有许多所谓"交变图"的例子——奈克尔立方体（Necker cube）、鲁宾花瓶（Rubin vase）、"女郎和丈母娘"——在两种可能的解释中，每个时刻都只能知觉到其中的一种（参见图 3.2）。在这些例子中，我们不可能同时觉知两个相互间没有什么关联的场景或者对象，这是因为我们的意识状态不仅统一，而且内在地协调一致，也就是说，出现的某种知觉状态，必然排除同时出现的另一种知觉状态。

在多义词的例子中，我们也可以看到意识状态要求协调一致。我们知道 mean 这个词的意思可以是"平均"或者"卑贱"，但在每个特定的时刻，根据上下文我们都只意识到它的一个意思。

在意识的所有层次和所有模态中，都可以看到有需要从貌似不匹配的元素中得出一个协调一致意识的场景。双眼融合就是一个大家都熟悉的例子。双眼知觉到的图像是失配的，这就是两者在水平方向有一点错位。但是我们知觉到的视觉场景，是

图 3.2 《头对头》(Tête à tête)——张交变图

这两幅图像的某种协调一致的综合，而附加的失配线索产生深度知觉。如果人为地使得呈现给两只眼睛的图像不协调的话，例如给右眼看一个物体，而给左眼看完全不同的另一个物体，这时就不可能发生双眼融合，而变成双眼竞争了。这时看到的不是两个不同对象的叠加，而是交替地看到这两个对象中的一个。这样，知觉为保持协调一致起见，就在融合与遏制两者之间选择其一。稍后，我们将讨论双眼竞争在分析意识经验的神经相关机制中的用处。

意识的整体性和协调一致性与所谓的意识容量局限性（capacity limitation）密切相关，后者是指，我们不能一次同时记住许多东西。尝试一次同时记住 7 个数字，或者一下子同时看清 4 个对象，或者试着同时看懂两部电影，你知觉上和认知上的局限性就变得很明显了。事实上，许多意识场景似乎充满了大量细节，这实际上只是表面上如此，而并非真实。如果让我们看一幅风景画，其中有无数不同形状、颜色、运动和深度的树木、房屋和人，我们相信自己一下子就能看到其中的所有细节，我们也相信自己能够立刻知觉到一段交响乐极其丰富的各种细节。但是，对于呈现时间很短以避免眼动的一幅视觉场景图，并且如果这幅场景中的元素都是新的，彼此之间没有引得起预见的联系，心理学家已经证明，从这种看起来丰富多彩的场景中，我们只能够精确地报告 4～7 个独立的元素或“块”（chunk）。例如，如果在短于 150 毫秒的时间里给我们看 12 个数字，每 3 个一行排成 4 行，我们相信自己看到了所有这些数字，我们的视网膜也确实对此起了反应，但是我们一次能够意识到并且报告出来的只有 4 个（至于这究竟是哪 4 个，并没有多大关系）。正如我们将要看到的那样，这并不是加在意识状态的信息内容上的限制，而是限制了在单次意识状态中能够一次区分出多少个近乎独立的实体，以免干扰了这个状态的整体性和协调性。[4]

当涉及行为时，由意识的整体性所引起的限制就变得更为严重。请想一下要同时做两件事有多困难。试试我们在和人争论的同时结账，或者在发布命令或研究一张地图的同时默背一个电话号码。只有当两个任务中至少有一个是相当自动的时候，彼此的相互干扰才会减小。更有趣的是，我们不可能在短于几百毫秒的时间内，作出多于一个以上的决定——不管这些决定多么简单。[5] 而且事实上，这个时间间隔——所谓的心理不应期——之长度，可以与估计出来的单个意识状态的长度相比拟。此外，不管我们如何练习，都不可能学会，譬如说，同时识别两个音调和两个形状；在开始另一次识别之前，必须先完成上一个识别任务，这至少需要 100～150 毫秒的时间。不可能消除这种心理不应期。显然，几乎所有的事情都可以自动化，就是意识选择本身不可能自动化。换句话说，有限的容量以及意识状态的串行进行都是意识为其整体性，也即意识状态不能归结为一些独立成分之简单总和，所付出的代价。

最后我们要指出，每个意识状态不仅是统一的，而且还或多或少是稳定的。虽然意识状态连续不断地在变化［詹姆士把这些变化称为"飞起飞落"（perches and flights）］，意识经验对其主体来说是连续的，甚至像有些人说的那样，是"没有接缝"的。意识状态非常稳定而又协调一致，从而保证了我们能够把周围世界作为一些有意义的场景而加以认识，并使我们能够作出选择和制定计划。

由神经心理学所获知的脑损伤情况下的整体性

某些病理现象以最惊人的方式，表现出意识经验所固有的整体性。许多神经心理学方面的失常，表现出意识可以发生歪曲或是坍缩（shrink），有时甚至会发生分裂，但是意识始终都要保持协调一致性。例如，虽然右脑半球中风导致许多人左半身偏瘫，并伴随有完全的感觉丧失，但是有许多人否认他们偏瘫，这种现象被称为病觉缺失（anosognosia）。如果证明给他们看，他们的左臂和左腿不能动，其中有些人甚至会否认他们的手脚是他们自己的，他们会像对待身外之物那样去对待手脚。有些双侧大面积枕叶损伤的病人，看不见任何东西，但是他们不承认他们盲了，这叫安通综合征（Anton's syndrome）。裂脑病人再一次表明，意识容不得空洞和不连续。在手术之后，每个脑半球的视野都在中间分成两半。但是，裂脑病人一般并不报告说，他们的视野减半了，或是盲区和视区在中线处有明显的边界。事实上，如果只给左脑半球看右半个脸，这个人报告说看见了整个脸。[6]

半侧忽略（hemineglect）是一种常在大脑右顶叶受损病人身上看到的复杂的神经心理学症状。这种病人忽略事物的左侧，有时甚至忽略整个左半边（参阅图3.3）。* 例如，有一位这种病人会穿衣只穿右半身，刮脸只刮右半侧，而且只读右半边的字，例如把"冰淇淋"读成

图3.3　让一个顶叶有损伤从而患有左半侧忽略的病人临摹一幅图（a），病人的临摹图如（b）所示。

---

* 原文误为只能觉知事物的左侧，意思正好反了。——译注

"淇淋"，把"足球"读成"球"，全然不顾加在左半边的视觉和触觉刺激。同样，画图时也只画事物的右半边。[7] 尽管如此，病人会否认他有病。病人在 24 小时之前发生中风，导致脑右侧顶叶的一块区域丧失功能，从而使他不能知觉左侧相应区域的事物，他的意识受到了沉重的打击。但是，他的意识能迅速填补这个缺口。这个病人在意识方面所发生的情形，就有点像某种心脏手术病人的功能变化，虽然是以一种更为抽象的形式：在切除心脏的一块组织，并将其边缘缝合起来之后，心脏立即就以这种减小了的形式泵血。

这些病例和许多别的病例常常是违反直觉的，我们很难想象这些病人的感受究竟如何。给我们的印象是，在大面积中风或手术切除之后，迅速地又"重新综合成"或重新组织起一个有意识的新自我世界，虽然从外界看来，这个世界是扭曲的和有局限的。构成一个意识事件的种种关系不会破碎和间断；相反，断开之处很快又黏结在一起，而把缺口填补了起来。意识对整体性的要求极为强烈，以致即使在事实上确实有一片空白的地方，人们也常常知觉不到有空白。显然，意识允许缺乏某种感受，但不允许感受到某种空白。迄今为止，对产生这些症状的神经机制还不太清楚，很可能有许多种不同的机制。但是不管怎么样，在绝大多数这类症状中，意识的范围可以缩小许多，但仍保持整体性和协调一致。这一事实表明，产生意识的神经过程尽管有了变化，但它们还是以类似的方式起作用。[8]

存在的无限丰富性：意识经验的复杂性和信息性

如果我们说，意识经验内在的私密性、统一性和协调一致性，也就是意识经验的整体性，是它的一个基本性质的话，那么另一个同等基本的性质，就是我们所称的极度的分化性或信息性。意识状态具有的信息性，并不在于这个意识状态看起来能够包含多少"块"信息，而在于这个意识状态的出现，是从事件无数的不同可能状态中选取其一。这些不同的状态可能导致不同的行为输出。[9] 请想象一个人一生中见过的不同人的数目、不同画的数目，或不同电影中不同画面的数目（见图 3.4）。可能的意识状态数目之多，使我们不必担忧有关生活、艺术、诗歌和音乐的体验有朝一日会穷尽。但是，不管我们所能体验或想象的不同意识状态的数量有多么巨大，我们还是能够对它们进行区分，即使不容易用语言来描述其间的区别。

理解上述结论究竟包含什么意思，是很重要的。在信息就是"减少不确定性"的精确含义下，信息就是能从各种各样的可能性中选取（分化出）其中之一。[10] 此外，有意识地甄别就是信息，这造成差别。这句话的意思是说，某个特定的意识状态会引起一些思想和行动方面的结果，这些结果和其他意识状态所引起的结果是不一样的。[11] 请想象进行下面的经典实验[12]：在一个意识清醒的人面前，每次以 100 毫秒的时间，闪现不同的数字。[13] 例如，先闪现数字 1，然后闪现数字 1 367，然后是数字 7 988，再是数字 3，如此等等，一直到从 1 至 9 999 的所有数字都以随机的次序呈现过为止。每一次，被试都体验到某个不同的整体性意识状态，对这些状态很容易加以区分。同时，这种区分还可表现为行为上的不同，例如对每种状态都说出一个不同的数。

当然，也可以不用数字，而用文字重复这个实验。我们会发现，可以容易地区分成千上万个词。我们也可以用视觉图像来重复实验。实验研究表明，我们区分和辨识景物照片的能力也非常卓越，我们能在几百毫秒的时间里，区分上千幅复杂的景物图片。[14] 我们也可以读给耳朵听数字或文字，而不是给眼睛看。再稍微仔细想一下，就可以发现上面所讲的各种可以区分得开的情形，还只是冰山之一角。考虑一下相应于看到数字 1 的那个意识状态。它所体验到的情形所包含的信息，远不止于仅仅为区分 1 和另外 9 999 个数字所需的信息。举例来说，它还包含下列信息：这个人是在做实验——其他一切都好并且很

图 3.4　爱森斯坦（Eisenstein）* 执导的电影中的一组镜头（Redivivus）

由影片《战舰波将金号》奥德萨台阶大屠杀中选取的一组镜头，说明一个人所能体验到的可能的意识图像无穷无尽。

---

* 谢尔盖·米哈依洛维奇·爱森斯坦（1898—1948），苏联电影导演和电影艺术理论家，他导演的最有名的影片是《战舰波将金号》。——译注

安静，这个被试应该是为了做科学实验而在这整个枯燥乏味的任务中安坐，并且被试也没有什么更紧急的需求。这些额外的信息通常并不形诸文字，因为在这种情况下，这些都是不言而喻的。当然，如果有需要的话，也可以写清楚，也很容易说明这一点。请想象一下，如果当被试看到数字 1 的时候，听到一声火警警报，或是感到饥饿、乏味或忧虑，那将会怎样呢？或者如果这个人是在不同的情况下，例如当他排队时等候叫号，在体育赛事中等候他的定位球，或是当他挑选一个电视频道时，看到同一个数字 1，这又将如何？这样，在某个实验中看到数字 1 的意识状态，实际上是从近乎无限的可能状态中区分出来的，每种状态都引起不同的思想或动作。

我们相信，我们所可能有的区分得出的意识经验的数目十分巨大。如果把这个数目和人造装置所能区分得开的状态数目比较一下，这一点将变得格外清楚。例如，让我们设想用一台数字照相机做和我们有意识的人同样的实验。照相机的每个像素可以区分两个状态，也就是相应于分别在其"视野"里呈现黑点和白点的那两个状态。[15] 如果我们考虑的不只有一个像素，而是考虑照相机的所有像素，那么对不同的刺激，它们的联合状态也就不同，而且这些状态的数量可以与能够在电视机屏幕上显示的图像数目一样多。但是，认识清楚下面这一点是万分重要的：照相机本身并不能区分这些状态。在这些像素的任何一个子集上出现某种状态，绝不会对照相机其余部分的状态造成任何不同。[16]

让我们设想，把这台照相机联结到一台能够"阅读"一串数字并把它转换成文字的装置。在这种情形下，扫描器的不同内在状态，确实造成了不同的结果，因为每次它都给出不同的输出，例如认出不同的数字。这个装置可以区分某些整体状态。然而，即使是一组精巧的扫描器及其软件，在几分之一秒内至多也只能区分几个数字或几个文字，如此而已。这种装置绝无可能区分我们在前面提到过的同时发生的各种情形。这些情形，例如在读 1 的同时火警响不响，对于这个装置来说毫无区别。如果要将这样的人造装置整合所得的信息，与意识状态整合所得的信息进行比较的话，请想象一下我们每个人所曾经经历过的以及未来还可能会经历到的所有可区分的意识状态。每一个有意识的人所能区分的状态数目，很清楚要比任何人造的东西所能区分的，大许多个数量级。不管我们能否用语言把这些状态描述清楚，同一个人很容易就可以区分数量极其巨大的意识状态，而每个状态又能引起不同的结果。

　　这一剖析使我们容易懂得，有关意识经验的许多悖论是怎样产生的。回想一下第二章中有关光敏二极管的例子。这个装置能区分亮和暗，并给出声音输出。我们可以把它与执行同样任务并给出口头报告的有意识的人进行比较。为什么人所做的简单的亮暗区分，应该算是和意识经验有关，而二极管做的就不算？如果考虑到二极管所能做的只不过是区分亮和暗，因而只有最小的信息性，那么就不会产生上述的悖论了。与此成对照，对于一个人来说，体验到完全亮和完全暗，只是无数可能的意识经验中的两个特殊例子。选择其中之一，意味着大量的信息和从大量的可能动作中进行挑选。

　　虽然所有这些例子，都是基于区分与外界刺激有关的意识状态，但某个意识状态的信息内容只与该意识状态本身密切相关，而并不一定要和外部世界直接关联。举例来说，做梦可以和清醒的意识事件一样提供信息，以致有时可以从梦中得到启发和认识。在某些条件下，梦中的意识状态甚至会决定当时的行为。有一种罕见的病症最能说明这种可能性，这就是快速眼动睡眠行为失常症。患这种病时，脑干损伤解除了正常人在做梦时的行为不能。[17] 有这种失常的病人会在做梦时动作，也就是说，他们会按照他们在梦中经历到的特殊意识状态，产生不同的行为动作。例如有报道说，有一个男人在梦中扼死了他的妻子。[18] 精神分裂症行为提供了同样惊人的说明。无论什么人，只要看到过精神分裂症病人产生幻觉，就会知道意识状态的信息内容，会以特定的方式驱动行为，即使这种信息内容并不来源于外部世界。

指出下面这一点至关重要：在任何一个给定的意识状态下，有大量的信息内容并不意味着意识内容是任意的。虽然我们每个人都一直在经历着无数的可以区分得开的意识事件，但是有一条清楚的界线，决定什么是我们能够意识到的，什么是我们意识不到的。对于一个生下来就看不见的盲人来说，他永远都不会知道视知觉的感受如何。儿童在学会说话之前，也不会意识到莎士比亚十四行诗的意义，即使在他们的梦中也不会。我们调节血压的那部分脑总是在活动，但是我们并没有关于血压的有意识的感受；如果要记录血压，我们必须要有外部装置。

在下面几章中我们将讨论，为什么影响我们意识的是我们脑中的某些活动，而不是其他活动。然而在眼下我们只是断言，发生某个意识状态所含的信息量是很大的。其意思就是说，它排除了无数的其他意识状态，或是与无数的其他意识状态区分开来，而每个这种意识状态都会引发不同的可能结果。我们也断言，整体性、协调一致性和私密性，都是意识的最普遍的现象学上的特性，而正是意识的这种整体性，构成了意识在选择和动作上的瓶颈，并且不可避免地造成了意识状态按串行进行。我们能不能把这些观察和实际的脑事件关联起来呢？本书的下一部分就转到这个问题上来。

第
二
部
分

意
识
和
脑

整个哲学体系都建立在主观现象学（在哲学上有某种倾向性的个体的意识经验）之基础上，这一事实表明了人的自负。笛卡尔同意上面的看法，并把它作为自己的出发点。这种自负有其部分道理，因为我们的意识经验是我们唯一有直接证据的存在（ontology）。正如叔本华指出过的那样[1]，这种论述产生了一种怪论。我们体验到的无比丰富的现象学世界（意识经验），看来依赖于颅内的一小块胶状组织，而这块组织在那个世界中似乎无足轻重。我们的脑本身在意识的舞台上只扮演一个稍纵即逝的小角色，我们中的大多数人从未见到过它，但是看来，它在这整场演出中却是一个关键。当我们进医院的时候，我们都痛苦地认识到，对我们脑的任何损伤，都可能永久性地改变我们的整个世界。事实上，对我们的脑施用简单的化学物质、麻醉剂或毒物，都可能完全毁了我们。

为了使读者对这个了不起的器官有一个更好的认识，我们将先讲一些有关脑的结构和动力学及其细胞或者神经元的基本知识。在有了脑的这幅图景之后，我们接下来讨论一些有助于阐明意识的神经机制的神经生理学和神经心理学事实。在讲述这些事实的时候，我们将给出证据，说明作为意识基础的那些神经过程有一些共同的普遍特性。

由我们的分析可以得出一些结论。首先，意识经验看来与同时分布在脑内的许多不同区域的神经元群体的神经活动有关。因此，意识并不是脑的任何单个区域的专利；相反，其神经基质（neural substrate）散布在所谓的丘脑-皮层系统和各个联合区。其次，为了支持意识经验，大量的神经元群体必须通过所谓的复馈（reentry）*过程迅速地相互

---

*　在中译本初版中，将 reentry 译成了"再进入"，虽然从意思上讲并无大错，但是不太像一个科学术语，另外含义也不太确切。上海交通大学梁培基教授建议译为"复馈"，从两方面来说都好多了，后来在生物物理名词讨论中也得到了专家们的肯定。因此，在本版中改为今译，并向梁教授表示感谢。——译注

作用。如果阻断这些复馈相互作用，意识的许多方面就会完全消失掉，而意识本身会缩小或分裂。最后我们要说明，支持意识经验的神经元群体的活动模式，必须一直在变动之中，并且彼此也要有足够的区别。如果脑中大量的神经元开始以同样的方式进行发放的话，脑中神经元活动的多样性就减少，意识随之丧失。深睡和癫痫发作时就是如此。

第四章

给脑画像

要想把意识作为一个过程来加以认识，我们必须认识脑是如何工作的；必须知道它的结构、它的发育，以及它的动态功能。本章给出了脑的一幅有用的，然而绝不是无所不包的图景，强调指出了脑的最重要特性——它的解剖组织和由此产生的卓越的动力学。虽然这只是一幅粗线条的图画，但它对于认识意识是怎样涌现出来的，十分必要。

脑是宇宙中最复杂的物体之一，当然也是在进化过程中产生出来的最了不起的结构之一。在近代神经科学产生之前，大家就已经知道脑对于知觉、感受和思想来说都是必要的，也多少搞清楚了，意识和某些脑过程有着因果关系，而不是和其他过程有关。

人脑作为一种物体和一种系统，是十分特殊的。就它的联结、动力学、功能作用的模式，以及与躯体和外部世界的关系方面来说，科学上还从来没有碰到过与它相像的其他东西。这种独一无二的情况，使得要想给脑画像，成为一种异乎寻常的挑战。虽然我们还远没有一幅完整的画面，但能看到一点总比完全没有强，特别是，如果它能给我们足够的信息，以建立起某种成功的意识理论。

头颅里的丛林

成年人的脑（见图 4.1）重约 3 磅（1.3 千克），其中有大约 1 000 亿个神经细胞*，也称神经元。人的大脑皮层是在进化中最后产生的脑外表的一层褶皱表层，它含有大约 300 亿个神经元和 1 000 万亿个联结或者说突触。假定我们每秒钟数一个突触，那么即使数 3 200 万年也数不完。如果想知道可能的神经回路数，那么我们就会碰到比天文数字还要大得多的数字：在 10 之后至少还要加上 100 万个零（在已知的宇宙中，粒子数是 10 后面再添上 79 个左右的 0）。

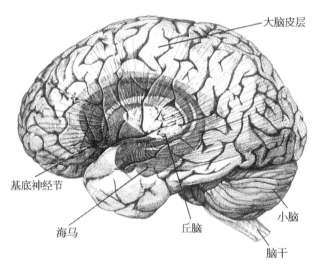

图 4.1 脑的大体解剖

此图表示：（1）大脑皮层和丘脑（中间的白色椭圆形部分）联结在一起，构成丘脑-皮层系统；（2）皮层的三个大的附器（基底神经节、小脑和海马）；（3）脑的最古老的部分——脑干，其中有若干弥散性投射的价值系统（diffusely projecting value system）的源。

---

* 更确切一些的数目大概是在 800 亿左右。——译注

神经元有各种各样的形状。它有称为"树突"的树枝状突起，树突接受突触联结。神经元还有一根单根的长一些的突起，称为轴突。轴突在别的神经元的树突上或是细胞体上形成突触联结。没有人精确地计算过，脑内的神经元究竟有多少不同的类型，但是大致估计这个数字为 50 绝不算多。* 同一类型神经元树突和轴突的长度和分枝模式，可在某个范围里变动。即使在同一种类型里，也没有两个细胞是一样的（见图 4.2）。

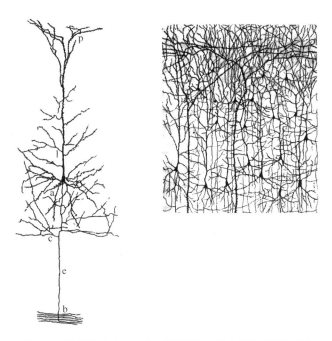

图 4.2　近代最伟大的神经组织学家卡哈尔所画的两幅图
左图画的是一个皮层神经元，从它的很小的细胞体向上发出一根顶树突，向下发出一根轴突。右图画的是大脑皮层中的神经元交织成的网络。这是用所谓的高尔基染色法染色的，它看起来很稀疏，这是由于只有很小一部分神经元被染上了颜色。

---

* 神经元的分类问题，在最近已成为许多大型脑研究计划的重要课题，光是对小鼠视觉皮层和运动皮层的研究所发现的不同的神经元类型数，就要超过 100 种以上［Bhaduri A and Nowakowski TJ（2018）. A picture of diversity. Nature, 563:38-39］。但是在人脑中，究竟有多少种不同类型的神经元，至今还不清楚。——译注

在微观层次上，神经模式的一个关键特性是它的密度和分布。单个神经元的细胞体，可以大到直径为 50 微米（1 微米等于 0.001 毫米），但是它的轴突长度可以从几微米一直到几米。在像大脑皮层这样的组织内，神经元非常密集；为了在显微镜下看到它们，人们用所谓的高尔基染色法对它们进行染色。如果所有的神经元都染上了颜色的话，染好色的显微镜切片就会一片漆黑（实际上，这个经典的染色法之所以有用，就是由于它在一个给定的区域里只染色一小部分细胞，因而得以辨别一个个细胞，如图 4.2 所示）。到处散布在神经元之间的是一些非神经元的细胞，叫作胶质细胞。这种细胞对神经细胞起支持和营养的作用，而并不直接参与传递信号。* 在有的地方，胶质细胞的数目甚至比神经元还要多。神经模式的另一个重要特性是有大量血液供应，从而为这些细胞提供营养。脑是身体中代谢最为活跃的器官，它通过由动脉分支而成的稠密的微血管网络，摄取它所需要的氧和葡萄糖。对血流的调节几乎可以精细到单个神经元，突触活动与血流以及氧化有着密切的关系。事实上，近代技术正是靠了血流和氧化的变化，来对活人的脑活动进行成像。

在脑的稠密网络中，最令人吃惊的特性是神经元的树状结构——树突树和轴突突起伸展很广，并且彼此交叠。在有些地方，轴突所形成的树状结构的空间分布，可以达到 1 立方毫米。与这个树状结构（包括它的所有细小分支）重叠交叉在一起的，是来自无数其他神经元的树状结构。在三维空间中，这种交叠可以达到 70% 之多（没有一种盘根错节的树林，会允许有这样大的交叠）。此外，由于轴突的树状结构彼此交叠，它们可以在其分枝过程中与其他细胞形成各种各样的突触或联结（见图 4.3），这样就在每一小块的脑组织中都形成了独一无二的模式。时至今日，虽然我们能够追踪单个神经细胞的所有树状分

---

* 现在有证据提示，有些胶质细胞对神经元的功能也可能起调制作用。——译注

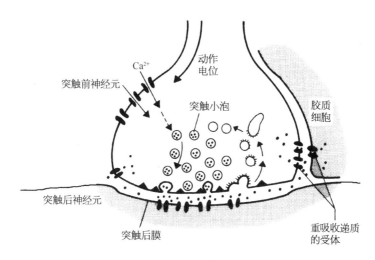

图 4.3　突触的图解

突触前神经元中的动作电位引起通道开放，带正电荷的钙离子流进来，引起释放神经递质到突触间隙中去。神经递质分子（小点）和突触后膜上的受体相结合，并最终引起突触后神经元发放。

枝，但是就突触而言，我们还未能清楚地在突触尺度上描绘许多相邻细胞交织在一起的树状结构的微解剖图景。

　　虽然神经元的一般性的细胞功能，诸如细胞呼吸、基因遗传和蛋白质合成，都和身体内的其他细胞类似，但和神经元功能相关的，是一个特殊性质，即通过称为突触的联结进行通信的能力。神经元有两类——兴奋性的和抑制性的。在微观层次，它们的突触有着不同的特征性结构。然而对每一种神经元来说，其基本原理都是类似的，并且都有电的和化学的通信方式。虽然在某些物种中，有些突触可以完全是电的，但人脑中绝大多数的突触都是化学的。在大多数情况下，所谓的突触前神经元和突触后神经元之间隔开一个间隙，而形成单个突触（见图 4.3）。神经元的内部与外部相比带负电。当像钠离子和钾离子这样的离子流过细胞膜的特定部位而使细胞受到刺激以后，这种负电势的程度有所减小。由此产生的电信号称为动作电位（action potential），它沿着轴突传播。当动作电位达到突触区域时，引起突触前神经元中的一系列小泡释放神经递质。如果这个神经元是兴奋性的，释放出来的神经递质越过突触间隙与突触后神经元上的特殊受体相结合，并使突触后神经元的负电势减小。这些过程要几十毫秒到几百毫秒的时间。如果在若干次这种事件之后，突触后神经元的负电势减少到一定程度，它就会发放神经脉冲（产生它自己的动作电位），这个信号又再传送到与它联结的其他神经元。这就是兴奋性神经元的作用。抑制性神经元的动作也是类似的，只是突触后神经元电荷的变化是阻止神经元发放的。

虽然神经元之间的联结微结构已经十分复杂，但是不同的时空相互作用又能影响突触传递；这些相互作用数目之多，进一步增加了突触传递的复杂性。脑中有各种各样叫作神经递质和神经调质的化学物质，这些化学物质和各种受体结合，并通过各种生化途径而起作用。这些神经递质及其受体的化学性质、它们释放的统计学规律、电相互作用和化学相互作用发生的时间与地点，都会以非常复杂多变的方式，决定神经元反应的阈值。更有甚者，释放神经递质的结果不仅是传递电信号，还引起靶神经元在生化方面乃至基因表达方面的变化。这种分子水平的复杂性，以及由此引起的动力学，在神经解剖的图景上又添加上好几重多变性，这对于我们所称的每个脑的历史唯一性也有贡献。采用隐喻的说法，我们可以说是在我们的头脑里安置了整座丛林。

神经解剖学概要

尽管脑在解剖的微观层次方面来说变化多端，但是从其较高层次来说，还是可以讲出一些重要的组织原则的。如果有人用枪威胁着我们，要我们讲出对认识脑最重要的一个词，否则的话就把我们干掉，那么我们要讲的这个词就会是"神经解剖"。如果我们真有办法把脑的极为复杂的各种联结——理清楚，那么毫无疑问会看到，脑是形态学上最为奇妙的器官；而在生物学上，形态几乎总是功能的基础。

　　神经解剖学的教科书，通常总是逐一讨论脑的各个核团和脑区，但是根据本书的需要，我们只讲脑的三个主要拓扑结构，这些结构对于认识脑的整体功能看来至关重要。

　　第一个结构是由许多分散的回路整合而成的一个大的三维网络，它构成了所谓的丘脑-皮层系统（见图4.4a）。这个系统包含了处于脑深部的一个结构——丘脑，丘脑接受感觉输入和别的输入。大脑皮层是脑的一层褶皱的表层，丘脑和大脑皮层之间有交互联结。大脑皮层有六层，每一层都发送特定的输出，并接受特定的输入。传统上，把皮层和丘脑分成许多有不同功能的区域。在许多不同的空间尺度上，都可以看到这种功能分区。例如粗略地讲，丘脑-皮层系统的后部跟知觉有关，而前部则管动作和计划。绝大多数这种皮层区，就像地图一样拼接在一起，一个区域中邻接的神经元和别的区域中邻接的神经元相联结。不同的大脑皮层区域以及与它们有联结的丘脑核团都有特异性。例如，有些区域处理视觉刺激，而另一些则处理听觉刺激，还有别的一些处理触觉刺激。而且举例来说，视觉系统中不同的区域处理不同的子模态：有的处理视觉形状，另一些处理颜色，还有一些处理运动，如此等等。在每一个区域的内部，不同的神经元群体对刺激的特定方面有最强反应。例如，相邻的神经元群体可能处理视觉刺激的不同朝向。

　　但是，解剖学上的分区只讲了事情的一个方面。事情的另一个方面是解剖学上的整合。这些神经元群中的绝大多数，是以某种模式彼此相连的。在某一部位的同一群中的神经元紧密地联结在一起，因此当给予某种适宜刺激时，许多神经元会同时起反应。[1] 位于不同部位但有类似特性的神经元群，倾向于彼此联结。例如，对垂直边起反应的神经元群之间的相互联系，就要远比对不同朝向的边缘起反应的

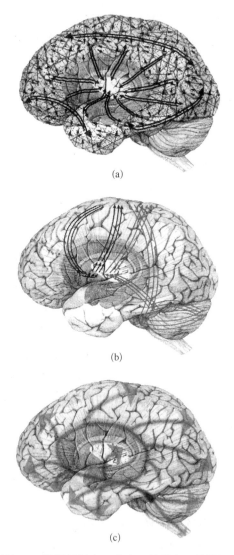

图 4.4　脑解剖学中三个主要的基本拓扑结构

（a）画的是丘脑-皮层系统。这是一个在丘脑和皮层之间以及通过所谓的皮层-皮层纤维
在不同的皮层区域之间实现复馈联结的稠密网络。（b）画出了很长的并行多突触回路，
这些回路在离开皮层之后进入所谓的皮层附器（cortical appendage）（这里指的是基底神
经节和小脑），然后又回到皮层。（c）画出了弥散性投射的价值系统之一（去甲肾上腺素
能蓝斑），它在脑表面遍布纤维"网"，并能释放神经调质——去甲肾上腺素。

神经元群之间的联系紧密得多。此外，对视野中邻近位置起反应的神经元群之间的联结，也要比对相隔很远的位置起反应的神经元群之间的联结紧密得多。就这样，当给眼睛看一条长的轮廓线或者线段的时候，那些相互联结的神经元群会同时发放。其他的皮层区域看来实行的也是类似的规则，而不论这些区域管的是知觉还是动作。在更大的尺度上，包含有大量神经元群的皮层区域本身，也通过交互的、会聚的和发散的联结通路而联结起来。会聚通路把散布于各处的区域联结到某一局部区域，而发散通路则正好相反。这种把一个区域联结到另一个区域的通路，有时被称为"投射"。例如在猴的视觉系统中，至少有 36 个视觉区域（在人的视觉系统中这个数目可能还要多）。这些区域由 305 条以上的联结通路联结起来（有些通路中有上百万条轴突纤维），在这些通路中有 80% 以上的通路有两种相反走向的纤维。换句话说，彼此分离的、功能上不同的区域，绝大多数是交互联结的。这些双向通路，正是使分布于各处的脑功能得以整合的主要因素之一。这些通路提供了复馈的主要结构基础，所谓复馈就是信号沿双向通路传入和传出的过程，[2] 正如我们在稍后要讲的那样，尽管脑中没有什么中心协调区，在解决把各个脑区类别纷杂的功能特性整合起来的问题上，正是这些通路起到了关键性的作用。

　　稍微运用一点想象力，我们就可以对丘脑-皮层的组织模式形成下列想法：有几百个功能上具特异性的丘脑-皮层区，每个区域中都有数以万计的神经元群，这些神经元群中有的负责对刺激起反应，其他的则做计划和执行动作；有的处理视觉刺激，而别的则处理听觉刺激；有的处理输入的细节，而另一些则处理输入的不变性或抽象的性质。这几百万个神经元群，由大量的会聚或发散的交互联结联系起来，使得它们在保持局部的功能特异性同时，又一起形成了一个统一的、内部联系紧密的网络，结果是形成了一个三维网络。因此，在网络的任何一个部分中所发生的某个扰动，很快就在其他各处也都可感觉得到。这个论述看来是有道理的。所有这种种加在一起，丘脑-皮层网络的组织看来非常适合把大量各有特殊功能的部分整合起来，产生统一的反应。

第二类拓扑结构一点也不像网络，而是一组并行的单向链，把皮层和它的附器联系起来。这些附器——小脑、基底神经节和海马，每一个都有它自己特殊的结构。小脑是一种美丽的结构，附着在脑的后部，它由许多窄的平行微区组成，这些微区中有许多接受来自皮层的输入，然后通过大量的突触交换，投射到丘脑，再通过丘脑回到皮层。传统上认为，小脑和运动的协调以及同步有关，虽然它似乎和思想以及语言的某些方面也很有关系。皮层的另一个附器是脑深部的一组大核团，它们一起被称为基底神经节。基底神经节从皮层的许多地方接受输入，通过一系列相继的突触交换，投射到丘脑，然后由此再回到皮层。这些核团与计划以及执行复杂的运动和认知动作有关；而在帕金森病和亨廷顿病患者中，它们发生功能失调。

海马是皮层的第三个附器，它是沿着脑颞叶皮层下缘分布的一个长长的结构。输入从各个不同的皮层区进入海马，海马通过一系列突触，对这些输入进行处理，然后投射回同一些皮层区中的多个地方。海马大概有许多功能，但是它确实在使脑内短时记忆转化为长时记忆方面起到关键作用。

虽然这些不同的皮层附器和皮层相互作用的具体方式极为重要，但所有这些附器似乎都有同样的组织模式（尤其是小脑和基底神经节）：并行且有多个突触的长长通路由大脑皮层发出，在这些皮层附器内到达相继的一串突触中继站，最后不管它们是否通过丘脑，都再回到皮层（见图4.4b）。这种串行的多突触结构和丘脑-皮层系统的结构有根本不同。这种联结一般是单向的而不是交互的，形成长长的回路，并且可能除了负责短程相互抑制的情形以外，很少有不同回路之间的横向相互作用。总之一句话，这些系统看来非常适合各种各样复杂的运动和认知程序，绝大多数这种程序要求在功能上尽可能彼此隔离，从而保证执行的速度与精度。

第三类拓扑结构既不像网络，也不像一组并行的链，而是像一把巨大的扇子那样的一组弥散的联结（见图4.4c）。这把扇子的原点集中于脑干和下丘脑的一些特殊核团中的少量神经元。这些核团有一些令人望而生畏的技术名称：去甲肾上腺素能蓝斑（the noradrenergic locus coeruleus）、5-羟色胺能中缝核（serotonergic raphe nucleus）、多巴胺能核、胆碱能核和组织胺能核——这些名称和它们所释放的物质有关。所有这些核团，即使没有投射到脑的所有区域，也弥散性地投射到了脑的广大区域。举例来说，蓝斑在脑干中只有几千个神经元，但是由它发出的弥散性纤维网，覆盖了整个皮层、海马、基底神经节、小脑和脊髓，并由此而得以影响多到几十亿个突触。无论什么时候，只要有重要的或突出的事件发生，例如有巨响、闪光或突然疼痛，属于这些核团的神经元都要发放。这些神经元的发放在脑内引起化学物质——神经调质——的弥散性释放。神经调质不仅能影响神经活动，还能影响神经的可塑性，也就是说，使神经回路中的突触强度发生改变，从而产生适应性的反应。在研究了它们的特异解剖特性、它们的发放特性、它们对靶神经元和靶突触的作用，以及它们的演化起源之后，我们把它们总称为价值系统（value system）。[3]

虽然这些价值系统早就引起了神经生理学家和药理学家的注意，但是在有关它们功能的问题上还没有一致的看法。能够确定的一点是，它们作为药物治疗精神疾病和机能障碍的靶器官极为重要。用来治疗精神疾病的大多数近代药物，其主要作用部位包括了这些神经元群中的细胞。在药理学中，这些细胞的微小变化能对整个精神功能产生巨大的影响。正如在第七章中将要讨论的那样，这种价值系统看来非常适合告诉整个脑：发生了一些重大的事件，并改变几十亿个突触的强度。

脑不是计算机

从我们对神经解剖学和神经动力学的概述中可以知道，脑的组织和功能特性看来与认为脑执行一系列精确的指令或进行计算的看法并不一致。我们知道，在相互联结的方式方面，没有任何一种人造装置与脑一样。首先，脑中几十亿个联结都不是精确的：如果我们问，任何两个同样大小的脑中的联结是否一样，就像两台同样型号的计算机中的所有联结都完全相同那样，那么回答是否定的。从最精细的尺度上来看，没有任何两个脑会是一样的，即使同卵双胞胎的脑也不完全一样。虽然某个特定脑区总体上的联结模式，可以用同样的话来描述，但脑在神经元的最精细部分上的微观差别是巨大的，这种千差万别使得每个脑都成为独一无二。这些观察给基于指令和计算之上的脑模型，提出了根本性的挑战。正如我们将要看到的那样，这些数据给所谓的脑的选择性理论，提供了强有力的基础。这种理论实际上是用变差性来解释脑功能的。[4]

从我们正在勾画的图景中得出的另一个组织原则是，发育史和本身经历的结果，都独一无二地印记于每个脑中。例如，经过一天之后，同一个脑中的某些突触联结不大可能还精确地维持不变；某些细胞会收缩它们的突起，另一些会长出新的突起，还有某些会死掉，所有这一切都有赖于这个脑的特定历史。随之而来的个体差异，并不只是噪声或误差，它们会影响我们记忆事情的方式。正如我们将要看到的那样，这还是脑能够适应将来可能发生的无数不可预测事件，并对其起反应的关键因素。现在还没有哪一种人造的机器，在设计时把这种个体多样性作为一条主要原则来加以考虑，虽然建造真正类似于脑那样（brainlike）机器的那一天，必然会到来。

如果我们比较脑和计算机所接收的信号，会发现脑有许多其他的特有性质。首先，呈现在脑面前的世界，当然并不是像输入计算机的数据表那样的一串确切无误的信号。脑使得动物能感觉到它的环境，从各种各样变化多端的信号中归结出一些模式来，并引起运动。脑能进行学习和记忆，并同时调节大量身体功能。神经系统能够对各种不同的视觉信号、声音信号等进行知觉上的分类（categorization），不需要预先规定好代码就能把它们分成一些相关的类。这种能力当然为脑所特有，而计算机还不具备这种能力。我们现在还不太清楚，这种分类究竟是如何实现的，但是正如我们稍后要讨论的，我们相信这是脑在与身体以及环境相互作用时，通过选取神经活动的某些分布模式来实现的。

我们也曾经指出过，脑中有一些特殊的有弥散性投射的核团——价值系统。这个系统会向整个神经系统发出信号，通知遇到了突出的事件；它也会影响突触强度的变化。通常在人造系统中碰不到这些极为重要的特性，但是有大量文献讨论过这些特性对学习和适应性行为的重要性。这些系统连同脑的形态学特点及其与特定的身体表型（phenotype）之间的神经联系，一起给动物加上了大量约束。我们决不能低估这些约束在形成具有物种特异性的知觉分类（perceptual categorization）* 和进行适应性学习时所起的作用。

最后，假如我们谈到神经动力学（脑的活动模式随时间变化的方式），那么高等脊椎动物脑的最令人吃惊的特性，是一种我们称之为复馈的过程。我们在第九章和第十章将要详细讨论复馈，复馈靠的是在丘脑-皮层网络以及我们前面提到过的其他网络中信号循环传输的可能性。这是在脑内相互联结的区域之间并行信号不断进行着的递归性的相互交换，这些相互交换在时空两个方面不断协调着这些区域中的相互映射区的活动。这种相互交换和反馈不一样，它有许多并行的通道，

---

* 指动物将接收到的种种输入，分成对其识别有意义的对象。——译注

并且没有特别的指令性误差函数（specific instructive error function）。它改变选择性事件以及不同区域之间信号的相关性，它对同步和协调这些区域共同要完成的功能也至关重要。

复馈的最令人惊异的结果之一，是分布在许多不同功能区的不同神经元群的活动有大范围同步。由复馈所联结起来的分布各处的神经元的同步发放，是知觉过程和运动过程整合的基础。这种整合最终导致知觉分类，也就是为了适应的目的，把一个对象或是事件从背景中区分出来的能力。如果断开联结皮层区域之间的复馈通道，那么这些整合过程就会异常。正如我们将要在第十章详细讨论的那样，复馈使得知觉和行为得以统一，否则是不可能的。要知道，脑内没有类似于计算机这样的、唯一的中央处理器，没有可以协调功能上分离的各个区域的算法或者详细指令。

确实如此，如果有人要求我们除了只是有点特别之外，还要讲出高等脑的一个独一无二的特征，我们就会说是复馈。在宇宙中再也没有别的东西像脑那样，完全可以因复馈回路而与其他东西区分开来。虽然脑与像丛林这样的巨大生态实体有许多相似之处，但是在任何丛林中，都找不出哪怕有一点儿像复馈这样的东西。人的通信系统也是如此。在脑中有大量并行的复馈系统，其普遍程度在我们的通信网中是没有的。无论如何，通信网络在下面这一点上不像脑：它处理的是预先编码好的且在绝大多数情况下没有任何歧义的信号。

由于复馈的动态性和并行性，也由于这是一种高级的选择过程，不容易用另一种也有复馈之所有性质的东西作为比拟来说明。请想象一种特别的（甚至稀奇古怪的）弦乐四重奏，其中每个演奏者都按自己的想法以及来自环境的所有各种感觉线索即兴演奏。由于没有总谱，每个演奏者都演奏自己拿手的曲子。最初，演奏者演奏的这些各种各样的曲子，并不彼此协调。现在请想象一下，用许多细线把演奏者的身体彼此联结起来，通过随动作变化同时产生的线的张力信号，演奏者的动作或运动就迅速地前后传开，与此同时，给每位演奏者打拍子。在每一瞬时都把四位演奏者联结起来的信号，使得他们所发出的声音相互关联起来。这样一来，由本来是独立的每位演奏者的演奏，产生出一种关系更紧密、整体性也更强的新声音。这一相互关联的过程，也会改变每一位演奏者的下一步动作。由此，对新产生的、关联得更紧密的曲调，不断重复上述过程。虽然并没有一位指挥在指挥或协调这一群人，每一位演奏者仍保持着自己的风格和作用，但是所有演奏者总的演奏趋向于更有整体性和更为协调；而这种整合会产生一种相互协调的音乐，这是每一位演奏者独自演奏时所做不到的。

联结性、多变性、可塑性、分类的能力、对价值的依存关系以及复馈动力学，脑的所有这些特性多方面地作用在一起，从而产生协调的行为。正如我们在前面提到过的那样，为了认识作为意识基础的知觉分类、运动和记忆的过程，我们必须考虑脑、身体以及来自环境的各种各样并行信号之间的相互作用的非线性方面。

第五章

意识和分布性神经活动

　　在本章和下一章，我们将把在健康和患病情况下有关神经活动和意识状态关系的大量新老信息组织在一起。我们的主要目标集中在作为意识经验基础的那些神经过程的普遍特性。我们简短叙述从神经生物学到神经心理学的各种观察，所有这些观察给出了意识是如何产生出来的基本证据。我们指出意识的神经基质要涉及在脑内分布广泛的许多大神经元群，特别是那些在丘脑-皮层系统中的神经元群。反过来，没有哪个单独的脑区是专门负责意识经验的。我们也要指出，当我们为了学会某个任务而进行练习时，其表现就变得愈来愈自动；此时它从意识中淡出，与执行这个任务有关的脑区数目变少。

　　认识到脑是意识的器官，还只是相对晚近的成就。在古希腊的哲学家中，有不同的思想学派。柏拉图（Plato）相信意识大概和脑有关，而亚里士多德（Aristotle）则倾向于心脏。事实上，我们逐渐认识到负责我们意识生活的是脑这一点，至少和威廉·哈维（William Harvey）发现心脏负责血液循环一样重要。

当然到了今天，脑的至高无上的地位已经完全确立，关于哪些脑区对意识有重要意义的问题，我们也可以有把握地给出某些一般性的结论。在本章中，我们将概述有关某些脑结构作用的结论，将其作为准备知识，以便更透彻地讨论我们现在对于作为意识基础的神经过程，已经知道了些什么。然而，在我们转向这一任务之前，我们应该先谈一下使我们能把活人脑的活动景象勾画出来的一些新老技术。这些技术对于考察健康和患病时的意识神经相关机制，具有极大的价值。这些技术都是根据一些艰深的物理原理工作的，这从它们深奥的名称上就可反映出来，但是在这里我们无须关心它们的原理。这些技术包括脑电图（EEG）和脑磁图（MEG），它们分别测量由几百万个神经元的同步活动所产生的微小的电位和电流；我们也必须提到脑电诱发电位和脑磁诱发电位（MEG-evoked potential），它们记录的是神经元对重复刺激的反应。这些技术有很高的时间分辨率，但要用它们对神经元群作精确定位，尚不太胜任。其他的一些技术，例如正电子发射断层扫描（PET）和功能性磁共振成像（fMRI），虽然时间分辨率差一些，但是能以很高的空间精度，得出脑代谢和脑血流的相对变化，因此可提供活脑在工作时的宝贵图像。在我们讨论许多与意识经验有关的脑区时，常常要提到这些技术。在这里有必要指出，反应时间常常用千分之一秒（毫秒，简写为msec）作为单位，而每秒一周则叫 1 赫兹（Hz）。

人们一直试图弄清楚，究竟是脑的哪些结构和意识有密切关系。今天神经科学家确实也在热烈争论皮层的哪些区域，或者甚至哪些特殊的神经元，对意识经验有贡献或者没有贡献。[1]但是，正如我们早就提到过的，本书的主要目的集中在那些能解释意识经验基本性质的神经过程上。通过集中力量解释从神经生理学到神经心理学的一些观察，我们力图说明：① 作为意识经验基础的那些神经过程，要涉及分布很广的许多神经元群；② 这些分布很广的神经元群，参与强烈而且快速的复馈相互作用；③ 要想有意识，这种快速相互作用的神经元群必须能够从大量多种多样的活动模式中进行选择。

意识经验与分布各处神经元群的
激活和失活有关

在日常谈话中，常常可以听到一种说法，感叹我们实际上只用到了我们脑中的极小一部分：如果我们能够用到我们的全部脑，那该有多好啊！这种说法也有一点点真理在其中，不过也就一点点而已。有些人由于肿瘤或者癫痫，药石无效，而切除了几乎半个脑（所谓的大脑半球切除术），但是他们的认知能力只受到很小的影响。[2] 甚至还有一些报告说，有些严重的脑积水患者，其充满液体的脑室扩大，以至于只剩下一窄条大脑皮层，然而令人惊异的是，他们的智商仍接近正常。[3] 姑且把这些特殊的病例搁在一边，绝大多数的研究表明，各种意识任务都要涉及大部分脑的激活与失活。[4]

从神经学和神经生理学所得到的教益

一般认为，大脑皮层的正常工作，在很大程度上负责意识的内容。毁损实验以及刺激-记录研究的结果都表明，一定皮层区域的活动，与意识的一定方面紧密地联系在一起。这个结论看来是对的，而不管某个特定的意识经验，譬如说颜色知觉，究竟是由外部刺激、记忆、想象，还是由梦引起。[5] 举例来说，如果相应于所谓的梭状回和舌回的某个皮层区域受到损伤，就失去颜色知觉，想象颜色或记忆颜色的能力也随之丧失，连梦也变成黑白的了。此外，看来至少在很短的一段时间内，意识可以由丘脑-皮层系统的活动产生，相对地与身体其余部分或外界无关。有些时候，梦中所经历的意识场景，几乎不能与清醒时的经历区分开来，但是我们知道，在做梦时丘脑-皮层系统无论从输入还是从输出方面来看，在功能上都与外部世界是断开的。

　　观察神经外科毁损的结果强烈地表明，意识可能需要丘脑-皮层系统中分布各处的许多脑区的活动。尽管偶尔也有一些相反的说法，但是从来也没有任何结论性的意见说，毁损有限部分的皮层，会导致意识丧失。[6] 毁损大脑皮层的特定部分，当然有可能引起意识经验方面的一些局部缺陷——某个区域的损伤可能导致失去知觉颜色的意识能力，损伤另一个区域则可能降低知觉运动刺激的能力——但是看来，没有哪一单个皮层区域，也能像这样主宰意识。

　　唯一一种能导致意识丧失的局部脑毁损，主要是影响所谓的网状激活系统。[7] 这个成分非常复杂的系统，位于脑的进化上比较古老的部分——脑干上部（脑桥的上部和中脑），并且延伸到下丘脑后部，即所谓的丘脑板内核和网状核，以及前脑的底部。该系统弥散性地投射到丘脑和皮层。人们认为，这个系统的作用是"激发"或"激活"丘脑-皮层系统，并易化相隔较远的皮层区域之间的相互作用。现在也确实证实了，网状激活系统的活动对维持意识状态是至关重要的。[8] 例如，这个系统对决定我们是清醒还是睡眠很重要。[9] 在清醒的时候，当这个系统活跃时，丘脑-皮层神经元去极化，并且连续不断地发放，对受到的刺激积极起反应。而当无梦睡眠时，这个系统变得不那么活跃，或是变得不活跃，丘脑-皮层神经元变得超极化，发放变成重复的阵发和停歇相间，而对受到的刺激几乎没有什么反应。更进一步，如果毁损了这个系统，所有的意识就都丧失了，人也进入昏迷状态。[10] 在这些观察的基础上，有人认为，网状激活系统可能和意识经验有着特别的与直接的联系。[11] 虽然这个系统功能正常，是有意识的前提条件，但是一般认为，这个系统的作用是间接的，其本身并不直接产生意识。[12] 网状激活系统特有的解剖和生理特性，使得它有可能确保丘脑-皮层系统中分布各处的神经元群，以一种与意识经验相一致的方式发放。

分布式活动模式是意识经验的基础，成像研究的结果进一步支持了这一思想。每年都有几百篇神经学文献报道新的成像研究。这些文献对于执行不同认知任务时的人脑活动模式进行了比较，并且精确地确定了受这个任务影响最大的某个特定活动区域。人们经常强调执行不同意识任务时的差别，然而这不应掩盖一个共同的事实，这就是在所有这些研究中，都发现任何一个意识任务均与脑内分布各处区域中的激活和失活有关。[13]

然而，要想确凿地肯定，究竟哪一个脑区和这样的意识经验有关，需要一个适当的对照状态。休息状态显然并不合适，因为人在休息时是完全有意识的。以高幅慢波脑电为标记的深睡，伴随着明显的意识丧失，[14]它可能是更为适当的参照状态。皮层血流是脑内突触活动的一个间接量度。按照最近的研究结果，比起清醒时和快速眼动（REM）睡眠期（此时我们能体验到非常生动的梦境），在慢波睡眠期，整个皮层的血流都下降。[15]对有意识、昏迷或深度麻醉被试的脑活动进行比较，可发现意识丧失与皮层以及丘脑中神经活动的极度抑制有关，[16]虽然其他区域也会受到影响。

相对于被试能意识到某一感觉输入时的反应，不能意识到这种输入时的反应，是一种更特殊的参照状态。在我们实验室最近的研究中，我们想抓住这种差异，并由此测量意识的神经相关机制。我们的实验是在双眼竞争的条件下进行的。在双眼竞争时，被试的两只眼睛分别看两个不一样的刺激，此时被试在每个时刻都仅在意识上知觉到一个刺激；而且不必故意加以注意，每隔几秒钟，知觉到的刺激就会进行切换。举例来说，被试的左眼可以通过红色的镜片看垂直的红色光栅，而右眼则通过蓝色镜片看水平的蓝色光栅。虽然这两个刺激同时呈现在那儿，但被试会交替地报告看到其中之一。不管怎样，当视觉系统同时接收两个刺激信号时，每个时刻都只有其中之一成为意识经验。

我们用脑磁图来测量脑对竞争性视觉刺激的电反应。这一研究取

得成功的关键，是找到了一种方法，确定脑的哪种反应，对应于哪种
刺激——是蓝还是红。我们通过让每个刺激的强度以特定频率闪烁的
方法，来获得这种信息。实验表明，脑磁电位——所谓的稳态诱发反
应，对于那种频率很敏感，因而可以用它为特定的刺激作标记。

　　在这个研究中，每个刺激以不同的频率（7～12赫兹）闪烁，例
如垂直的红色光栅以7.4赫兹闪烁，而水平的蓝色光栅则以9.5赫兹闪
烁。在多道脑磁图中，可以检测到有相应于其中某个刺激标记频率的
稳态诱发反应。我们分析数据时的第一个重要发现是，无论被试在意
识上是否知觉到刺激，在许许多多皮层区域上都有竞争性的视觉刺激
所引起的神经电反应。然而，第二个惊人的发现是，被试知觉到某一
刺激时，由该刺激所诱发的神经磁反应，比被试意识不到的刺激所诱
发的反应要强50%～85%（见图5.1）。这种增强了的神经反应，同时

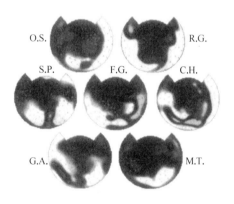

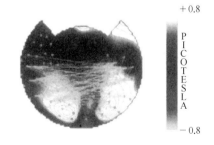

图5.1　由对七位双眼竞争的被
试所做的脑磁图实验得出的结果
显示作为意识经验基础的分布各处的
神经过程。这些图表示，当被试意识
到某一刺激时，许多脑区中神经发放
的变化。请注意个体之间的差异很大。

分布在不同脑区的许多部位，其中包括枕区、颞区和额区，虽然这绝不意味着，所有表现出与刺激相关的活动区域都是这样。最后，一个特别令人吃惊的发现是，表现出由意识知觉调制（modulation）的不同脑区的特定部位，极度因人而异。因此，这个研究结果清楚地表明了，与意识经验有关的活动脑区分布很广，但是有局域特异性；同样重要的一点是，这种分布因人而异。

从实践中得出的教益：有意识行为和自动行为

有证据表明，即使在最简单的意识任务中，分布广泛的脑区活动也会增强或减弱；别的一些发现还提示，如果这种任务是无意识执行的，或近于无意识的，那么有关活动脑区的范围就要缩小。

我们都知道，当我们第一次学习某种新技巧时，我们需要有意识地控制我们所做的每个动作，但是经过一段时间之后，我们的动作就变成自动的了，很快就不再需要意识。学习用变速杆切换排挡，学骑自行车，或演奏某种乐器，就是很好的例子。在学习的开始阶段，在一个很慢的、费力的而且很容易出错的过程中，每一步、每个细节都要有意识地加以控制。但是随着不断的练习，有意识的控制就变得不必要了，进而归于消失。动作变得自动进行、迅速、容易并且精确。一位熟练的钢琴家很清楚，只要开始定下了某个音阶，然后就无需意识控制而能够迅速自动进行下去。事实上，"如果不是熟能生巧，如果习惯不能节约神经和肌肉的能量，人的处境将十分不妙。"[17]亨利·莫德斯兰（Henry Maudsley）这样说过："如果一个动作做了若干次之后还不能变得容易一些，如果每次做的时候都要很用心，那么很明显，一生中所有的活动，就可能只限于做一两件事。"[18]

在我们的认知活动中，有许多高度自动程序的产物。当我们讲、听、读、写，或者记忆时，我们所有的人都像熟练的钢琴家一样。当我们读的时候，进行着各种类型的神经过程，这使得我们可以不管字体和字的大小而认出字来，从语法上把它们组成一些词，理解词的意义，以及处理句法结构。当然，我们曾经有过花力气用心学习字和词的时候，但是此后，这些过程变得轻巧自如。我们的脑是怎样完成这些费力的任务的？这在很大程度上还不清楚。当我们有意识地把两个数字相加的时候，就好比我们向自己的脑提出一个请求，脑执行这个请求，并给出结果。当我们从记忆中搜索一件事物时，我们在我们的意识中列出了一个问题。我们也不清楚是怎么一回事，脑似乎搜索了一会儿，突然再到意识中给出了反应。有的时候，我们的意识本身看起来就像一家公司的首席执行官。首席执行官需要一份报告，公司中就有人准备好这份报告（首席执行官可能都不知道是谁或是在哪儿准备的）。在某个时刻，这份报告就被交到了他或她的手中。

在我们长大之后，此类动作普遍是自动进行的。这种情况表明，只有当必须作出选择或者在计划的关键时刻，才需要意识控制。而在这些关键瞬间之间，连续不断地触发和执行着我们意识不到的程序。因此之故，意识可以不去管所有的细节，而只策划重要的计划，并使之合理。无论对动作还是对知觉而言，似乎都只有在控制或分析的最后阶段才需要意识，而其他的一切均自动进行。这一特性使得许多人断言，我们所意识到的，只是我们脑中"计算"的结果；我们并不意识到计算本身。由此也可以断言，意识自身像首席执行官一样，仅具备有限的能力；[19] 而脑这家公司，则拥有几乎无穷的资源。[20] 说得更确切一些，我们可以说，这种自动化是有好处的，因为它使得我们只要一步就可以选择许多行为单元。如果不管在串行的还是并行的情形中，只要做一次选择就可以执行多个动作，那么需要作出选择的数目就将减少。这种减少能大大地加快动作，因为正如我们将要看到的，正是从许多种可能中进行选择的过程，才是真正的瓶颈。

威廉·詹姆士用下面一段话，确切地描写了从有意识地控制动作

转换到自动进行的实质：[21]

> 习惯消除了我们在执行动作时原本需要的有意识的注意。也许大体上可以这样说：如果要执行一个动作需要一连串相继的神经事件A、B、C、D、E、F、G等，在第一次做这个动作的时候，对其中的每一个事件，意识都必须每次从许多种可能中挑选出正确的那个事件来；但是习惯很快就使得每个事件都召唤它的合适后续事件，而不需要呈现其他的可能事件，也不需要有意识的意志参与其中。只要A开了个头，整个事件链A、B、C、D、E、F、G就会自动延续下去……钢琴家看一眼乐谱，他的手指就已经弹奏出一连串音符了。

不管控制动作的有意识模式和无意识模式各自的优点何在，对于我们最有意义的是：探索与这两种模式转换相关的神经基质。伴随着有意识动作和无意识动作的转换，脑功能会有什么变化？在所有我们刚刚提到过的例子中，如果不计较执行的速度和流畅性，练习前后所做的动作几乎是一样的。但是，一个引人注目的差别是，开始时动作是有意识地进行的，然而过了一段时间之后，就无意识地做动作了。如果我们真能知道脑的活动在这两种控制动作的模式中的差别是什么，我们也许就能较为清楚地认识那些引起意识的神经过程。

有意识地做某种运动动作，要牵涉整个身体，然而在习惯了之后，牵涉的只是那些必要的肌肉。对于这一点，人们早就有所认识。正如詹姆士所说的那样：[22]"初学钢琴的人为了按琴键，不仅上下动手指，还会动他的整个手、前臂甚至整个身体，特别是他的头，就好像他也要用头来按键似的。"但是随着练习，"开始时其效应遍及全身的脉冲……渐渐地只传到单个确定的器官中去，它在这个器官中只影响很有限的一些肌肉收缩。"不光是涉及的运动单元随着不断练习而缩小范围，而且为了有意识地控制并且能够影响行为表现，在开始时所"需要"的感觉输入的数目和范围还很大，包括许多细节和无关的刺激，但是随着不断的练习，能对执行的好坏有影响的输入，似乎会局限于一些必要的刺激。

　　在从有控制转变到自动执行的过程中，对身体输入和输出的局限化，可能与脑的动力学有彼此平行的关系。早在20世纪30年代人们就观察到，在动物接受已经习惯的条件刺激的同时，给予某种无条件刺激，在分布很广的区域里，脑的电活动从所谓的 α 活动（频率为10赫兹左右的同步振荡）变化为高频的去同步模式。[23] 然而随着训练的进行，条件反应完全建立了起来，只有在与专门介导这种反应有关的区域里，才观察得到这种去同步（如果条件刺激是知觉得到的光，而条件反应是运动反应，那么这些区域就是视觉皮层和运动皮层）。曾经有过下面的类似实验：每天让猫几次看闪烁的视觉刺激（譬如说6赫兹），在一开始的时候，在脑的广泛区域里都可以看到有同样频率的反应；随着猫对闪烁光变得习惯起来，6赫兹的反应大为减弱，并最终消失。如果这时用电击猫脚的方法来强化闪光刺激，6赫兹的反应在许多脑区又显著加强。在完全训练好了的动物中，这种反应无论从大小还是范围来说，都又重新减小。但是，如果训练猫去辨认新的或者更复杂的刺激，反应就一直很强，而且扩布到许多脑区。[24]

　　运用现代成像方法，我们开始能够实际观察到在人脑里面发生了些什么。例如，让年轻的被试玩计算机游戏"俄罗斯方块"（Tetris）。在进行练习的前后，分别用正电子发射断层扫描测量其大脑皮层的葡萄糖代谢率。[25] 在每天都练习俄罗斯方块四到八周之后，尽管评分提高了七倍多，皮层浅部的葡萄糖代谢率却减小了。就练习之后评分提高得最快的被试而言，其葡萄糖代谢在若干脑区减少得最快。在另一项研究中，要求被试在看到一个名词的时候说出一个适当的动词（譬如说，在看到一幅锤子的图画时说"砸"）。[26]与只是复诵看到的名词所引起的反应比较起来，缺乏经验的被试有若干脑区的活动显著增强（前扣带皮层、左前额叶皮层、左后颞叶皮层，以及右小脑半球）。在经过练习之后再次测试时，所有这些区域的活动就大为减少。[27]实际上，只要不到 15 分钟的练习，就可以使挑选动词所用到的皮层回路和被试单纯复诵这个词所用到的，变得难以区分。然而，如果引进新的名词表，这些和学习有关的效应重新又逆转了。

最近的另一项研究，考察了在几周里手指做一连串快速运动，会使其速度和精度有什么改善（这种改善并不会使得另一串不同的运动也得到改善）。功能性磁共振成像是一种检测活脑各个区域中活动相对变化的技术，人们用这种技术来分析位于初级运动皮层中部的一个区域。结果表明，在训练之前，所有这两串运动都能激活初级运动皮层中的很大一块区域。经过一小段时间之后，重复某一串运动就只有较小的激活区域了。[28]

所有这些结果都表明，在经过有意识的练习之后，影响完成任务质量的皮层信号只传播到更为有限的一些区域中去，执行任务所需要的信息量也很可能变得更小。另一方面，由于要用到的唯一信息是对执行这个任务所必需的适当信息，因此干扰消失，行为品质改善。随着进一步的练习，有新的特异化回路会增强先前涉及的特异化区域中早就起作用的回路，任务将执行得更快、更精确、更不需要意识的参与。这就好像在一开始的时候，有一大群分布于皮层各处的专家到一起来领受一项任务。很快他们就达成谁最适合完成这个任务的共识，就此选定了任务的执行者。在这之后，任务的执行者再寻求局部的更小群体的帮助，使得任务执行得迅速而漂亮。

正如我们在本节开始时指出过的那样，最初在控制下执行的动作，与有意识的注意有关；而稍后自动进行的动作，则不需要注意，在意识上也不那么生动。这些神经生理学数据虽然还很不充分，但是已经初步表明，跟自动进行的动作的情况相比，与有意识的动作相关的丘脑-皮层系统中的皮层活动，分布范围更为广泛。在第十四章中我们将要讨论一下，有关皮层区域和皮层下区域怎样合作，使得有意识地做计划和无意识的程序联结起来。但是现在，我们要更集中地讨论，产生意识的神经活动，如何通过联结各个脑区的交互联结纤维的复馈相互作用，而得到整合与分化。

第六章

既整合又分化的神经活动

上一章中我们所讲的那些证据表明，意识经验并不是只与单个脑区有关，而是与许多脑区中同时出现的活动模式的变化有关。然而，是否只要在丘脑-皮层系统中出现分布很广的神经活动，就足以产生意识？意识是否只是一个关于在整个脑中有多少个神经元同时活动的问题？有很多方面表明，事情并非如此。很清楚，要想产生意识经验，还必须有其他的条件。按照我们的观察，所需的条件是：分布各处的神经元群之间，必须有强烈而快速的复馈相互作用。此外，这种快速相互作用着的神经元群的活动模式，必须不停地变化，并且彼此能比较清楚地区分得开。支持这些结论的证据，既来自对脑疾病的研究，也来自对正常人的研究。

我们曾经说明过，意识经验与在丘脑-皮层系统中分布很广的许多神经元群的激活和失活有关。在这一章中，通过研究神经病和精神病中的一些非常有趣的方面，我们将继续阐明，产生意识的那些神经过程的普遍性质。

意识经验需要强烈而快速的复馈相互作用[1]

快速的复馈神经相互作用，对于产生统一的意识经验相当重要。能说明这一点的最直接证据，也许是神经学中的分离综合征（disconnection syndrome）和精神病学中的分裂失常（dissociation disorder）。这是一些由于某种病理过程、创伤或是手术造成脑的一个或几个区域在解剖上或功能上与脑的其他区域脱离，所产生的综合征，尽管这些区域本身相对说来，并没有受到多大损伤。

分离综合征

在分离综合征中，最令人感兴趣，当然也是研究得最深入的是裂脑综合征。这是由患顽固性癫痫的病人被手术切断大脑两半球之间的大量交互联结所造成的（见图 6.1；这些联结通过胼胝体而形成，在少数情况下也可通过前连合形成）。在实验室之外，这些人看起来似乎很正常。事实上对于一个裂脑病人来说，令人惊奇的是，他的世界居然并不崩塌。那并不表明单是优势脑半球（通常几乎总是左半球）就足以使人有意识地很好知觉环境并控制行为。[2]

裂脑病人最明显的不正常之处，是他们在整合两个脑半球的感觉和运动信息方面，有严重的缺陷。这一点为细致的动物研究所证实。裂脑病人不能把落在他们两个"半视野"中的视觉信息整合起来。

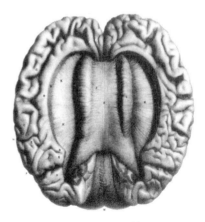

图 6.1　胼胝体

那里大约有两亿根神经纤维交互地联结大脑两半球。脑是从上部剖开的；纤维取水平走向，图中可以看得见淡淡的线条。

给每只手有关形状的体感信息，到不了与手同一边的脑半球（"同侧"脑半球）。罗杰·斯佩里（Roger Sperry）是一位对裂脑研究作出奠基性贡献的神经科学家，他用下面的一段话总结了他几十年实验所得的印象：

> 手术使得这些人有两个分离的心灵，也就是说，有两个分离的意识。右脑半球所体验到的似乎和左脑半球所觉知到的完全不一样。在知觉、认知、意愿、学习和记忆各个方面，都表现出这种精神上的分裂。左脑半球或者说优势脑半球或主半球，有语言能力，并且通常一直在自言自语。然而，另一个脑半球或者说次半球，则没有语言能力。它只能通过非语言的方式，来表达自己的意见。[3]

不过有时候，非优势的右脑半球会主动地试图干涉优势脑控制的行为。例如，当右手想为病人穿上衣服时，左手却脱下衣服。在前胼胝体毁损的病人中，也常常发现有非优势的左手的反对动作，这被称为"敌手综合征"（the alien hand syndrome）。[4]

像裂脑这样分离综合征的解剖学基础，是很清楚的——两脑半球之间的几百万条复馈联结被切断了。但是，对其神经生理学基础则更难以研究。尽管丧失了直接的皮层-皮层联结，每个半球的活动模式似乎还相对地保存了下来。真正失去的，可能是两个脑半球中神经元群的活动之间通过复馈相互作用介导的短时相关。这种丧失，体现为人[5]和动物[6]两脑半球神经元发放之间的相关或相干发生了减弱。例如，在胼胝体被截断的猫中，对呈现给某个眼的最优刺激，诸如一定朝向的长条形，两侧脑半球初级视皮层中的某些神经元反应正常。然而当采用跨越中线、一定朝向的长条刺激时，尽管在正常情况下，这些神经元的发放模式高度相关；可是在胼胝体被截断之后，以上相关性就完全消失了。这一发现说明，两脑半球之间的交互联结，对于复馈相互作用是必要的，这使得它们的活动在时间上能够相关。非常有可能，正是这种复馈相互作用的丧失，造成了在病人身上观察到的两脑半球之间意识整体性的丧失。

分裂失常

　　虽然从裂脑和其他神经学上的分离现象中，可以清楚地看到复馈相互作用和意识整合之间的关系，但是常常没有注意到，这一机制也有可能解释别的分裂失常现象。癔病性感觉症状现在也叫作转换症状，或精神性症状。目前，有这种症状的病例，也许比 19 世纪在让·沙可（Jean Charcot）、皮埃尔·让内（Pierre Janet）和西格蒙特·弗洛伊德（Sigmund Freud）的女病人中要少，不过数量还是很惊人（见图 6.2）。一个有严重癔病性盲的妇女，会完全否认能看见东西，但是在绝大多数时候，她能够避开障碍物，就好像她看得到这些东西一样。因此，似乎她看东西的能力变成像无意识的一般，或者说，她看东西的能力跟她有意识的自我仿佛脱离开了。让内在 20 世纪初，讲述了若干分裂失常的例子。例如，让内把一支铅笔塞在一位女病人的手中，而把她的注意引到别处，她会自动写字，手会写出对一个问题的正确答案，然而她自己丝毫也没有意识到这些。[7] 弗洛伊德分析了许多类似的病例，他详细研究了某些神经官能症症状的无意识起源，并提出了这些失常与诸如口误以及选择性遗忘之类日常现象的联系。[8] 在更近些时候，人们把注意力集中到了一些病理状态，例如神游（fugue）状态。这时候，一个人做的各种动作好像是有意识的，但是他或她以后却回想不起来。埃尔奈斯特·希尔加德（Ernest Hilgard）重新研究了神游状态以及一些别的现象，包括多重人格和催眠止痛或遗忘。他把这些现象都归类为意识分裂的状态。[9] 现在人们把分裂失常定义为"对通常是整合在一起的意识、记忆、认同或是环境知觉等诸多功能的一种干扰。"[10] 分裂失常包括

图 6.2　奥·安娜〔伯尔泰·佩帕海姆（Bertha Pappenheim）〕

1880 年，安娜——一位年轻的维也纳妇女，表现出一系列明显的分裂性或者说癔病性的症状，包括右肢瘫痪和感觉丧失，有些时候耳聋，短时间丧失说德语的能力，但一直能说英语。西格蒙特·弗洛伊德的朋友和同事约瑟夫·布洛伊尔（Josef Breuer）用宣泄疗法（cathartic method）（系统地收集她发病时周围的种种事件）对她进行了治疗。1895 年布洛伊尔和弗洛伊德在他们有关精神分析的奠基性著作《癔病研究》一书中，讨论了安娜的病例和另外一些类似的病例。伯尔泰·佩帕海姆康复之后，成了妇女运动的一名领袖人物。

非常之多的种类，例如分裂性遗忘、分裂性神游、分裂性认同失常（多重人格失常）、人格解体失常。在这些失常中，正常情况下是统一的意识经验，以各种形式发生分裂。[11]另外一些精神失常，像精神分裂症，可能也与作为神经整合失常的分裂性失常有某些共同特性。[12]

精神病学上的分裂失常和神经病学上的分离综合征之间的这种相似性，很不寻常。它们的主要区别在于：后者是由于特异化的脑区（例如视区和运动区）之间的物理联结断开了，而前者被认为是由于像看和动作这样的精神性功能之间的联结断开了。但是，所有这两类失常，都可归结为整合失常。在第一种情况下，是由于神经解剖学上的损伤；而在第二种情况下，则是由于"功能性"联结或动力学联结上出了问题。按照这种假设，不管是对神经学上的分离性综合征来说，还是对分裂性失常来说，脑区的活动程度或精神功能的变化，都不是很大；大为改变的是这些区域或功能相互作用的程度。不幸的是，至今还缺乏有关精神分裂性失常的神经基础数据。有关这种失常是由于复馈相互作用出了问题的假设，也还有待检验。

没有觉知的知觉

心理学家早就知道，人们常常在意识上不能知觉到一个微弱的或是持续时间很短的刺激，但是它却可能引起某种行为反应。[13] 四十多年前，万斯·帕卡德（Vance Pacard）在他的畅销书《幕后劝说者》（*The Hidden Persuaders*）中用下面的著名故事，通俗地解释了这种"潜意识知觉"。在电影中，短时间闪烁广告"请饮可口可乐"，会使观众下意识地感到口渴。[14] 曾经有很长一段时间，人们对潜意识知觉的这种科学上不那么充分的证据抱有怀疑。但是，其后的研究相当严谨地证实了这种现象。[15] 在实验室中，常常用下面的实验来演示潜意识知觉（现在常常称之为"没有觉知的知觉"）：呈现一些很弱、持续时间很短或是噪声很大的刺激，这时意识上知觉不到这些刺激，但是它们仍然会使被试在接受词汇选择试验或其他类似试验的时候表现出某种倾向。[16] 举例来说，如果把词 river（河）闪烁很短一段时间，被试会说，他什么也没看到。但是，如果这时让他挑一个和 bank（河岸、银行）有关的词，他更有可能挑选 boat（船）而不是 money（钱）。* 显然，意识的阈下刺激会引起相当程度的激活，从而触发适当的行为反应，[17] 但是由这种刺激所产生的神经激活，还不足以引起意识经验。那么，所缺少的是什么呢？

三十多年前本杰明·利贝特（Benjamin Libet）所做的一系列实验，为解决这个问题提供了线索。利贝特在有一个实验中，为了缓解病人

---

* 这一效应被称为"启动效应"。——译注

无法忍受的疼痛，而在其丘脑中埋藏了慢性电极，并由此给予每秒72个脉冲的微弱电刺激。[18] 我们知道，刺激丘脑的某个部位，会激活处理触觉刺激的神经通路，并且产生明显的触觉感觉。该试验的一个令人惊异的发现是，要想使这样微弱的刺激产生有意识的感觉经验，需要有持续大约 500 毫秒（1/2 秒）左右的适当皮层活动。但是，对持续时间短于 150 毫秒的皮层活动，也已经可以检测出感觉的迹象，虽然被试并没有觉知。这是通过让病人猜测，是否给他加上了刺激（即使他没有知觉到）来证实的。利贝特断言，只要延长从丘脑到大脑皮层的这一刺激的持续时间，就可以使无觉知的检测，转换为有觉知的检测。

当然，利贝特知道，加在皮肤上的单个短暂的自然刺激，就足以引起意识经验。这样的刺激在皮层中引起初级电反应（叫作 P1），它的峰早在 25 毫秒左右时就出现了。在睡眠和麻醉时也有这个反应，也就是说，在没有意识经验时也有这样的反应。但是，皮肤刺激也引起了晚皮层诱发电位（叫作 N1），这个电位起始于 100 毫秒，并持续好几百毫秒。和 P1 早电位不一样，这些 N1 晚电位受注意的调制，并且在慢波睡眠期和麻醉时消失。因此，即使在使用自然刺激的情况下，看来持续时间长的晚电位，对于产生有意识的躯体感觉也是必要的。

最近，也有人研究了训练猴子识别触觉刺激的强度时，所产生的类似于人的 P1 和 N1 电位。早期反应 P1 只和刺激强度有关，而晚期反应 N1 则和猴子从它的行为反应上表现出来的知觉识别有关。进一步的研究表明，N1 是由初级体感皮层神经元的兴奋产生的。这些神经元在皮层的最表层具备延伸较远的树突，并且有很长的皮层-皮层联结。最有意思的是，这种兴奋似乎由来自其他皮层区域的复馈所介导。[19]

所有这些结果都表明，为了从意识上知觉到某种刺激，需要在多个脑区之间不断地有复馈相互作用。然而，至少在这些实验的条件下，只有当刺激所引起的神经反应持续几百毫秒，才能够产生或维持这种相互作用。

利贝特还就意识的运动方面做了另外一系列实验。他说明，在随意动作发生之前，已经有特异性的皮层活动，而只有在这种活动开始了350毫秒之后，才会意识到要做动作。[20]在运动动作之前，就可以在人的颅表记录到某种特异性事件的相关电位，这种电位被称为准备电位。利贝特要求被试动一下手指，什么时候动由被试自己决定，并且通过被试注意某一旋转点在时钟表面上的空间位置，来定出最早觉知到有运动意向的时刻。他发现，准备电位总是在觉知到之前就开始了，平均说来要早大约350毫秒，最少也要早150毫秒左右。他断言，和一个自发的随意动作（freely voluntary act）有关的皮层活动，在还没有意识到的时候就已开始。也就是说，在有任何回想得起的觉知之前，皮层中早已开始决定了做动作。因此，看来与对感觉刺激的觉知类似，对运动意向的觉知也需要产生它的神经活动持续相当一段时间，其数量级在100～500毫秒。

与所谓的视-空工作记忆（"记住"空间位置的能力）有关的任务，也给出了有关意识经验和持续神经活动之间相关性的证据。我们用工作记忆来把某件事物放到意识中去，或维持在意识中，或者使之易于被意识到，而不管这件事物是空间位置，还是电话号码，或某个好主意。[21]在猴执行有关工作记忆的任务时，其前额叶皮层有持久的神经活动，而且明显地为额叶和顶叶区域之间的复馈相互作用所维持。[22]这种持续的神经活动，有利于把空间上分离的各个脑区的活动整合起来。这种整合起来的神经过程，在时间上相当稳定，因而我们可以作决策和订计划。[23]

或许最重要的一点是，近期的一些研究表明，需要觉知的各种各样的认知任务，都涉及分布在丘脑-皮层系统各处的神经元群之间的短期时间相关性。[24]举例来说，当我们用脑磁图来研究双眼竞争，以寻求各个脑区之间相互作用的证据时，我们发现了一些非常好的结

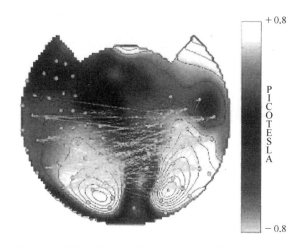

图 6.3 双眼竞争时用脑磁图所记录的和意识有关的神经过程之间的相干性
直线表示当被试意识到刺激时皮层区域之间的同步化增加了。这一结果是从图 5.1 所示
的同一些实验中得出的。彩色图版见本书的封面 *。

果。[25] 表示相隔遥远的各个脑区之间的活动同步或位相相同程度的
指标，是所谓的相干值。可以把脑区之间的相干值，作为这些脑区之
间复馈相互作用强度的一种反映。当被试觉知到刺激时，相隔很远的
脑区对刺激反应的相干性，总是要比没有觉知到时大得多，这和我们
的预言高度一致（见图 6.3）。[26] 这些结果提供了强有力的证据，表
明为了出现意识经验，分布各处的脑区的活动必须通过复馈相互作用
而迅速地整合起来。

意识经验需要高度分化的神经活动模式

对于发生意识经验来说，神经元群之间有效的、持续时间很长的
分布性相互作用虽然是必要的，但还不是充分的。在全身性癫痫发作

---

* 这是指本书原文版的封面，在此中译本上并未出现。——译注

（generalized epileptic seizure）和慢波睡眠时也满足这个条件，却没有意识，这一事实清楚地说明了上述结论。

癫痫发作

当癫痫发作时，在极短时间里，在大脑皮层和丘脑的许多区域中，神经元发放变得超同步。这也就是说，绝大多数神经元几乎同时以高频发放。例如，在一种儿童中常见的全身性癫痫（generalized epilepsy）形式中，遍及皮层各处的神经元超同步发放，在脑电图中产生一种3赫兹的特征性棘波-波复合波（spike-and-wave complex）。这种"癫痫小发作"（petit mal）总是伴随有意识丧失——短时间"失神"。孩子会在把话说到一半时停止说话，或是停止走路，失神地看着前方，并且对刺激不起反应；而几秒钟之后，这个孩子又能够说话和走动了。当这个孩子从这样短时的意识丧失中清醒过来以后，并不记得刚才发生过什么。在这些没有意识的时段里，孩子的脑绝不是不活动的，实际上它是活动过头了。在癫痫小发作时，重复出现的棘波-波脑电活动表明，皮层神经元要么一起发放，要么一起静息，而且这两种神经状态每1/3秒交换一次（见图6.4上图）。这种在数目有限的状态之间（例如一起发放和一起静息）按固定不变方式的交换，和清醒正常时所看到的在几十亿种不同发放模式之间的连续切换，形成了尖锐的对比。因此，癫痫发作时的意识丧失，是和正常情况下神经状态多样复杂性的极度减少，相联系在一起的。

睡眠状态

睡眠可以分成两种主要的状态：慢波睡眠期，此时意识减弱、不完整甚或丧失；快速眼动睡眠期（REM），此时常常做生动的、有意识的梦。人们可能会假定，当我们陷入无梦境的睡眠时，我们的神经元活动也会减少，而这可能就是造成意识丧失的原因。[27] 然而，非常令人惊奇的是，神经生理学家发现，单个神经元的发放率，在睡眠时和清醒时并没有多少差别。[28] 事实上在有些皮层区域中，睡眠时的发放率甚至还可能增大。在清醒时和慢波睡眠时，发放率差不多。观察到的这一现象强烈地说明了，皮层活动水平和意识根本不是一回事儿（见图6.4）。[29] 这表明，在大脑皮层中有"正常的"发放水平，对意识来说并不是一种充分的判据。但是，人们很快就注意到，清醒和睡眠的最大不同，并不在于神经元的发放率，而在于它们的发放模式。

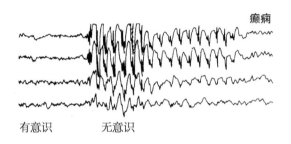

癫痫

有意识   无意识

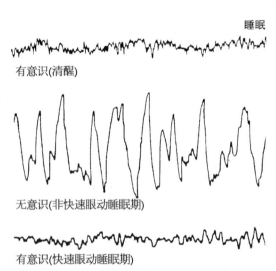

睡眠

有意识(清醒)

无意识(非快速眼动睡眠期)

有意识(快速眼动睡眠期)

图6.4　癫痫和睡眠时的脑电模式

意识经验需要分化的神经过程，这在脑电图中反映为低幅快活动的各种各样模式。在癫痫发作或非快速眼动（NREM）睡眠时，脑电图中出现同步的高幅波，同时意识丧失。

自 20 世纪 30 年代以来，人们熟知，在清醒时和 REM 睡眠时，整个颅表脑电都表现出低幅度的快活动模式。与此成对照的是，在慢波睡眠时，脑电表现出一种高幅慢波的弥散模式。当记录单个神经元的活动时，可以发现，在清醒时发放是连续的，或者说是紧张性的，而在慢波睡眠期，在一段特异性高频簇发振荡模式之后，继以一段静默的间歇。[30] 睡眠时的这种固定不变的"簇发放电-间歇"的活动模式，影响遍布整个脑的大量神经元。此外，这种遍布各处的神经元群的慢振荡性发放，高度整体同步，这与清醒时形成了鲜明的对比。在清醒时，神经元群动态地组合和重组，形成不断变化着的发放模式（见图 6.4 下图）。在清醒时，神经发放的模式极为多种多样，不同的神经状态的数目也极为巨大；而在慢波睡眠时，不同的神经状态的数目大为减少。就像在全身性癫痫发作中的发放情形一样，对应于这种可区分的神经状态数目的显著减少，意识也消失了。由此看来，意识所需的不止于神经活动，它还需要不断变化着的神经活动，也就是在时空上都高度分化的神经活动。如果皮层中绝大多数的神经元群同步发放，消除了它们在功能上的差别，脑的状态变得极为一致，则可供选择的脑状态所剩无几，意识本身也就丧失了（图 6.5）。[31]

在讨论意识时,再怎么强调下列观察也不为过：这组观察说明了脑活动必须高度分化。为了支持意识知觉，神经活动必须在时间上变化多端。举例来说，如果把图像固定在接触镜上，这就使刺激模式跟随着眼球一起运动，从而使得视网膜上的像稳定不动。此时，人对这些图像的有意识的视知觉很快就消退。在所谓的全视野（ganzfeld）刺激中，也可看到类似的效应。这种刺激是整个视野充满了白色的没有任何形状的表面。北极探险家首先描写了这种效应。在凝视雪白的冻土之后，他们报告体验到某种形式的"雪盲"。在 20 世纪 30 年代，心理学家们发现，当人们凝视没有任何特征的视野（全视野）时，所有的颜色都会很快从视野中消失。在这之后，视觉经验本身也会消退。看

图 6.5   米开朗琪罗的《夜》(*La Notte*)

米开朗琪罗为雕像题有如下短诗，以酬和一位年轻佛罗伦萨人所作的赞美诗：

Caro m'e' il sonno, e piu' l'esser di sasso,

mentre che 'l danno e la vergogna dura,

non veder, non sentir, m'e'gran ventura:

pero'non mi destar, deh! parla basso

中伤不堪忍，蔻辱裂腑胸，

安得酣畅梦，愿为石仲翁，

不见意不扰，一心自从容：

祈君缓趋步，任吾睡乡中。

来，为了产生和维持意识经验，必须一直有足够多的变化不定并且彼此不同的脑状态。[32]

从本章和前一章中有关神经学和神经生理学广大领域的简短综述中，我们可以得到下面几点结论：首先，意识过程一般与分布在丘脑-皮层系统各处的活动变化有关。其次，与意识经验有关的神经活动中的分布式变化，必须通过复馈相互作用迅速而有效地整合起来。最后，如果这些相互作用高度分化，那么它们与意识经验有关；如果它们没有什么差别，或者说彼此都一样，那么就与意识毫无瓜葛。这些经验性的观察表明，构成意识基础的，是分布于各处的神经过程，这些过程通过复馈相互作用迅速且高度地整合起来；不过它们不断地变化着，因而是高度分化的。正如我们在第三章讨论过的那样，这一结论特别有助于我们理解下列观点：整体性和分化性是意识经验的普遍性质（不管意识经验的具体内容是什么）。

要想理解这些现象学上的性质和意识的真正神经机制有什么关系，不能光靠积累更多的事实。这需要一种经得起考验的理论——这种理论要能解释得了模式形成、知觉分类、记忆、概念和价值的生物学起源。如果说，分布于各处、构成一个整体且在不断变化着的神经活动模式，可以产生意识经验的统一而又高度分化的种种现象，那么，什么样的脑理论才能和这种看法兼容呢？我们现在来简短地讲一下其中的一种理论。我们相信，这种理论能够提供一些必要的基础，以便理解脑的整体功能之中的关键原则。要想陈述这样的一种理论，我们必须面对一些挑战性的问题：功能健全的脑，是一种什么样的系统？怎样用它的性质来解释意识？脑如此复杂多变，我们如何来解释它的功能？在试图回答这些问题的时候，我们采取脑是一种选择性的——或者说是达尔文主义的——系统的立场。对于这样的系统来说，其丰富的功能实际上需要多样性。

第三部分

意识的机制：达尔文主义的观点

查尔斯·达尔文（Charles Darwin）以自然选择理论奠定了近代生物学的主要基础。在随贝格尔号舰远航归来之后，他又继续研究脑的功能是怎样在进化过程中产生的。从他的笔记本中可以看到，他是如何竭力想用他所称的遗传（descent）来解释知觉、记忆和语言的起源。得益于达尔文的观点，我们现在有丰富的进化理论，但是有关怎样认识精神过程的问题，依然没有解决，还有待神经科学家去完成达尔文的梦想。

在这一部分中我们要说明，在脑功能理论中，达尔文主义原则怎样有助于我们认识知觉过程、记忆以及价值赋予（the assignment of value），所有这一切对于认识意识均至关重要。读者一旦掌握了这些过程的本质，也就准备好了条件，来考虑意识在进化和发育过程中产生的实际神经机制。在这里，目前我们只集中研究初级意识，也就是构建当前所处整体性精神场景的能力，这并不需要语言或者真正的自我意识。我们相信，这种整体性的精神场景不仅依赖于对正在接收的感觉刺激之知觉分类，即依赖于现在，而最为重要的是，还依赖于它们与分类记忆（categorical memory）的相互作用，即依赖于跟过去的相互作用。换句话说，这种整体性的精神场景，是一种"有记忆的现在"（remembered present）*。这种场景主要是通过分布在丘脑-皮层系统各处的神经元群之间的复馈相互作用而构造出来的。正如我们曾经说明的那样，这些相互作用也就是我们在第六章讨论过的，造成整体性和分化性的那些作用。

---

* 这是埃德尔曼创造的一个术语，指的是在初级意识中知觉到的场景，是当时受到的刺激和以往的记忆共同作用的结果。他用这个词强调这种场景的时间因素方面。在中译本初版中译成了"记忆中的现在"，意思不确切。——译注

第七章

选择主义

　　查尔斯·达尔文在思考物种起源时，作出了一个重要的贡献，这就是从群体的观点出发去考虑问题：在一个群体中，个体之间有各种各样的变异或者说多样性，这是自然选择过程中竞争的基础。自然选择也就是在一个物种中分化繁殖出适应环境的个体。原则上，选择性事件需要在有各种变异的个体中不断地产生多样性，按照这些变种的环境信号进行选择，并且需要繁殖（也就是分化性放大）那些比起它的竞争者更能适应这种信号的个体或因素。那么，脑是否也遵循这些原则呢？我们相信是如此。

　　在本章中，我们扼要介绍神经元群选择理论（the theory of neuronal group selection）或者说神经达尔文主义的某些方面。这一理论接受这些选择性原则，并且把它们用到功能正常的脑上去。它的主要信条是：① 在脑的发育过程中形成对神经解剖来说最基本的各种高度变异的神经元群体（发育选择）；② 通过经验次生性地形成各种各样被易化了的神经回路，这是通过改变联结强度或者说突触强度而产生的（经验选择）；③ 沿着分布各处的神经元群之间的交互联结，传递复馈信号，以确保所选择的神经事件的时空相关性。整体脑理论的这三大信条，给我们提供了强有力的工具，去认识对意识有贡献的那些最重要的神经相互作用。

　　阿尔弗雷德·罗塞尔·华莱士（Alfred Rusell Wallace）与达尔文同时发现了自然选择，但是达尔文在晚年极不赞成华莱士的看法。华莱士是一位唯灵论者，他坚持认为，人的脑和心智并不是由自然选择产生的。华莱士的理由是，野蛮人的脑和文明的英国人的脑在大小上差不多，然而野蛮人不懂数学，也没有明显地表现出需要抽象思维，因此他很难理解，自然选择怎么会在这两种情况下都产生差不多大小的脑。他对自然选择论强调得过了头，以致不能认识到，在自然选择中会发生相关的变异：起始选择某个特性，会带来在以后别的选择性事件中要用到的变化。例如，为了知觉而选择增大某些脑结构，可能同时也增大了邻近的脑区。在进化的某个稍后阶段，这些区域可能变得对某些其他的功能——例如记忆，有选择性方面的好处。1869 年春，达尔文在给华莱士的一封信中说道："我希望您还没有完全杀死您自己的、同时也是我的孩子。"——当然，这指的是自然选择（见图 7.1）。[1]

　　华莱士的理由是错误的。从那个时候起，有愈来愈多的证据有力地支持了达尔文的结论：无论人脑有怎样的特殊性，都不需要求助超自然的力量来解释它的功能。达尔文关于群体中有变异和自然选择的原则，就已经足够了。我们之

图 7.1　查尔斯·达尔文年轻时的照片

所以有意识，并不需要唯灵论者所祈求的那些圣物。看来很清楚，我们得以有人这样的心智和脑，皆是进化过程的结果。为寻求人类意识的进化起源所得到的人类学证据进一步证明，达尔文的理论从思想性方面来说，是所有伟大的科学理论中最重要的。

即使在对脑功能的基本认识上，达尔文主义的原则也是重要的；特别是考虑到每一个脊椎动物个体的脑结构和脑功能都有许多变异，就更是如此。正如我们曾讨论过的，没有两个脑是一样的；而且每个个体的脑，都处在连续不断的变化之中。这种变异遍及脑的各个组织层次，从生物化学层次，一直到宏观形态。经验也使得大量的突触强度一直在改变。这种巨大的变异性，强烈地反对那种认为脑是像计算机一样，由固定的代码和存储器组织起来的想法。此外，给脑发送信号的环境或者周围世界，并不像计算机磁带那样，组织得可以给出明确无误的消息。大自然中并没有一位最高审判者，会就脑的潜力或者实际的模式发布命令；头脑里也没有一个微型人，在决定应该选择和解释什么模式。这些事实与认为脑像计算机一样，按照一组明确无误的算法或指令来工作的想法不相容。指令主义认为，环境也能可靠地给出像计算机所需的那类信息。这种想法不能作为脑运作的原理。但是在一个特定的物种中，虽然每个动物个体会有各种各样的反应，其中还是会表现出某种一致的行为来。

脑是怎样产生这种反应的呢？什么样的原理在支配着脑的整体运作？要回答这些问题，我们需要某种总体上的脑理论，这种理论要能给出支配数量庞大、性质多样的神经网络的运作规则。当然，这些规则不能违背我们观察到的意识所需的神经过程。

神经元群选择理论

我们已反复强调，每个脑的最突出的特点之一是它的个别性

（individuality）和多变性（variability）。在脑的所有组织层次上，都有这种多变性。这种多变性是如此显著，以致我们在寻求一种脑活动的物理理论时，不能把它仅仅当作噪声而不予考虑，或是忽略掉。正如我们将要看到的那样，这种多变性是意识状态分化性和多样性的基础。在每个脑的多层结构和动力学中，都可以看到这种极为显著的多样性和个别性。对于任何一个试图解释脑的总体功能的理论，这都是一种极大的挑战。我们相信，可以用达尔文发明的群体思想，来迎接这种挑战。群体思想的中心思想是，一个物种的个体之间的变异，是生存斗争中自然选择的基础，并由此最终产生新的物种。

　　达尔文虽然还没有正确的遗传学知识，但是他懂得，不同的个体遗传不同的特性。某些个体更适应环境变化或者新环境。经过几代之后，这些个体会留下比在生存和繁殖竞争中所能利用的资源原来所允许的数量更多的后代。这样，自然选择便有效地支持了那些平均说来更能适应的个体的繁殖。这种群体原理还有一种深刻的影响：它不仅奠定了物种起源的基础，而且支配了个体一生中躯体选择（somatic selection）的种种过程。当我们说到躯体选择的时候，我们指的是从几分之一秒到几年的时段内——当然最终到动物死亡为止，个体身体中所发生的选择。因此，在动物的细胞系统中，也能发生选择和变异。

　　免疫系统是已经分析清楚的躯体选择的一个例子。[2] 在有脊柱的动物中，有一种特别的细胞系统，它能把外来的分子、细菌、病毒，乃至别人的皮肤，与个体自身的分子区分开来。这种识别是由一组称为抗体的蛋白质来执行的，这些蛋白质由循环血细胞产生。抗体有一些特别的部位，可以和其他分子部分匹配，其方式几乎就像点心模子和一定形状的点心相匹配一样。最奇妙的是，实际上任何外来的分子或者抗原侵入身体，都会引起一种与之相配的抗体产生，它对以后的免疫防御至关重要。

　　最初解释抗原和抗体之间互补匹配的理论，是一种"指令性"理论：抗体环绕着抗原的形状折叠，并且恰当地把这样形成的折叠保持下来。后来发现，这种理论是不正确的。免疫系统是按躯体选择的原则工作的。对大量不同外来分子的识别，其基础是每个个体抗体基因的躯体变异（somatic variation），由此产生各种各样的抗体，每种抗体都有不同的结合位点。当各种各样不同的抗体碰到一个外来分子以后，就选择并扩增那些只带有适合某个抗原外来化学结构之抗体的细胞。即使这种结构在地球的历史上从未出现过，也是如此。虽然进化和免疫中选择事件的机制和定时（timing）显然不同，但原理一样，都是变异和选择的达尔文主义过程。

二十多年前，我们两人中之一思考心智是如何从进化和发育中产生的。[3]看来，心智必然是作为两种选择过程——自然选择和躯体选择的结果而产生的。除开某些哲学家和神学家，第一种过程很少有人怀疑；对第二种过程的思考，导致提出一种基于选择性原理的理论，这种理论涉及脑的进化、发育、结构和功能。在这里，有必要对这种理论作扼要的介绍，不仅由于这种理论的主要信条之一（复馈）是意识起源的核心，还因为它处理脑内多变性的方式，对于认识意识过程的复杂性至关重要。

这种神经元群选择理论（theory of neuronal group selection, TNGS），或者说神经达尔文主义，有三条主要的信条，可以用图 7.2 来表示。

发育选择 在某个物种个体发育的早期阶段，一开始时脑的解剖结构的形成当然受到基因和遗传的约束。但是从胚胎的早期阶段开始，随着个体发育，躯体选择在突触层次建立起各种联结。例如，神经元在发育中向许多方向伸展大量的分枝。这种分枝过程产生了个体联结模式的巨大多变性，由此造成极其多样的神经回路。在这之后，神经元根据它们的电活动模式，而加强或者减弱其联结：一起发放的神经元连接在一起。其结果是，同一个群中的神经元，彼此的联结要比不同群中神经元之间的联结密切得多。

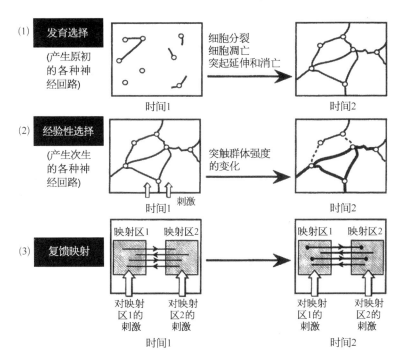

图 7.2　神经元群选择理论的三条主要信条图解

（1）发育选择造成极其多种多样的回路集合，图中画出了其中的一个回路。（2）经验性选择使得突触的联结强度发生变化，其中的一些路径比其他路径更占优势（粗黑线所示）。（3）复馈映射。各个脑区通过交互联结不断传送信号，而在时空上得到协调。脑区上的黑点表示加强了的突触。

　　经验性选择　和上述早期阶段有交叠，并在此后延续终身，行为经验使得各种各样的神经元群中出现突触选择过程。例如现在已经知道，脑内相应于手指触觉输入代表区的边界，会随手指的使用情况而发生变化。之所以会发生这些变化，是由于在局部耦合起来的神经元群内部以及这些群之间的有些突触得到加强，而另一些突触则有所减弱，但是其解剖结构并没有发生什么变化。这种选择过程，受到弥散投射价值系统活动所产生的脑信号制约，这种制约不断地受到正确输出的修正。

复馈 在脑各个映射区（map）的选择性事件之间，其相关性是由复馈的动态过程产生的。每个动物的神经系统，都是多变的和独一无二的。在没有"微型人"或计算机程序的情况下，复馈使得一个动物能把原来没有标记的世界，分割成各种对象和事件。正如我们早就讨论过的那样，复馈使得不同脑区中神经元群的活动同步化，并把它们绑定成一些能给出一致输出的回路。因此，复馈是在时空上协调各种各样感觉事件和运动事件的核心机制。

前两个信条，即发育选择和经验性选择，为与意识共存的分布式神经状态的巨大多变性和分化性提供了基础。第三个信条，也就是复馈，则是这些状态整体性的基础。特别重要的一点是，要认识到，复馈在我们建立意识模型的过程中起关键作用，因此有必要对它作某些进一步的说明。复馈在解剖上的一个前提条件是，在脑区要有大量并行的交互联结。虽然在两个不同的脑区之间，有许多交互的并行联结并不稀奇（例如，请想一下胼胝体——联结大脑两半球的巨大双向纤维束，参见图 6.1），但是还有更为复杂的安排。在这种系统内，可能的几何模式和拓扑模式是无穷的。如果考虑到在这些模式之间复馈选择的各种组合的可能性，即使允许有一定数量的神经解剖约束在起作用，我们就能体会到，在一个选择性系统中，神经解剖起巨大作用。丛林或食物网像脑一样，也有许多传送信号的层次和通路，但是没有任何像复馈神经解剖结构这样的东西。真的，如果有人问我们，有什么特性能把高等的脑和所有其他一切我们能知道的对象或系统区分开来，我们就会讲是"复馈组织"。应该指出，虽然大范围的复杂计算机网络，也开始享有复馈系统的某些性质，但是这种网络基本上靠的是代码；并且与脑网络不一样，它们是指令性的，而不是选择性的。

有必要强调指出，复馈并不是反馈。反馈使用的是像误差信号这样事先制定好的控制和校正信息，是由一些交互联结构成的单个固定回路来实现的。与之成对照，复馈是在选择性系统中通过多个并行通路来实现的，其中的信息也不是事先说得清楚的。但是像反馈一样，复馈同样既可以是局部的（在同一个映射区之内），也可以是全局的（在许多映射区之间和整个区域）。

复馈执行若干重要的功能。[4] 举例来说，利用脑的视觉运动区和感知形状区之间的相互作用，复馈可以解释：我们从许多运动的点中识别出某种形状的能力。[5] 这样，复馈可以产生新的反应特性。通过复馈把一个子模态（例如颜色）和另一个子模态（例如运动）联结起来，可以综合成许多脑功能。用它能解决互相竞争的神经信号之间的冲突问题。[6] 复馈使得一个区域中的突触效率，会受到相隔很远区域中激活模式的影响，因此使得局部的突触变化与周围有关。最后，复馈保证了神经发放的时空相关性，从而成为神经整合的主要机制。

自从提出神经元群选择理论以来，已经积累了大量的证据支持这个理论。此外，这个理论的某些方面还被大大拓展了。其中之一是与简并（degeneracy，即结构不同的各种脑构造变异体可以完成同样的功能）问题有关。这一理论的另一个重要方面与价值概念有关。关于这个问题，我们在第四章讨论弥散性投射价值系统时，曾经简短地谈到过。我们这就来依次讨论这些方面的问题。

简　　并

所有的选择性系统都有一种特性，这种特性为它所独有，对其功能作用也至关重要：在这种系统中，要得出某个特定的输出，通常可以有许多不同的方式，而不一定非要在结构上完全相同不可。我们把这个性质称为"简并"。[7] 在量子力学薛定谔方程的某些解中，以及在遗传密码中，我们都遇到过简并。在遗传密码中，由于在三联密码子中简并第三个位置，许多不同的 DNA 序列可以表达（specify）相同的蛋白质。

简而言之，简并就是在结构上不同的成分，产生类似的输出或者结果的能力。在一个选择性的神经系统中，即使在一个脑区中也有着大量各有变异的神经回路，简并也就不可避免了。一个选择性系统要是没有简并的话，那么不管它的多样性如何丰富，也会很快失败——在一个物种中要是没有简并的话，几乎所有的变异都会致命；在一个免疫系统中要是没有简并的话，抗体的变异体会太少而不能起作用；而在脑中如果只有一个网络通路，信号传输将失败。简并可以在一个组织层次上起作用，也可以跨越几个层次起作用。在基因网络、免疫系统、脑和进化本身中，都可以看到有简并。例如，不同基因的组合，可以产生相同的结构；不同结构的抗体，可以同样成功地识别外来分子；而不同的生命形式，可以进化到同样完美，以适应特定的环境。

在脑中有无数简并的例子。丘脑-皮层系统中复杂的联结网络，保证了大量不同的神经元群能以不同的方式，类似地影响某个给定神经元子集合的输出。例如，大量不同的神经元回路，可以导致同样的运动输出或者动作。通过局部脑毁损，可以发现有替代的通路能产生类似的行为。因此在神经系统中，简并的一个明显结果就是，某些神经损伤常常会没有什么表现，至少在熟悉的环境中是如此。在细胞层次也可以看到简并。神经的信号传输（signaling）机制要用到许多神经递质、受体、酶，以及所谓的第二信使。这些生化物质的不同组合，在基因表达中可产生同样的变化。

简并不仅仅是选择性系统的一个有用特性，而且还是选择性机制的一个不可避免的结果。个体通常是在一长串复杂事件的末了，才受到进化的选择性压力。这些事件要涉及多种时空尺度下的许多相互作用着的因素，一些很明确的功能也不大可能只归结为生物网络（biological network）中一些独立的因素或者过程。例如，如果选择发生在我们以某种特定方式行走的能力上，那么许多不同脑结构内部的联结、它们彼此间的联结以及它们和肌肉、骨骼系统之间的联结，都可能随时间而改变。神经回路的简并，不仅会影响运动，还会影响包括站立和跳跃等能力在内的许多其他功能。自然选择使得许多并不完全相同的结构，可以产生同样的功能。这不仅增强了生物系统的鲁棒性，而且加强了这些系统对不能预见的环境之适应性。

价　　值

简并能够有效地通过各种途径实现同一种功能，但它不能给选择性系统加上约束；事实上，简并还放松约束。要是这样的话，选择性系统何以实现其目标，而不需要特别的指令呢？人们发现，必要的约束或价值，是由一系列在进化过程中选定的各不相同的表型结构和神经回路提供的。我们把价值定义为：进化选择出来的有机体的一些表型方面，这些方面约束了躯体选择性事件，譬如在脑的发育和经验中所发生的突触变化。* 举例来说，手有特定形状，并且只能以一种方式而不能以另一种方式握起来，这两件事大大加强了对突触以及活动的神经模式选择，从而产生适当的动作。正如机器人专家所熟知的那样，几乎不可能从零开始去合成或编程这些动作。新生儿具有的许多反射则是另一些例子。但是，这些还不是价值的唯一来源。把身体各个部分、器官与各种脑功能联系起来的多种多样的形态特性（如感觉器官和运动器官的特性），是进一步的例子。激素回路可能是基本的来源，但是各种脊椎动物肢体的连接方式，也可能是这样的来源。这样，价值就成了一个物种利用脑来进行分类以及采取动作并不断改善的基础。

我们有必要强调，价值并不等同于类别（category）。价值只是

---

* "价值"是指动物与生俱来，使其行为带有某种倾向性的最基本的欲望、本能或目的，由此使动物得以适应环境和生存。——译注

为了作出某种知觉反应或行为反应的前提条件。这样的分类反应（categorical response）依赖于实际作出的选择。知觉分类通常由现实世界的实际行为中所作的选择引起。一般说来，虽然价值根据进化而决定如何分类，但它不能表示现实世界中事件的种种细节。举例来说，价值对于婴儿把眼睛转向光源，可能是必需的，但是它对于认识不同的对象，可能并不充分。

在迄今为止我们所描述的价值概念中，有两处不足。首先，即使有一组在表型上传下来的形态学价值（诸如对生的拇指和各种关节类型），要想做出适当的神经行为（例如知觉分类），可能也还不够具体细致。第二点不足是，当动物面临环境中不可预见的需求时，进化上确定的固定的价值参数本身，可能过于僵化，而不能产生足够丰富的行为。

在第四章中，当我们讨论脑的解剖结构时，提到过一些进化出来的特别脑中枢，它们似乎突破了第一种局限性。在高等脊椎动物中，似乎进化生成了许多弥散性的投射神经价值系统，它们能够连续地向遍及整个脑的神经元和突触发送信号。这样的信号携带有关机体进行性行为状态的信息（睡眠、清醒、探究、梳理毛发以及诸如此类）和对整个机体有重要意义的突发事件的信息（例如新奇的刺激、痛刺激、奖励等）。[8] 这些系统的重要性，远远超过了它们在脑中所占据的空间比例。它们包括去甲肾上腺素能细胞核团、5-羟色胺能细胞核团、胆碱能细胞核团、多巴胺能细胞核团和组织胺能细胞核团（见图4.4c）。这些细胞核团都是一些小而致密的细胞群，其中每一个都向脑的许多部分发送弥散性的投射。例如，蓝斑是由脑干中的几千个神经元组成的。这些神经元的轴突组成了一个极大的网，覆盖皮层、海马、基底神经节、小脑和脊髓，可能影响中枢神经系统各个层次的几十亿个突触中的传递（见图7.3）。

价值系统某些核团中的神经元，在动物清醒时连续发放，或者紧张性地发放，而当动物入睡时则停止发放。更有甚者，价值系统中的神经

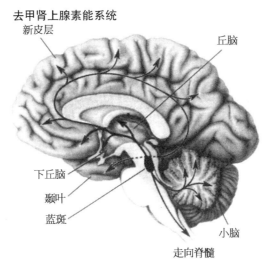

图 7.3　价值系统示意图

去甲肾上腺素能系统起源于蓝斑，弥散性地投射到整个脑，并释放神经调质——去甲肾上腺素。

元，在动物遇到重要或突出的情况时，常常突然产生簇发放电。举例来说，当动物进入一个新的环境或是遇上了未能料到的事件时，蓝斑中的神经元就发放。当它们发放时，它们向绝大多数脑区（如果说不是所有脑区的话）释放某种神经调质，在本例中是去甲肾上腺素。由不同价值系统所释放的去甲肾上腺素和各种神经调质，能够调节许多靶神经元的活动。它们也能改变神经活动中加强或减弱突触的概率。[9] 价值系统就是这样，随时准备把发生了什么重要事件通知给整个脑*。

　　价值系统对选择性脑的正常功能相当重要，这可以用许多能够在现实世界中行动的人工模型来演示。[10] 举例来说，在模型"达尔文Ⅳ"中有一个价值系统，可以控制眼动去跟踪随机运动的目标（见图 7.4）。

---

* 虽然脑和传统计算机从工作原理上说有着本质区别，但是埃德尔曼相信，按照脑的选择原理，可以构造出人工装置，模拟脑的某些局部组织和功能。他们构造出了一系列这样的机器，称之为达尔文机，并用罗马数字来编号。——译注

图 7.4　达尔文 Ⅳ 跟踪彩色立方体

这台机器的脑是用一台强大的计算机来仿真的，但是这台机器本身并不是由传统的计算机程序来控制。

这个价值系统反映了动物遗传下来的认为"亮比暗好"的偏好。当光点落在眼睛的中心时，这个价值系统就放电，就好像在释放某种模拟的调制物质＊。该物质随时间而衰减，但是如果它的水平足够高，就会选择性地加强突触。在有了这种价值系统之后，仿真眼在经过几次尝试之后，就能跟踪目标了。当然，如果我们采取"暗比亮好"作为价值，那么系统也可以在暗的条件下起反应。蝙蝠在适当的夜间环境下，利用它们的声呐系统，可以工作得和鹰在白天时一样好，或者还更好些。在所有这两种情况下，价值系统都至关重要。

＊ 调制物质（modulating substance）也即调质（modulator）。——译注

如果把价值系统改进成可修饰的，那么就可以应对价值概念中的第二种潜在局限性——进化形成的价值约束过于僵化，由此在选择性系统中只产生为数不太多的刻板反应。例如我们预言：可以找到一些联结，使得上行价值系统的反应本身，在学习经验中得到修饰。最近，有人比较了固定价值系统和可修饰价值系统的计算机仿真，以试验通过学习改变价值约束的效果。如果在这个模型中引入某种可修饰的价值系统，其行为就会丰富得多，并且使得这个模型的行为中拥有高阶的条件反射，这在遗传下来的固定价值约束下是不可能的。[11]

一种非常令人感兴趣的可能性是，脑的各个价值系统，通过各种组合的相互作用，以及释放比例不同的各种神经调质，而协同工作，从而对脑的活动施加影响。例如众所周知，当清醒而活跃的时候，去甲肾上腺素能系统、5-羟色胺能系统和胆碱能系统一起发放。在慢波睡眠期，这三个系统的发放都减少；在 REM 睡眠期，去甲肾上腺素能系统和 5-羟色胺能系统完全停止发放，而胆碱能系统重又发放。脑的广大区域中，相应神经调质的不同组合，肯定是造成对外界刺激的反应、学习和记忆、情绪和认知中行为状态种种差别的原因。有着许许多多不同的可能性，但迄今还没有好好研究过。

与高兴、痛苦、身体状态以及各种情绪有关的价值系统之间，有可能存在着种种复杂的相互作用，这些相互作用还非常有可能主宰着皮层反应。理解这些方面，只是迈出了前进中的一小步。从仓鸮脑干中听区和视区的联合（alignment）[12]，到品酒师精细的鉴别，以及内疚的情绪反应，其中都有和价值相关的学习的影响。价值跟情绪、高兴和不高兴显然紧密相关，并且在意识经验中占据着核心地位。[13]

价值是嵌套的（nested）选择性系统的一种标记，它是自然选择的结果，由此产生各种表型，而这又对个体神经系统的躯体选择加上了约束。躯体选择和自然选择不一样，它通过使得动物个体能够在很短一段时间内对当前环境中的关键特征进行分类，而处理这种环境下的种种可能事件。这些事件非常丰富并且不可预见，甚至有些从未发生过。但是，我们要再一次强调，神经元群选择只有在进化所决定的、遗传下来的价值约束下，才能够始终一致地完成这种分类。系统的这种嵌套是非常巧妙的，通过我们或许可称之为"必要的成见"（它为在选择性脑的行为控制之下存活所必需），保证每个物种存活下来。正如我们将要看到的，这种安排对于在选择性系统中所遇到的各种记忆形式（这些形式对于意识的进化至关重要）的运作不可或缺。当我们完全讨论过记忆之后，我们将展示意识场景如何由价值约束下的记忆系统和执行知觉分类的系统之间的相互作用而建立起来。

第八章

非表征性记忆

记忆是产生意识的脑机制中的关键因素。通常都假定，记忆包括写入和储存信息，但储存的是什么东西呢？它是不是编好码的消息呢？当记忆被"读出"或是恢复时，它是否还是原样？这些问题都指向一种广为流传的假定，即储存的是某种类型的表征（representation）。本章采取一种相反的观点，这种观点和选择主义方法是一致的，即认为记忆是非表征性的。我们把记忆看作是动力学系统的一种能力，这种能力是由选择塑造出来的，且表现出简并，以重复或阻抑某种体力或智力活动。这种有关记忆的新观点，可以用一种地理学上的比较来加以说明：记忆更像是冰川的融化和重新冻结，而不像是在岩石上刻字。

我们曾经说过，脑不是像计算机那样组织起来的，它的功能是基于像多变性、分化放大、简并和价值这样的一些性质。但是，如果脑不像计算机的话，那么记忆是如何工作的呢？有一种广为流传的假定，认为脑至少在认知功能方面基本上是和表征有关的，而在记忆中所储存的也是某种类型的表征。在这种观点看来，记忆就是或多或少被永久记录下来的变化；当适时地召唤它的时候，又能重新得到某个表征，并且使人按照这个表征行动。在这种观点看来，学会了的动作本身就是表征的结果，这些表征储存了确定的程序或代码。

关于脑中表征记忆的想法，成了一大负担。虽然这种想法使得我们能够很容易地将记忆与人在计算机中设置好的信息交换进行类比，但是这种类比所引起的问题，比它所解决的还要多。在用计算机工作的情况下，要使得物理上储存于计算机中的编了码的符号串具有意义，必须有在操作者脑中而不是在计算机中进行的语义操作。在代码中必须保持一致性（如果不这样的话，就需要纠正错误），而系统的记忆容量也就自然要用存储限度（storage limit）来表示。最重要的是，计算机的输入本身，必须以一种明确无误的方式来编码。

脑所面临的问题是，外界来的信号一般说来并不是某种编好了码的输入。反过来，它常常模糊不清，与上下文（context）有关；关于其重要性的事先判断，对这种信号也不一定有多大影响。[1]动物在丛林中所接收的视觉信号——绿色小片和夹杂其间的棕色小片，以及在风中的摇动——可以用无数种方式加以组合。然而，不论在知觉中还是在记忆中，动物都必须按照自身的适应目的，而将这些信号分类；而且动物还必须把这种分类和以前对同类信号的经验联系起来。对于人类来说，我们最有可能报告说看到了"树"。由于各种各样变化的组合数极多，要想用编码的或者复制的储存系统做到这一点，就需要无尽的误差纠正，并且其精度至少要和计算机一样高，或者更高。但是，没有直接的证据表明，脑的结构会有这种能力；神经元并不能进行精确的浮点运算。脑并不直接表现出有这种数学能力，这种能力是人类在文明中，作为语言相互作用和应用逻辑的结果而产生的。当然，所有这一切都是因为我们有脑。

表征意味着符号活动。无论从语义上还是句法上来说，符号活动在我们的语言能力中当然起着核心作用。因此，当我们思考脑如何能够重复一种行为时，譬如说，回想以前经历过的某个图像会是怎么样的，我们说脑是在表征，这也就没什么奇怪了。但是，这种说法有明显的问题。在信号中并没有预先编好码的消息，没有能高精度地储存代码的结构，在自然界中既没有造物主从可资选择的模式中作出决定，头脑中也没有什么微型人在读取消息。由于这种种原因，脑中的记忆不可能有像我们的机器那样的表征性。

那么对非表征性记忆，又该如何理解呢？类比会有所帮助。请考虑一下免疫系统。抗体并不是外来抗原的表征，但是这个抗体和其他抗体通过免疫记忆系统可以识别抗原。一个动物可以很好地适应环境，但是它并非这个环境的表征。类似地，记忆也不是一种表征；记忆是脑为了能够重复某种行为而改变其动力学，所采取的方式的一种反映。

在一个复杂的脑中，记忆是在分布各处、不断进行着的神经活动，与来自外界、身体和脑本身的信号之间进行选择性匹配的结果。由此发生的突触变化，会影响个体的脑对类似或不同信号的反应。这种变化反映在，经过一段时间之后，尽管外部条件发生了变化，仍能复现某种智力或体力活动，例如"回想"某个图像。必须指出，这里的"活动"（act）一词表示有关知觉、运动或语言的任何一串有序的脑活动，其结果是及时产生特定的神经输出。在这个定义中，我们强调要经过一段时间之后复现，这是因为隔开原来的信号一段时间之后再产生动作的能力，正是记忆的特征。我们提到变化着的外部条件，是要强调脑中记忆的一个关键特性，即在某种意义上，记忆是在不断进行着的经验中重建分类的一种形式，而不是精确地重复先前的一连串事件。

全 局 映 射

光是大脑皮层还不足以承担知觉分类和运动控制的重负。按照神经元群选择理论的观点，这个任务是由被称为全局映射（global

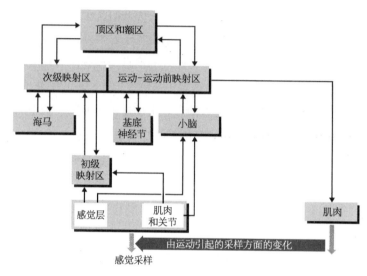

8.1   全局映射的图解

这一结构是由脑的多个映射区组成的。这些映射区和诸如海马、基底神经节以及小脑这样的皮层下附器联结在一起。请注意，从外界来的信号进入这个映射，其输出则导致运动。这个运动反过来，又影响对感觉信号的拾取。因此，全局映射是一种动态结构，这种结构随时间和行为而发生变化；其复馈局域映射，把特征和运动关联起来，从而就有可能进行知觉分类。

mapping）的结构来承担的（见图 8.1）。全局映射把动物运动和不断变化着的感觉输入，与海马、基底神经节和小脑关联起来，后者又连接着大脑皮层。全局映射联结起我们在第四章中讨论过的前两个拓扑解剖结构——丘脑-皮层系统和皮层下附器。全局映射是一种动态结构，它包含多个复馈局部映射区（既有运动区又有感觉区）。这些局部映射区与诸如脑干、基底神经节、海马以及部分小脑中的非映射区有相互作用。全局映射的活动反映了这样一个事实：知觉既有赖于动作，又导致动作。当一个人转动他的头去跟踪某个运动目标时，全局映射的运动部分和感觉部分都在不断地调整。换句话说，分类并不只是在某个皮层感觉区内发生，然后执行某个程序而激活运动输出。相反，不断运动的结果也被看作是知觉分类的一个实质性部分。这一思想意味着，执行这种分类的全局映射，必须包含感觉和运动两个方面的要素。全局映射中的神经元群选择，是在一个动态回路中进行的，它连续不断地使姿势和某些类型的感觉信号匹配。换句话说，全局映射的动态结构，通过连续不断的运动和练习而得以维持、刷新与改变。

全局映射是把分类和记忆联系起来的必要物质基础。一般说来，这种联系不能用任何一小块脑区的活动来实现，因为按照全局映射的本质来讲，它必须包括很大部分的神经系统。在全局映射内部，突触强度的长时程变化，有利于那些在过去的行为中活动彼此相关神经元群的复馈活动。例如，我们准备拿起杯子喝水，就激发了许许多多为以前的突触变化所修饰的不同回路。在很大部分全局映射中所发生的这种突触变化，是记忆的基础。但是，全局映射中的记忆，并不是存储了一些固定的或者编好了码的特性——就像在计算机中以复制的形式提取和收集的那样。相反，记忆是一种连续不断再分类过程的结果，这种过程就本质而言，必须是程序性（procedural）的，并且要涉及能重复出某种行为的一连串运动，在我们的例子中就是拿起杯子。在全局映射中不断进行着的突触变化，是这种练习的结果，它有利于简并具有类似输出的许多通路。全局映射对记忆的贡献还在于，它担负了脑内绝大部分的无意识行为。在第十四章中我们将要讨论，这种无意识的活动如何与产生意识的过程联系起来。

记 忆 和 选 择

脑的何种特性造成了动态记忆，而不需要编了码的表征呢？我们相信，答案正是在选择性系统内会碰到的那些特性中。这些特性包括各种各样可供选择的简并神经回路、在接收各种输入信号时改变突触群体的方法，以及许多价值约束——这些约束会增加对适应性输出或者会受到奖励的输出加以复现之可能性，而不管用的是哪条简并回路。在这些约束条件下，从外界或者脑的其他部分来的信号，就从现有的大量可能组合中选取某些回路。选择是通过改变突触效能或强度而发生的。至于是哪些特定的突触发生改变，则取决于以前的经验，也取决于我们以前提到过的上行价值系统的联合活动 [蓝斑、中缝核（raphe nucleus）、胆碱能核等]。

因此，触发任意一组回路，并由此产生一组和以前适应的输出反应相当类似的反应，就成了复现某个智力活动或身体活动的基础。从这种观点看来，记忆是由回路中某些选定出来的子集合的活动中动态地产生的。这些子集合是简并的：由比较可以发现，不同子集合所包含的回路并不一样；但是激活其中的任何一个，都能够复现某个特定的输出。在这些条件之下，某个特定的记忆并不唯一地等同于任何特定的一组突触变化，因为和某个特定的输出有关，进而最终要和整个行为有关的特定突触变化，在那个行为发生的时候，还要进一步变化。故此，当复现某个动作的时候，我们所看到的必然是任何一个或几个适合这种行为的神经反应模式，而不是某个特定的序列或者细节。

我们知道，突触变化对于记忆来说是根本性的和至关重要的，但是它又并不等同于记忆。这里并没有代码，有的仅仅是对应于特定输出的一组变化不定的回路。这组回路中效果大致一样的成员，在结构方面可以迥然不同。正是神经回路的这种简并性，使得当外界条件发生变化和有了新经验的时候，特定的记忆可以发生变化。在一个简并选择性系统中的记忆，是一种重新分类，而不是严格的复制。决定记忆分类的并不是预先决定好了的某些代码，而是先前的网络群体结构、价值系统的状态、在特定时刻所执行的身体动作。在脑复杂多变的神经解剖结构中，不断地把一些回路和另一些回路联结起来的动态变化，使得脑能够创造记忆。价值系统的活动进一步增大了创造记忆的可能性。

在我们拿杯子的例子中，口渴会激活价值系统，并且导致选择许多与执行这个动作有关的回路。就这样，在这些简并的方案中，有各种结构不同的回路，其中每一个都可以产生类似的输出，从而可以复现拿杯子的动作，或者略有变化。它们的活动造成了记忆的联想性质。例如，一个动作可以触发另一个动作，一个词可以触发另一些词，一幅图像可以引起人讲一段故事。这些联想性质的物质基础是，简并的回路集合在不同时刻所用的不同回路，都有不同的网络联结。

从这种观点来看，脑内有几百个（如果说不是有几千个的话）不同的记忆系统。这些系统遍及各种不同模态的所有知觉系统（看、嗅、触等）、主管运动意向和实际运动的系统、组织发音的语言系统。这一观点和这个领域中实验研究人员所描述和测试的各种不同类型的记忆（所谓的程序性记忆、语义性记忆、情节性记忆以及诸如此类的记忆）是一致的，但又不限于这些主要根据操作准则并且在某种程度上也根据生化准则所定义的类型。

虽然各个记忆系统各不相同，但最主要的结论是，不管形式如何，记忆本身是一种系统性质。它不能等同于回路、突触变化、生化、价值约束，或者行为动力学中任何哪个单独的因素；相反，它是所有这些一起作用的因素相互作用的动力学结果，从而选出某个输出，复现某种行为或动作。某个特定行为的整体特性，可能与以前的行为很相似，但是在不同时刻进行的任何两个相似行为的神经元群体可以不同，而且也常常不同。这一性质保证了人们能在其经历中复现相同的动作，尽管环境和外界条件会有很大的变化。

简并性质除了保证联想之外，还使得记忆行为有极高的稳定性。在一个简并系统中，要产生某个特定的输出，可以有许许多多不同的途径。只要还有足够数量的回路子集合在给出输出，则一两个回路中的变化或细胞死亡，或者输入信号前后内容上的切换，一般说来不足以根本性地破坏某个记忆。因此，非表征性记忆超乎寻常地鲁棒。[2]

高 山 隐 喻

　　我们可以用一个类比来更好地认识非表征性记忆的运作。请想象一下有一坐高山，山顶上有一条冰川，随着气候的变化它会融化和重新冻结（见图8.2）。在一组变暖的条件下，某些小溪会顺坡而下汇合成河流，并注入山谷中的小湖。让我们把小湖的形成当作是导致重复行为的输出，也就是说，以前也发生过有类似结果的注入小湖这样的事。现在改变一下气候条件的次序，有某些小溪结了冰，然后有一段时间气候变暖，导致某些小溪解冻而融入别的一些小溪，也会产生新的小溪。虽然现在山丘的结构改变了，但同一条输出的河流，所受到的注入可以和以前完全一样。然而，如果在温度、风或下雨方面再有一些小的变化，也可能产生一条新的河流，它流到另一个小湖，甚至形成一个新的小湖，而这个小湖和第一个小湖是有关联的。如果再有

图 8.2　阿拉斯加的克尼克冰川

进一步的变化，这两个系统可能把它们的小溪汇合在一起，而同时注入这两个小湖。这些小湖会在山谷中连通一气。

在这个类比中，我们把价值约束看成是重力和山谷地貌，把输入信号看成是由天气引起的变化，把突触变化看成是冻结和融化，而把顺山而下岩体地貌的种种细节，看成是神经解剖结构。这样您就会明白，怎样能够动态地复现某个行为，而不需要代码。现在我们回过头来想象一下，由脑的神经解剖所构成的为数极多的画面。如果我们思考在脑中同时运作的所有各种类型的联结，我们必然会碰到高维空间，而不是像我们在本例中所碰到的只有三维的空间。通过把过程推广到任意维数，就至少可以通过比喻来理解，动态的非表征性记忆是如何工作的。

这样的记忆具有使得知觉改变回想，而回想又改变知觉的性质。这种记忆没有固定的容量限制，因为实际上它是由构造产生"信息"的。这种记忆是鲁棒的、动态的、联想的和适应的。如果我们有关记忆的观点是正确的话，那么在高等动物中，每一次知觉在某种意义上都是一次创造，而每一次回忆都是一次想象。从而，生物学记忆是创造性的，而非严格复制性的。这是意识的重要基础之一，我们现在就转而讨论其机制问题。

第九章

知觉转为记忆：有记忆的现在

　　想要揭示意识的神经机制，必须切记初级意识和高级意识之间的区别。在脑结构与我们类似的动物中，也可以看到初级意识。这些动物似乎也能够构造精神场景，不过仅具备很有限的语义能力或符号能力，没有真正的语言。只有具备自我意识，并在清醒状态下能够明确地构造过去以及未来的场景，才能拥有高级意识（人类的高级意识最为发达，高级意识是以同时存在初级意识为前提的）。高级意识最低限度要有语义能力，而高级意识的更为发达的形式，则要有语言能力。

　　在本章中，我们要给出一个解释——在进化过程中出现初级意识的模型，这个模型和脑的选择主义观点是一致的。我们简要地考虑一下，为建立这种模型，在神经方面有些什么要求。第一个要求是知觉分类，也就是能把各种信号分成一些适用于某个动物物种的类别。第二个要求是产生种种概念。我们认为，概念是由脑本身对自己脑区的活动进行映射而产生的。意识经验的另外两条要求是：要有能为价值所影响的分类记忆和复馈活动，后者是高级脑的基本整合机制。我们认为，在进化过程中出现了介导复馈的新回路，通过这些回路，后脑区与前脑区动态地联结了起来，初级意识就是在这种情况下涌现出来的。前脑区与知觉分类有关，而后脑区主管基于价值的记忆。在满足了所有这些要求之后，动物就能够建立起一种有记忆的现在——也就是某种适应性地把当前或想象出来的可能发生的事件，和该动物以前由价值驱动的行为的历史联系起来的场景。

对近代神经科学的最大挑战是，恰当地分析产生意识的脑机制。在本章中，我们要讨论有关意识的神经机制的一种想法，这种想法基于我们在第七章所提出的选择性脑理论之上。要想认识意识的神经过程，首先必须认识在各种不同组织层次上的许多其他脑过程。这些过程包括知觉分类、概念、价值、记忆，而在神经层次上还有丘脑-皮层组织的特异动态过程。不足为怪，如果没有这样一种认识，对似乎是同时发生的各种感觉、心情、场景、情景性（situatedness）、思想、感受、情绪的复杂体验（所有这一切都以并行或串行的因果次序发生），就其复杂性方面来说，好像无法与任何号称能够解释它们的脑机制联系起来。不同于物理常规，感知体验本身就是需要仔细考察的对象中的一部分，因此也就不用奇怪，研究这个问题的某些学者会认为，意识经验和号称为它的脑机制之间，并没有什么关系。相反，我们相信这两者之间是有关系的，但要认识这种关系，需要某些前提性的认识。

初级意识模型的前提条件

在分析意识时，我们有意避免一下子讨论太多的困难问题，并避开难以讲清楚的五花八门现象。跟这种限制相一致，我们要强调初级意识和高级意识之间的区别，这很有用。[1]初级意识是产生一幅精神场景的能力，这幅场景能把大量分散的信息整合起来，以指导当时或者立即要发生的行为。在脑结构与我们类似的动物中，也有初级意识。这种动物看起来也能构造一幅精神场景；但是与我们不一样，它们只有有限的语义能力或符号能力，并且没有真正的语言。高级意识是在初级意识的基础之上建立起来的，并且伴随有自我意识，以及在清醒状态时构造和联系过去场景与未来场景的明显能力。当然，只有具备高级意识的个体，才会报告他们的意识状态，并且谈论意识；他们意识到自己是有意识的。在下文中，我们主要讨论初级意识；而只有当高级意识可以用实验的方法加以研究的时候，我们才谈到它。在本书的最后部分，我们要详细讨论高级意识的某些非常有趣的方面，包括思想、语言、自我的概念，以及自我参照（self-reference）。

在我们讨论进化过程中出现初级意识的物理模型之前，我们必须先快速回顾某些重要的神经过程。我们所要考虑的是这样一些神经结构和机制，它们是解释狗或我们自己在某些最少牵涉语言的主观状态下的意识时所必需的。这里我们必然要面临许多前面谈到过的复杂过程及其相互作用。一共有四个这样的过程。第一个是所有动物都共同具有的性质——知觉分类。它把各种信号分成一些对某个环境中的某个物种有用的类别，这个环境服从物理定律，但它本身并没有这些类别。和运动控制一样，知觉分类也是脊椎动物神经系统中最基本的过程。我们曾经说明过，在高等脊椎动物中，这一过程是如何作为在全局映射的各个脑区之间，复馈信号的传送结果而发生的。它通常是在许多模态（包括视觉、听觉、关节感觉或运动感觉）和各种各样的子模态（例如在视模态中有颜色、朝向和运动子模态）中同时发生的。

认识初级意识所需要的第二个过程，是概念的形成。在这里，概念一词并不是指哲学家试题上用到的句子或逻辑学家的真值表所用到的命题或谓词。它指的是把与某一场景或对象有关的不同知觉分类联系起来的能力，以及从这些多种多样的知觉中，对其某些共同特征进行抽象的普遍能力。例如，不同的脸有许多不同的细节，但是脑有办法认出所有的脸都具有某些类似的普遍特征。有人认为，概念是脑自身对不同脑区活动映射的结果，这样就可以抽象出对不同信号反应的各种公共特性。例如，当猫脑能把某个特定状态记录为（为解释起见，此处用文字来描述）："小脑和基底神经节以模式 a 活动，运动前区和运动区中的神经元群以模式 b 活动，视觉子模态 x、y 和 z 同时相互作用"时，就有可能抽象地得出某种形式的物体运动的一些普遍性质。高阶映射区（high-order map）记录这些活动，并产生相应于"有一个物体相对于猫的身体在向前运动"这样的一个概念输出。向前运动是一种概念。当然，这里并没有用话来说。存在复馈相互作用从而产生知觉分类的映射区的简单组合，并不能得出这种抽象的能力。在这里需要的是，脑自身对这些不同区域中的脑活动类别，进行高阶映射。

在我们讲到初级意识的机制之前，必须先认识分别与记忆和价值有关的另外两个过程。正如我们已经看到过的那样，根据神经元群选择理论，记忆就是专门复现或者遏阻某个智力或体力活动的能力。这种能力来源于复馈回路中各种组合的突触变化。此外，由于选择性的神经系统并非预先编程的，它需要价值约束以产生适应性的分类反应。我们知道，脑的弥散性上行价值系统与脑内形成概念的区域（主要是额叶皮层和颞叶皮层）有广泛联系，并且也与所谓的边缘系统有联结。边缘系统是位于脑内侧（内部）的许多脑区，它们环绕脑干形成一个圆圈。这些区域影响个体记忆的动力学。这些记忆能否建立起来，依赖于正性或负性的价值反应。大量有关学习的心理学文献认为，价值、情绪反应和显著性在建立概念性的、基于类别之上的记忆时，加上了很强的约束。例如约翰·F·肯尼迪（John F. Kennedy）

总统之死，引起非常强的情绪震撼。有许多人报告说，他们记得很清楚，当他们第一次听到这个消息时，正在做什么以及在什么地方。*许多突触变化一起，形成各种记忆。它们一起构成了"价值-类别记忆"（value-category memory）**，这对于初级意识的模型是十分重要的。

复馈所起的关键作用

在我们转而讨论意识的机制之前，还有最后一个过程需要考虑。这个过程就是复馈，它是神经元群选择理论的第三条主要原则。正如我们以前讨论过的，复馈是脑的各个分离映射区之间沿大量并行解剖联结（其中绝大多数是交互的）不断进行着的并行、递归信号的传送过程。它改变与它相互联结的靶区活动，又反过来为其所改变。复馈不仅是高级脑内最重要的整合机制，而且从概念上说，是神经元群选择理论最具挑战性的原则。对于包括从知觉分类到运动协调直至意识本身的许多过程，它都是关键性的。在第四章中曾经举过一个弦乐四重奏的例子。在那里，演奏者用许多细线联结起来，通过细线不断地传送信号，从而协调各个人的演奏。要是没有那些线，他们本来是彼此独立的。在我们的脑中，"线"实际上就是联结各个映射区的并行交互的纤维；通过不断的动态交换，这些纤维之间的神经发放，从一个映射区传向另一个映射区，又传回来；或者再次进入。这种相互交换，协调着不同映射区的功能，并使之同步化。

复馈在我们的意识模型中起到中心作用，因为正是它保证了整合

---

* 此话确实不错，译者至今记得自己知道这个消息，是在当时的工作单位——中国科技大学中关村分部宿舍楼门口阅报栏内的报纸上。——译注
** 按照作者的理论，这一记忆系统包括两部分：进行分类的快速突触变化，以及对其来自价值系统的调制。——译注

作用，而整合作用对于在初级意识中产生某个场景是关键性的。虽然并不存在上级映射区或逻辑决定程序，请想一下大脑皮层中在功能上分离的各个映射区，如何还能协调一致地工作，这会帮助我们了解整合作用是怎么回事。正如在第四章提到过的，大脑皮层是这样组织的：即使在单个模态中，譬如说视觉模态，也有许多不同的子模态（颜色、运动和形状）专用的特异化或功能上分离的映射区。尽管有这种多样性，我们觉知到的仍然是一个协调一致的知觉场景。当看这样一个场景时，我们觉知到的并不是分离开来或互不相关的颜色、运动和形状，而是把颜色、形状和运动绑定在一起，使之成为一个能够识别得出来的对象。不用上级映射区的指导，却要在互相冲突的各种感觉刺激下协调一致地工作，必须有跨越许多组织层次的某种神经相互作用过程。这就引发了所谓的绑定问题：在没有高一级控制器的情况下，各种功能上分离的映射区如何得以协调一致呢？在单一区域的内部，在同一个特征区域或子模态中的各个神经元群之间，必须存在联系。感觉颜色的映射区或感觉运动的映射区内的知觉集群化，就是这样的例子。在更高层次，要在分布各处的功能上分离的或特异化的不同映射区之间建立绑定。举例来说，绑定保证了对某个特定对象的形状、颜色、位置和运动方向的神经反应进行整合。

　　因为并不存在有上级的映射区来协调各个参与映射区之间的绑定，所以就产生了一个问题：绑定是如何实际产生的？在第十章将要讨论的许多模型和计算机仿真说明，绑定可以是在许多脑映射区之间复馈的结果。在不同映射区中空间上分布广泛的神经元群活动之间，复馈建立起短时程的时间相关性和同步。其结果是这些群中的神经元同时发放。这样，复馈使得许多动态回路在时间和空间上相关。选取在价值约束下时间上相关的回路，就得出协调一致的输出。基于复馈的绑定原则在脑组织的各个层次上都一再地表现出来，并且在意识机制中起到中心作用。

初级意识：有记忆的现在

在掌握了复馈机制、知觉分类、概念形成和价值-类别记忆这一系列概念之后，我们现在可以来讲初级意识在进化过程中发生的模型了。这个模型假定在进化过程中，在初级意识出现之前，早已有了导致知觉分类的皮层系统。随着次级的皮层区域和诸如基底神经节等皮层附器的进一步发展，产生了概念记忆系统。在进化尺度上大致相当于从爬行类过渡到鸟类或哺乳类的时代，出现了一种十分重要的新解剖联结。在执行知觉分类的多模态皮层区和主管价值-类别记忆的区域之间，产生了大量的复馈联结。进化上产生的这类复馈联结包括两种：部分皮层到其余部分的皮层-皮层纤维大系统，以及皮层和丘脑之间的大量交互联结（见图 4.4a）。实现这种复馈相互作用的丘脑-皮层回路，起源于丘脑的一些主要部分——这就是名为特异丘脑核（specific thalamic nuclei）、网状核和丘脑板内核的核团。特异丘脑核是一些和大脑皮层有复馈联结的核团，它们彼此之间却并不直接通信；但是网状核和这些核团之间有抑制性联结，并且可以从它们的各种活动组合中进行选取。丘脑板内核向大脑皮层的大多数区域发送弥散性投射，并帮助在总体水平上实现活动同步。通过复馈作用，所有这些丘脑-皮层结构及其交互联结一起工作，结果就产生了意识场景（见图 9.1）。

动态的复馈相互作用，是通过记忆系统和知觉分类系统之间的联结进行的，其作用时间在几百毫秒到几秒钟之间。这段时间也就是威廉·詹姆士所谓的"虚假当今"（specious present）。变化着的、不同的、彼此之间有强烈相互作用的神经元群，可以通过这种复馈相互作用整合起来。这些神经元群以我们在第五章和第六章中描述过的方式，分布在丘脑-皮层系统中。这种相互作用，就使这些神经元群拥有了构

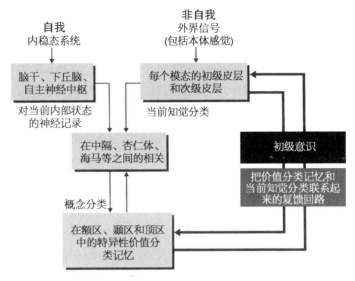

图 9.1　初级意识的机制

把从外界来的分类信号和与价值有关的信号关联起来，这就在概念区中形成记忆。这个能够作概念分类的记忆，通过复馈通路（粗线）和对当前外界信号所作的知觉分类而联结起来。这一复馈联系就产生了初级意识。当初级意识通过许多模态（视觉、触觉等）产生时，它是由一些对象和事件组成的"场景"，其中有些事件或对象，彼此并没有因果关系。然而，一个有初级意识的动物，却能够通过回忆以往富有价值（value-laden）的经验，而把这些对象和事件联系起来。

造场景的能力。当动物在运动时，不断来自许多不同感觉模态的并行输入信号，造成了和对象以及事件有关的各种知觉类别复合体之间的复馈相关（reentrant correlation）。至于复馈相关是否显著，则受制于该动物价值系统的活动。而这个活动又受到动物根据过去行为中获得的奖惩历史所产生的记忆的影响。动物的下列能力是它发生初级意识的基础：把外界的种种事件和信号（不管这些事件和信号是具有因果联系的，还是仅仅同时发生的）联系起来，然后通过复馈，连同其价值-类别记忆系统一起，构造某个与它自己历史有关的场景。

　　短时记忆对于初级意识有着基本的意义，它反映了以前的类别经验和概念经验。记忆系统和当时知觉之间的相互作用，是以一种自举

（bootstrapping）的方式，在几分之一秒的时间内发生的：新知觉到的东西可以快速地被放置到由以前的分类所产生的记忆中去。构造意识场景的能力，也就是在几分之一秒的时间里构造一个有记忆的现在的能力。请想象丛林中的一只动物，它在薄暮之中感到风向转变，以及丛林的声音有什么变化。虽然还没有出现明显的危险，这只动物就有可能会逃跑。风向和声音的变化以前也都独立地发生过，但是上一次两者同时发生时，跳出来一头美洲豹。虽然还不能证明有什么因果关系，但是在这个有意识个体的记忆中，已经产生了某种联系。

没有这种系统的动物，也许还能活动，并对某些特定的刺激起反应；甚而在某些环境之下，也还能存活下去。但是，它不能把事件或信号联结成复杂的场景，也不能根据自身以前基于价值作出反应的历史，构建出种种关系。它不能想象场景，常常无法从某些复杂的危险中逃脱出来。正是由于涌现出了这种能力，才产生了意识。这也是意识在进化选择上有其优越性的原因。动物在有了这样的过程之后，至少在有记忆的现在，能根据其以前有关价值驱动的行为所得到的经验，创造性和适应性地做计划，并把偶然事件联系起来。不同于在进化上处于前意识的祖先，这种动物在复杂环境中选取反应时有更大的挑选余地。正如我们强调过的那样，如果使意识得以出现这件事有什么中心结构原则的话，那就是在进化中涌现出基于解剖结构之上的复馈新系统。这些系统在价值约束之下，把新的记忆形式和脑中的知觉活动以及概念活动关联起来。

随着初级意识的出现，以及人类在进化上涌现出伴有语言的高级意识之后，和生存有关的最重要全局性价值之一，就是自我的连续性和一致性。复馈在简并系统中连续地运作，从而产生再分类（recategorical）记忆。它是尽管不断发生内外变化而连续性仍能得以实现的基本机制。一旦认识到了知觉系统和记忆系统之间的复馈所引起的功能整合的动态本质，也就解决了詹姆士所关心的下列悖论：即时的意识状态是如何与各种以前的状态协调起来，从而创造出有关现在的统一性或者说个人的同一性的稳定场景的。当然，这种自我出现在有高级意识的人类之中，只是在进化的后期，在语言中枢和概念中枢建立起一组新的复馈联结时才发生的。我们在本书的最后一部分，要讨论进化上的这第二个卓越事件的意义。

　　当然，我们在这里所提出的模型，只是一个骨架。但是，它给我们认识意识的神经基础提供了一个解剖学和生理学的坚实基础。它也提出了一个统一的框架，使我们得以寻求在本书开始时讲过的目标：提出一个关于神经过程的特殊假设，让它能够解释意识经验整体性和信息性这样的基本性质。

第四部分

处理多样性：动态核心假设

在本书开始时，我们指出对意识的科学分析应该能够解释意识经验的基本性质，也就是每种意识状态都要有的性质。下列两个性质就是这样的基本性质：首先，意识是高度整体性的或统一的，也就是说，每个意识状态都是一个统一整体，它不能被有效地分成一些独立的成分；其次，它又是高度分化性的或是信息性的，也就是有数量极大的不同意识状态，每一个意识状态都可以引起不同的行为结果。

正如我们早就看到的那样，产生意识经验的分布各处的神经过程，也有这些性质：它们既是高度整体性的，又是高度分化性的。我们相信，神经生物学和现象学上的这种一致性，绝不是偶然的巧合。相反，它可以为洞察各种能够解释意识经验相应性质的神经过程，提供有价值的线索。

在本书的这一部分中，我们试图解释意识经验的统一性和信息性，并且通过给整体性和分化性概念提出一个坚实的理论框架，进一步发展我们有关意识经验神经基础的思想。首先，我们必须澄清，整体性和分化性指的是什么。然后，我们要更精确地说明，整体性和分化性在脑内是如何具体实现的。我们提出和整体性有关的一个神经活动的功能性聚类的定量指标，同样提出一个和分化性有关的神经复杂度的定量指标。要清楚地处理这些问题，需要一点数学，虽然我们可以方便地忽略掉大多数技术方面的细节，而仍然把基本概念保留下来。这些分析的结果，使我们可以提出一个称之为"动态核心"的假设，这一假设对于产生意识经验的神经元群的活动有什么特殊性，提出了一种简明的可操作（operational）的说法。在动态核心假设的基础上我们再来看——我们以前讲过的有关意识的主要性质，并且给出一组清楚的经验准则，借此可以区分哪些神经过程对意识有贡献，而哪些则没有贡献。

第十章

整体性和复馈

在本章中，我们想对能解释意识经验整体性的神经过程，有一个更完整的科学认识。为了达到这个目的，我们确切地定义整体性是什么意思，如何度量整体性，如何确定某个整体性的神经过程。我们通过引进一个新概念"功能性聚类"，来做到这一点。我们也讨论了，大约在短于一秒钟的时间内，就能够把分布各处的脑区活动整合或绑定起来的途径。这是当今神经科学中一个有名的问题，即所谓的"绑定问题"。通过大规模的计算机仿真，我们说明，复馈是在丘脑-皮层系统中得以实现整合的关键性神经机制；并且说明，这种整体性是如何导致统一的行为输出的。这些结果给出了绑定问题的一个粗浅回答。

当我们驱车前行时，我们面前的视觉场景中充满了各种对象——汽车、卡车、自行车、行人、胡同、街道、房屋、天空，其中每一个都有一定的形状、一定的颜色，并在视野中占据一定的位置。有的对象还可能是动的，并且发出特别的声响或气味。此外，这些对象可能以某种特殊而且有意义的方式彼此相关，我们给其中每个对象一个名字和概念。然而，尽管这一切如此丰富多彩和多种多样，我们在任一时刻所体验到的，都是一个单独的统一场景。这种场景只有在作为整体的时候才有意义，并且当它被体验到时，就不能再被分解成一些独立的成分。然而，当我们驱车前进时，这个场景不断随时在变化着。

既然每一个意识状态都是统一的和有整体性的，那么支持意识经验的神经过程，当然也必须是整体性的。在第六章中我们也讲到，有几个研究表明，在分布各处的神经元群中，确实会出现相干的发放模式，清楚地表明了整体性。但是，这些实验结果本身，还不足以阐明脑内神经活动迅速整合的机制。为了分析这种机制，我们曾经根据丘脑-皮层系统的解剖和生理事实，构造了许多大规模的模型。这些模型清楚地回答了绑定问题，并且说明了，在中枢神经系统中，如何能涌现出整体性的神经过程，而同时在其中却包含了许多分布性的因素。

复馈和神经整体性：解答绑定问题

研究大量神经元的各种信号在中枢神经系统中的整合机制，是一种令人望而却步的困难任务。在实验上，在清醒的活动动物身上同时记录多个神经元的电活动，只是在最近几年里才有了可能。尽管这种方法非常重要，但是可以采样的神经元数还是实在太少了。与此成对照的是，像正电子发射断层扫描和功能性磁共振成像这样的神经成像技术，可以一下子研究几百万个突触和脑区的活动，不过其空间分辨率和时间分辨率，都不足以追踪单个神经信号的变化过程。如果想考察一大群相互作用着的细胞行为，我们必须采用神经建模。

大规模计算机仿真，不仅使我们能够研究在一个有复杂联结的系统中的单个神经单元的活动，而且还使我们能够考察，当给予譬如说某个视觉刺激之后，成千上万个神经元发放的时空模式。这种仿真使得我们有可能施与各种扰动和进行各种操作，要不然的话，这在实验上很难做到。[1]

　　有人曾经用对视觉系统的大规模仿真，来探讨复馈的概念。这对功能上分离的脑区活动的整合或"绑定"问题，给出了一种解决方案（见图10.1）。[2]由于这反映的是皮层组织的普遍性质，这个模型中所隐含的许多原则，看来不仅适用于视觉系统，还能应用于别的感觉模态和运动模态。[3]

　　在这个模型中（图10.2），九个视觉皮层区之间有复馈。模型分成三个分别介导形状、颜色和运动反应的解剖流。不存在什么上级区域协调这个模型的各种反应。这个模型中每个分开区域中的神经单元，对刺激的不同特性起反应，这和视觉皮层中的功能分离是一致的，而每个单元的发放，在此网络内部有不同的功能结果。举例来说，模型

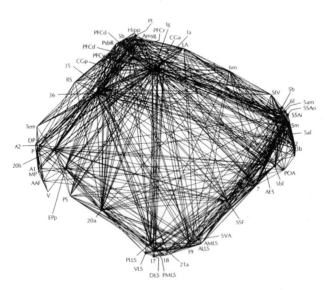

图 10.1　联结图

这张图表示猫皮层中的64个区域，和它们彼此之间1 134条联结通路（在这里我们无须追究简称所代表的不同脑区的术语）。绝大多数的联结通路都是交互的。互相联结的脑区在图上画得近，而不相联结的脑区则分隔很远。这样得到的拓扑组织，反映了它们之间的联结，而不是它们在脑中的位置。

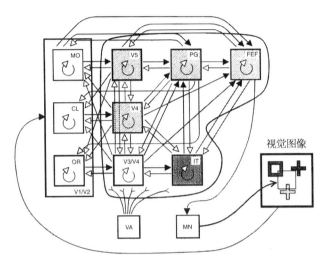

图 10.2　皮层整合的大规模计算机模型的框图

用方框表示功能上特异化的视区，用箭头表示通路（其中有成千上万条单线联结）。这个模型中有三条并行流，分别与分析运动（顶上一条）、颜色（中间一条）和形状（底下一条）有关。脑区有精细拓扑组织的（finely topographic）（没有阴影）、粗粒拓扑组织的（coarsely topographic）（浅阴影），或者非拓扑组织的（nontopographic）（深阴影）。在图的最右面，画出了视觉图像（由彩色照相机取样）。图的最下面表示系统的输出（仿真在眼睛的运动神经元 MN 控制下的眼动）。实心箭头表示电压无关通路，空心箭头表示电压依赖性通路。方框中弯曲的箭头线，表示脑区内联结。用 VA 标记的方框表示行为范式（behavioral paradigm）中用的弥散性投射价值系统；投射的区域用线框起来。整个系统包含总数大约 1 万个神经单元和 100 万根联结。

区域 V1 对应于初级视皮层，其中的神经元群对诸如视野中特定位置处的边缘朝向一类的基本特性起反应。诸如 IT 区这样的高级视区，对应于颞下皮层，其中的神经元群对某种形状的对象起反应，而和它们在视野中的位置无关。在 V4 区中的神经元群，对物体的颜色起反应，而不对其形状或运动方向起反应；模型 V5 区中的神经元，则对运动方向起反应，而不对形状和颜色起反应。

有一些任务需要整合多个功能上分离的脑区活动所产生的信号来完成，可以用它们来检验这个模型。例如，有一个任务要求把同时呈现于视野中的红十字从绿十字和红方块中区分开来（见图 10.3）。正确

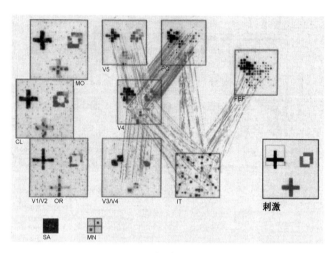

图 10.3   解决绑定问题

这里所描绘的是，在呈现一个由红十字、红方块和绿十字所组成的图像后 150 毫秒内，模型中的活动和同步。当仿真眼正好转向红十字时，触发弥散性投射价值系统。通过这种方法，训练模型拾取这个对象，而不管其位置。请注意，无论是在两个脑区（拓扑组织或非拓扑组织的区域）的内部，还是在其间，对应于同一个对象的神经单元是相关的（用它们共同的颜色来表示）。在作条件训练时，价值系统的发放增强了大约 5% 的联结。这在图上用红色阴影表示。请注意，在多个区域之间，都有增强了的联结。也请注意，在区域 FEF、PG 和 V4 中，对应于红十字所在位置处的单元活动明显增强。这一活动使得眼睛朝这个位置运动（代表眼睛中心的白边方窗移向左上方）。

的识别反应意味着要把单个刺激的某些性质（颜色、形状和位置）结合起来。对模型的训练是通过以下方法达到的：当模型把它的眼睛转到正确的对象时，就激活某个释放神经调质的有弥散性投射的仿真"价值系统"；这种激活相当于当实验动物反应正确时给它果汁以资奖励。价值系统的激活，总体上是表示发生了重要的事件，允许分布各处的神经元群之间的联结强度发生变化（由图 10.3 中的淡红线表示＊）。在经过一段时间的训练之后，这个模型能够以 95% 的正确率进行区分。

＊ 该图在英文原版中就没有用彩色表示，因此不能反映图注及相关正文中所提到的颜色。谨向读者致歉。——译注

正如图 10.3 所示，对应于在现实世界中呈现刺激后 200 毫秒的活动，一帧模型反应表明，功能上分离的不同脑区神经元群，一起被视觉场景所激活。此外，对应于同一对象不同属性的神经元活动，在几十毫秒的时间尺度上是同步的。这不仅在像形状、颜色和运动这样不同的并行流上可以观察到，而且在低级视区和高级视区这样的分级组织中也可以观察到。[4] 然而，对不同的对象起反应的神经元活动，是不同步的。因此，对象在这种时间尺度下，就彼此区分开来了。尽管有这些精细的时间上的差别，所有这些神经元在"行为"输出所需要的长一些的时间尺度上（几百毫秒），是一起活动的。这个模型通过这些途径，对视觉上呈现的场景作出协调一致的整体反应，同时也利用这种整合来作出区分（识别）反应（discriminatory response）。

在仿真中所观察到的神经活动短时程相关，表明了通过复馈介导的快速交互作用。这种交互作用有赖于脑区内和脑区间的完整交互联结。它也需要介导突触强度快速变化的电压依赖性联结的正常功能。这种联结之所以被称为电压依赖性的，是由于，只有当另一些兴奋性输入已经提高了突触后神经元的电压，它们才能被激活（在脑内，神经递质谷氨酸的 NMDA 受体具有这种性质）。

最重要的一点是，在这个模型中，把一个对象的一些适当属性结合或者整合起来，产生一个正确的输出，并不是在任何一个特殊的仿真皮层区域，或者只是在一个特殊神经元群中实现的。在这个模型中，并没有什么直接对对象的综合性质（如"位于左上象限的红十字"）敏感的单元。因此，整体性并不是靠任何特殊的位置来实现，而是靠协调一致的过程来实现的。这一过程是分布在许多区域中的神经元群之间复馈相互作用的结果。此外，整合在刺激呈现后的 100～250 毫秒很快就实现了。这些仿真表明了，复馈如何通过把分布在许多皮层区的神经元反应耦合起来，从而实现同步化和全局相干，来解决绑定问题。

除了有把分布各处的神经元群的活动整合起来的卓越能力之外，

这个模型还表现出某种出人意料的性质。这种性质使人想起，当考察我们自己的意识经验时会碰到的一种性质——容量有限。当给被试呈现许多有多方面属性的对象时，他们往往把哪个对象有哪个属性给搞混了。有大量的文献报道了人知觉中的这种结合性错误。[5]例如，在我们面前短时间呈现一幅画面，它有许多颜色、大小、位置各异的字母，那么就常常发生结合性错误：我们可能会报告说，看到了绿色字母 A，而实际上却只有绿色字母 b。当用一至三个对象测试我们的模型时，它的正确率很高，也能把不同对象的各种性质正确地绑定在一起。但是当有四个以上的对象时，就更经常地会发生错误的结合。对两个不同的对象起反应的单元，会错误地发生同步。发生这种错误结合的概率，不仅取决于对象的数目，还取决于一些别的变量，例如它们的具体性质和大小。基于这些发现，我们预言，生物体的结合性错误，是由于在不同脑区之间的短时程时间相关性模式不一致而引起的。[6]虽然这一预言尚未得到证实，但是也许能用一些新的实验技术（例如脑磁图）来检验。

在一个包括相互联结的丘脑区域在内的更为详细的不同模型中，我们进一步考察了丘脑-皮层系统中复馈相互作用的动力学。[7]从这些仿真所得到的结果表明，被网络中的自发活动和突触效率快速变化所支持的皮层与丘脑间以及皮层内的复馈信号传送，能够很快地建立起瞬时性的全局相干过程。这一过程的特征是，在皮层和丘脑中，参与这一过程的神经元群之间有强而快速的相互作用，并且该过程在达到某一明显的活动阈值时陡然发生。[8]非常好的一点是，这个相干过程是相当稳定的，虽然其中的成分在不断变化着，但这一过程仍然能够继续下去。这种稳定性意味着，虽然总是有一大群同步发放的神经元，但是实际上参与这个神经元群的神经元，却随时在改变。这一过程包括皮层和丘脑中的许多神经元，虽然该过程并不包括所有的神经元，甚至也不包括所有在给定时间内活动的神经元。这种以复馈神经相互作用的强度和速度为特征的自维持动力学过程，是由丘脑-皮层系统中的联结产生的，这一点对于认识作为意识统一性基础的实际神经事件，有着非常重大的意义。

识别整体过程：功能性聚类度量

第六章描述过的实验以及刚才讲过的大规模仿真，使我们对在丘脑-皮层系统中快速实现的整合机制，有一个实质性的认识。然而，如果我们要想认识意识的统一性，就需要有一个把神经整合和意识整体性联系起来的更为普遍的理论框架。我们讲神经过程被整合了起来，这是什么意思呢？如何度量整体性？对一个具有整体性的神经过程，如何确定其范围和边界呢？要想回答这些问题，我们必须对神经系统的行为进行形式分析。

整体性的一个有用的直观准则是，如果在给定的时间尺度下，一个系统某个子集合内部元素彼此的相互作用，要远比这些元素和系统其他部分之间的相互作用强得多，那么我们就说，这个子集合构成一个整体性过程。例如，请想一下一个关系密切的老式家庭。每个成员都和各式各样人等偶尔有些交往，但是从往来的频度和深度方面来说，都不能和家庭内部成员之间的关系相比。这种相互作用很强的元素所构成的子集合，在功能方面可以从系统的其余部分中分离出来，由此可称为"功能性聚类"。[9]明确上述准则，并且制定一个在理论上令人满意而在经验上又有用的功能性聚类的实际度量，这非常重要。但不幸的是，在统计学文献中，还没有一个大家公认的聚类定义，[10]虽然普遍同意，聚类应该用内部紧密结合而对外部孤立来定义。根据这一想法，我们最近建立了一个功能性聚类的量度，用这个指标来评估神经系统中是否存在一些子集合，其内部的元素之间有很强的相互作用，而与系统其余部分的相互作用则要弱得多。[11]

为了简单起见，试考虑一个孤立的神经系统，也就是一个没有从外界环境中接受任何输入的系统，而这个系统在自发活动。让我们假定，这个系统的元素相应于神经元群。现在想象这些神经元群彼此之间完全没有联系，因此不以任何方式相互作用。在这种条件下，这个系统的元素在统计上是独立的，也就是说，任何一个元素随时间而变化的活动，和其他元素的活动都不相关。另一方面，如果这个系统的元素是联结在一起的话，那么这些元素的活动就会有相互作用和彼此影响。系统内元素之间的任何相互作用，都会使它们的发放模式偏离统计独立性。

我们现在所需要的就是，在最普遍的形式之下，找到一种方法去评估系统的所有元素在同一时刻偏离彼此独立的程度有多大。为此，我们可以利用像统计熵一类的统计变异性量度。如果我们假定，某一系统可以取许多离散的状态或活动模式，那么这个系统的熵就是反映了系统可能的活动模式数的（对数）函数，并以各种活动模式的出现概率为权重。[12]

例如，假定有一个系统 X 由 n 个单元组成，其中每个单元都以相同的概率开或关［两个等概率状态，相应于每个单元的熵为 $\log_2(2)=1$ 比特］。如果这些单元独立的话，那么这个系统可能出现的状态数为 2^n：每种可能的状态都会出现，而且每种状态出现的概率都相同［相应于系统熵为 $\log_2(2^n)=n$ 比特］。在这种情况下，系统的熵［记为 $H(X)$］就是各个单元的熵［记为 $H(x_i)$］之和。而另一方面，如果在系统内部有任何相互作用的话，那么这个系统所能取的状态数就会小于其各个元素都无关时所估算出的状态数，并且至少有某些系统状态会比所有的元素都独立时出现的概率要大或小。在这个场合，整个系统的熵就要小于它的各个元素的熵之和。

所有的各个成分都被当成是彼此独立时的熵（x_j）总和，减去系统 X 作为一个整体时的熵，所得的差叫作[13]系统 X 的整体性 $I(X)$：

$$I(X) = \sum_{i=1}^{n} H(x_i) - H(X)$$

因此，整体性度量了由于元素之间的相互作用所造成的熵损失。孤立系统中的元素之间的相互作用愈强，这些元素总体上的统计依存性就愈大，其整体性也就愈高。在这儿请注意不仅可以计算整个系统的整体性，而且可以计算其任意一个子集合的整体性。如果我们来考察孤立神经系统 X 的任意一个有 k 个元素的子集合 j，整体性 $I(X_j^k)$ 度量了这个子集合内部总体上的统计依存性。

正如我们可以度量一个子集合内部的统计依存性，我们也可以度量这个子集合 (X_j^k) 和系统的其余部分 $(X-X_j^k)$ 之间的统计依存性。通常用互信息（MI）来表示这种依存性。互信息是由下式给出的：

$$\mathrm{MI}(X_j^k;\ X-X_j^k) = H(X_j^k) + H(X-X_j^k) - H(X)$$

这个量度量了 X_j^k 的熵和其补集 $X-X_j^k$ 的熵有关系的程度（反之亦然，MI 是一个对称的量）。[14] 因此，互信息度量了任意一个选定的元素集合与系统其余部分之间总的统计依存性，如图 10.4 所示。

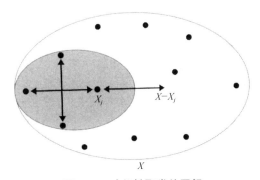

图 10.4　功能性聚类的图解

小的椭圆代表脑区（用黑点表示）的一个子集合，这些脑区彼此之间有很强的相互作用（十字交叉的黑色箭头），而和脑的其余部分之间，只有很弱的相互作用（水平的黑色箭头）。

在算出子集合的整体性和它与系统其余部分的互信息之后，就可以对系统的每个子集合 j，按下式计算其功能性聚类指数（CI）：

$$\mathrm{CI}\,(X_j^k)=I\,(X_j^k)\,/\,\mathrm{MI}\,(X_j^k;\ X-X_j^k)$$

此处 $I\,(X_j^k)$ 和 $\mathrm{MI}\,(X_j^k;\ X-X_j^k)$ 都作了适当的归一化，以避免子集合大小的影响。[15] 这个功能性聚类指数，正是我们所寻求的指标。对于一个孤立系统来说，它所反映的是：系统某个元素子集合内部的相互作用，相对于这个子集合和系统其余部分相互作用的强度。因此，一个接近于 1 的聚类指数，就表明这个子集合内部元素之间的相互作用和它与系统其余部分的相互作用差不多。而在另一方面，一个远大于1 的聚类指数，表明这里有一个功能性聚类。也就是说，一个子集合内部元素之间的相互作用很强，而它和系统其余部分的相互作用相当弱。[16] 对某个给定系统所有可能的元素子集合（或者有足够代表性数量的子集合）估算这种聚类指数，我们可以确定这个系统内是否有一个或多个功能性聚类。一个功能性聚类对应于一个聚类指数很高的元素子集合，如果这个子集合内部没有一个聚类指数更高而大小更小的子集合的话。

总之，聚类指数从理论上很好地定义了功能性聚类，并且得出了一种确定它的可靠方法。功能性聚类就是一种内部元素之间相互作用很强，而和系统其余部分相互作用相当弱的子集合，并且这个子集合不能再分成一些独立的或近于独立的成分。

这种功能性聚类的度量，已被成功地用于一些仿真数据集合，也被用于精神分裂症病人和正常被试在执行认知任务时的正电子发射断层扫描成像数据中。[17] 利用这种聚类指数，我们得以证明，一些特定的脑区属于一个功能性聚类，而与其他脑区由功能性的边界分隔开来。已经发现，精神分裂症病人和对照组之间在功能性聚类方面似乎有某些差别。虽然要完全说明这些结果在诊断方面的用处，现在还为时过早，因为采样的脑区数目还太少，但是这种方法确实有可能给出一种客观诊断精神分裂症的手段。

很清楚，寻求认知活动时的功能性聚类，还只是刚刚开始，还需要有空间分辨率和时间分辨率更高的成像方法来扩大战果。用多道正电子发射断层扫描和功能性磁共振成像扫描所能测定的功能性关系，是在几秒或更长的时间尺度之上；但是对于意识经验来说，至关重要的功能性关系却必须在一秒或更短的时间内确定。整合脑区（integrated brain region）中的一些子集合，在几百毫秒的时间尺度下，能够从功能上隔离成一些聚类，并且这些聚类会随认知任务而改变——有没有证据来证明这一切呢？早已有了一些这样的证据，虽然要想对这类数据得出理论上可靠的功能性聚类度量，可能较为困难。相隔很远的脑区之间存在同步活动，可能表明有快速的功能性聚类，这种猜测是有道理的。用脑电图、脑磁图和局域场电位所做的各种研究都发现，很大一群神经元可以在瞬间就高度同步地活动。[18]用电极直接记录动物神经细胞活动的实验表明，在脑的单个区域内以及在不同的区域之间，都可以发现短时程的时间相关性。[19]在某些情况下，甚至还发现皮层两半球之间的短时程相关性由直接的复馈相互作用而产生。[20]如果切断联结两半球的几百万条复馈纤维，短时程的时间相关性也就消失了。我们把这些发现作为直接证据，以证明整合和快速的功能性聚类，是在丘脑-皮层系统中发生的，而复馈则是实现整合的主要机制。

有了本章所介绍的功能性聚类概念之后，我们现在就有了一种整体性的度量，可以将其应用到神经生理学数据上去，以表征构成意识基础的那些神经过程。确定某个神经过程构成一个功能性聚类，意味着它在某个给定的时间间隔内，在功能上是一个整体，它完全不能被分解成一些独立的或近于独立的成分。但是，要弄清楚意识经验的基本性质，我们还必须找到某种方法，来表征一个神经过程的分化程度，或者说信息性的程度。也就是说，这个神经过程能有多少不同的活动模式。我们在下一章通过研究一种神经复杂度的度量，来做到这一点。由此，我们能够提出一种普遍假设，用以说明某些神经过程产生意识经验基本性质的方式。

第十一章

意识和复杂性

意识是高度分化性的。在任一时刻，我们都体验到某种特殊的意识状态，这个状态是从几十亿个可能状态中选取出来的，每个这样的状态都会导致不同的行为结果。从信息是在许多候选事件中减少不确定性这一层特殊的意义上说，发生某个特定的意识状态，是高度信息性的。果真如此的话，作为意识基础的那些神经过程，也就必须是高度分化性的和信息性的。在本章中，我们将讨论如何实际估算神经过程中的信息含量。为此，我们必须从神经系统本身及其元素的本构（constitutive）子集合的层面来看问题。正如我们将要说明的那样，可以用一个被我们称为"神经复杂度"的统计量，来表达这种系统的信息含量。这种复杂性的度量，给出了一个统一的神经过程分化性程度的估计。本章的主要任务就是，要说明意识和复杂性是紧密联系在一起的，并且也要说明，如何理解脑中的复杂性。这种分析不仅解决了很多烦人的问题，而且给一个科学的观察者应该如何研究有意识的系统带来新的思想。

在第十章中我们已经讨论了整体性是什么意思。高度分化性也是意识经验的一条基本性质。分化性这个词指的是，我们可能经验几十亿个不同的意识状态，其中每一状态都可能导致不同的行为输出。例如，想某个词。当你实际想到一个词以前你并不确定，在你所知道的成千上万个词中，你究竟会想到哪个特定的词。但是当某个词跳入脑海，譬如说"无关"这个词，那么不确定性就减少了，信息亦由此产生。然后你说出这个词，看看自己得出什么反应。正是信息导致了不同的行为输出。现在你再来想一下，在本书中或任何别的书中读到过的词或短语。或者想象一下，某部电影或所有以前看过电影中全部的可能场景，或过去经验中想得起来的所有脸，以及你对每张脸所可能有的种种情感。意识状态有着几十亿种可能性，对所有这些不同的状态进行区分，会产生信息。信息就是在许多选项中减少不确定性。[1]这一论点意味着，在短短的时间内，从大量不同的可能状态中选定任意一个特定的整体状态，是高度信息性的。

我们知道，我们能够确定某一神经过程是整体性的，那么我们是否也能确定其分化性的程度呢？考虑到这种过程的构成元素，可以有许多不同的活动模式。我们是否能够确定，这些不同的模式对系统本身来说确有差别，因而是信息性的呢？

在本章中，我们对这些问题的回答是肯定的，并且说明，可以用一个叫作神经复杂度的量度，来精确地估计神经系统分化性的程度。[2]

度量造成差别的差异

要想度量一个整体性的神经过程所产生的信息，把问题放到信息论的统计基础之上，会很有益处。信息论给出了估算不确定性减少量的一种普遍方法。[3]然而，我们应该指出，把信息论应用到生物学上有许多问题，并且在历史上一直争论不断。这种情况之所以发生，在很大程度上是由于就其原始的表述来说，在信息论的核心中，存在一个外界有智力的观察者用符号字母对消息进行编码的概念。但是，脑的所谓信息处理观点，一直受到严厉批评，因为这种观点通常假定，在世界上存在以前定义好了的信息（回避了信息是什么的问题）；并且常常假定，存在着精确的神经代码，而这并没有什么证据。

然而，用信息论的统计基础来表征包括脑在内的任何系统的客观性质，是有好处的。[4] 运用信息论的统计方面，有可能概念化和度量某个神经过程的分化性或信息性的程度，而无须牵涉符号、代码或者任何外界观察者。[5] 在本章中，我们运用这种统计量来定出对脑本身（作为一种同时既是整体性的又是分化性的系统）来说有差别的那种差异。

互　信　息

正如我们在第十章中所做的那样，我们再来设想一个有许多元素构成的孤立神经系统。例如，请想象一个有许多神经元群的孤立皮层区域。再想象每个神经元群的活动，在没有外界输入的情况下也会发生某些变化。这种情况和在 REM 睡眠期脑中的自发活动类似：神经元群自发发放，并且其发放模式总是在变化。然而，这种变化并不是由输入刺激来决定的，而是由其相互作用来决定的。那么，在这种孤立系统中，产生了什么样的信息呢？

度量信息的标准方法是，计算从外界观察者的角度可以区分得开的系统状态的数目和概率。但是为了避免那种错误想法，即假定有一个"微型人"在看着脑，以及从外面来解释脑的活动模式，我们必须放弃从外界观察者的立场来看问题的观点。换句话说，只能从系统本身的角度，来评估活动模式之间的差别。要说明为什么得这样做，是很容易的。例如，充满噪声的电视屏幕随着时间经历许许多多的活动模式，这些模式从一个外界观察者看来可能是不同的，但是对电视机本身来说，显然并不能在这些模式之间发现什么差别；这些模式对电视机来说并无差别。因为，并没有什么微型人在看着脑中电视屏幕或魔法织机（enchanted loom）*，只有那些对脑本身来说有差别的活动模式才是重要的。

对于一个像脑那样的系统，我们怎么样来度量那些在其内部造成差异的差别呢？最简单的方法就是把系统看成是它自己的"观察者"，这样做是很直截了当的。我们所需要做的，只是想象着把系统分成两部分，并且考虑系统的一个部分如何作用于系统的其余部分。举例来说，把系统一分为二，分成系统中的某个单个元素和系统中的其余部分（所谓的补集，如图10.4所示）。如果系统是孤立的话，那么从这个元素的角度来看，所有的信息只是那些能对这个元素的状态造成影响的系统其余部分状态中的差别。这种信息可以用我们以前将其定义为互信息的那种统计量来度量。

特别地，试考虑一个孤立的神经系统 X、这个系统的一个有 k 个元素的子集（X_j^k），以及它在系统中的补集（$X-X_j^k$）。子集（X_j^k）和系统其余部分之间的相互作用，反映在它们之间活动的相关性上（见图11.1）。子集及其补集之间的互信息由下式给出：

$$MI\ (X_j^k;\ X-X_j^k) = H\ (X_j^k) + H\ (X-X_j^k) - H\ (X)$$

其中 $H\ (X_j^k)$ 和 $H\ (X-X_j^k)$，分别是把 X_j^k 和 $X-X_j^k$ 看成独立时的熵，而 $H\ (X)$ 则是把系统看成一个整体时的熵。正如我们在第十章中提到过的那样，$H\ (X_j^k)$ 表示子集（X_j^k）的熵，它是这个子集统计变异性的一个普遍性量度；它是元素子集的可能活动模式数的函数，并以这些模式出现的概率作为权重。互信息度量了 $X-X_j^k$ 的熵对 X_j^k 的影响程度

---

* "魔法织机"一词是谢灵顿在其1942年出版的名著 *Man on his Nature* 一书中提出的对人脑的一种隐喻。——译注

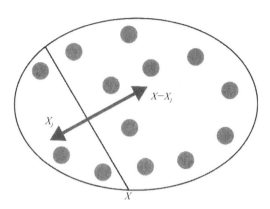

图 11.1 互信息的图解

在系统 X 中，箭头表示子集 X_j 的状态要有多大的差异，才使系统的其余部分 $X-X_j$ 的状态有所不同，反过来说也一样。参见正文。

（以及 X_j^k 的熵对 $X-X_j^k$ 的影响程度），因此它度量了任何一个子集和系统的其余部分的统计依存性。互信息表示了在多大程度上，子集 X_j^k 的状态能够区分系统其余部分的状态。也就是说，$X-X_j^k$ 的状态要有多大变化，才能够使 X_j^k 的状态有所不同。[6] 因此，在满足下面两个条件的情况下，互信息 MI（X_j^k；$X-X_j^k$）的值才是大的。首先，X_j^k 和 $X-X_j^k$ 必须有许多状态；换句话说，它们的熵必须很大。其次，X_j^k 和 $X-X_j^k$ 的状态必须是统计相关的；也就是说，X_j^k 的熵有很大一部分来自与 $X-X_j^k$ 之间的相互作用，反之亦然。[7]

神 经 复 杂 度

在定出了某个给定元素在多大程度上能区分系统其余部分的状态之后，就很容易推广到整个系统，并且定义一个复杂性的量度。要想得出整个神经系统分化程度在总体上的一个量度，不能只考虑其构成元素的单个子集，而应该考虑其所有可能的子集。[8] 计算神经系统的每个子集和其余部分之间的互信息，并对各种可能的二分法取平均，

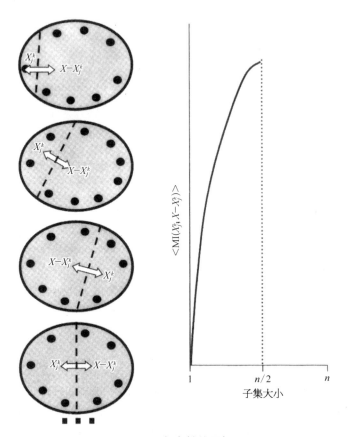

图 11.2　复杂性的图解

左图：对系统 X 的所有的二分法逐一计算元素子集 X_j 和系统的其余部分 $X-X_j$ 之间的互信息（双向箭头）。右图：对一个系统的所有的二分法算得的互信息值之和（按子集的大小取平均）对应于系统的复杂性（曲线下面的面积）。

就得出了这种量度（见图 11.2 ）。

相应的量度叫作神经复杂度（C_N），并由下式给定：

$$C_N\left(X\right)=\sum_{k=1}^{n/2}<\mathrm{MI}\left(X_j^k;\ X-X_j^k\right)>$$

其中，我们考虑了从系统的 n 个元素中取 k 个元素组成的所有可能子

集 X^k，并把大小为 k 的子集及其补集之间的互信息的平均值，记为 $<MI\ (X_j^k;\ X-X_j^k)>$。下标 j 表明，平均是对所有有 k 个元素的子集及其补集来取的。按照这个定义，每个子集及其补集之间的互信息越大，复杂度的值也越大。

正如我们以前讨论过的那样，如果就平均而言，每个子集都可以取许多不同的状态，并且这些状态对系统的其余部分来说是不一样的，那么平均互信息的值就高。系统的子集可以取许多不同的状态，这意味着各个元素在功能上是分离的，或者说是特异化的（如果它们不是特异化的话，它们所做的就会完全一样，而这也就相应于只有很少几个状态）。而在另一方面，系统子集的不同状态，对系统的其余部分来说不一样，意味着这个系统是一个整体（如果这个系统不是一个整体，那么系统不同子集的状态就会是独立的）。因此，我们就得出了一条重要结论：高复杂度对应于系统功能特异性和功能整体性的某种最佳综合。像脑这样的系统，显然就是如此。不同的区域和不同的神经元群做不同的事情（它们是分化性的），而在同时，它们相互作用而产生统一的意识场景和统一的行为（它们是整体性的）。与此成对照，如果一个系统的各个元素没有整体性（例如气体），或者没有特异性（例如一个均一的晶体），那么这个系统的复杂度最小。[9]

一 个 例 子

作为一个例子，计算大脑皮层区组织的三种极端例子的复杂度是有好处的，即相应于年老有病的脑、年幼不成熟的脑和正常的成年脑（仿真的例子是基于猫的初级视皮层得出的）。仿真的视皮层包括 512 个神经元群，其中每一个都对位于视野中一定位置和一定朝向的刺激有最优反应。[10]这个仿真的皮层区建立在一个详尽模型的基础上，该模型被用来研究脑如何产生视知觉的完形（Gestalt）*性质（也就是把一些刺激群集成某些对象，并把它们和背景分离开来的方式）。[11]对于现在的目的来说，我们需要仿真的皮层区是孤立的；它不接收任何的视觉刺激，其神经元在"自发"地活动。[12]

图 11.3 中的第一个例子（顶上一行）代表故意把区域内不同神经元群之间的联结密度减少了的皮层区（例如年老衰退的脑）。在这样一种皮层区内，各单个的神经元群还是在活动，但由于缺少区域内的联结，它们或多或少在独立地发放。这样的系统的行为实质上就像是某种"神经气体"；如果在计算机屏幕上看，就像是没有调谐好的电视。这种皮层区的脑电，显示出在其组成的神经元群之间没有同步化。[13]这个系统的熵是高的，因为其元素的数目很多，每个元素的变异性也很大，故而这个系统可以取许多状态。从一个外界观察者或者一个"微型人"的角度来看，或许会对这个系统的每一状态都赋予不同的意义，那么这个系统看起来就真会包含大量的信息。但是，如果从这个系统本身的角度来看待它所包含的信息，也就是对系统本身有不同意义的状态数目，那又将如何呢？由于任意一个元素子集和系统的其余部分之间没有什么相互作用，故不管子集的状态如何，它对系统的其余部分很少或者根本没有什么作用，反过来也一样。相应地，互信息的值很低，因为对每一个可能的子集都是如此，系统的复杂度也就低。换句话说，虽然系统内部有种种不同，但它对系统本身来说没有什么差别。这种神经系统当然是相当嘈杂的，但它并不是分化性的。

第二个例子是一个不成熟的幼年皮层，其中每一个神经元群都以均匀的方式，联结到所有别的神经元群上去（见图 11.3，底下一行）。在这个仿真中，所有的神经元群几乎无一例外地，很快就开始协调一

---

* 完形也常音译为"格式塔"，完形性质就是那些把图像组织成整体的性质，例如邻接性、相似性等。——译注

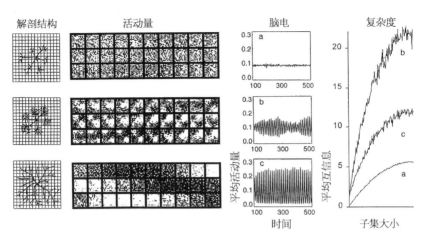

图 11.3 复杂度如何随神经解剖组织而改变

对初级视皮层区域进行仿真,从而得到复杂度值。图中表明了三种情形。第一种情形(顶上一行),仿真的皮层区中联结很稀疏(第一列是解剖结构)。各个神经元群几乎独立地发放(第二列表示神经元群的活动):长方框中 30 个小的正方形,表示自发活动的 512 个神经元群每 2 毫秒的发放模式(由左向右,从上到下)。第三列表示脑电,它实际上是一条平线,表示这些神经元群不同步。复杂度(第四列中曲线下面的面积)也很低。第三种情形(底下一行),仿真的皮层区有随机联结。神经元群完全同步,并且一起振荡。脑电表现出超同步活动,类似于慢波睡眠、癫痫发作或是麻醉。复杂度也低。第二种情形(中间一行),仿真的皮层区有小片联结,这相应于在真实皮层中所发现的情况。神经元群表现出随时间不断变化的整体活动模式。脑电表现出同步的高高低低,不同的神经元群在不同的时刻同步。复杂度很高。

致地一起振荡。计算得出的脑电是超同步的,这和慢波睡眠或癫痫大发作类似。系统是高度整体性的,但是完全失去了功能特异化。由于系统只能取有限数目的状态,它的熵很低。由于存在着强相互作用,在各单个的元素和系统的其余部分之间,平均互信息要比前一种情形高。但是,因为能够区分得开的不同状态数,并不随着子集大小的增大而增大,故随着考虑的子集越来越大,互信息并不显著增加。系统的复杂度相应也是低的。换句话说,因为在系统的内部没有多少差异,所以这些差异对系统本身来说也没有多少不同。这个系统是整体性的,然而并不是分化性的。

第三个例子相应于一个正常的成年皮层（见图 11.3，中间一行），神经元群是按下列规则联结的：首先，有类似的视觉朝向选择性的神经元群，倾向于更多地彼此联结在一起。其次，随着它们之间拓扑距离的增大，联结强度减小。这些联结规则和初级视皮层实验中所发现的事实很接近。[14] 在这个例子中，这个系统的动态行为要远比前两个例子复杂：许多神经元群在总体上表现出协调一致的行为同时，按照它们特定的功能性相互作用，而在动态地群集和重新群集。例如，相邻的有类似朝向选择性的神经元群，比功能上不相关的神经元群更经常同步发放，但是也偶尔，几乎整个皮层区都会表现出短时间的相干振荡，反映在计算所得的类似于清醒或 REM 睡眠期的脑电中。系统的熵很高，但没有像第一个例子那样高（虽然这个系统可以有许多状态，然而其可能性是不同的）。各单个元素和系统其余部分之间的互信息，平均说来是高的，反映了有明显的相互作用存在。这和第二个例子是一样的。但是和第二个例子不同的是，当我们考虑到有大量元素组成的子集时，其平均互信息显著增加。因此，整个复杂度也就很高。这是由于，在这种系统中，子集越大，就越能在系统的其余部分导致更多的不同状态，反之亦然。换句话说，有许多差异，并且这些差异对系统本身来说也是不同的。这个系统既是整体性的，又是高度分化性的。

这些例子合在一起说明，正如可以用功能性聚类指数来度量神经过程的整体性，并确定其边界一样，也可以把复杂度作为神经过程分化性程度的统计度量：对神经系统来说，有所差异的活动模式数愈大，复杂度也就愈高。

我们的仿真表明，神经解剖因素能够在极大程度上决定神经系统动态行为的复杂性。[15] 有利于复杂性的神经解剖因素，包括形成神经元群的稠密局域联结、以小片形式分布的这种群之间的联结，以及大量短的复馈回路。对丘脑-皮层系统的大规模计算机仿真也表明，不改变解剖联结而只通过对神经活动进行功能调制，也能够改变复杂程度。[16]

例如，在慢波睡眠期，诸如去甲肾上腺素能系统和5-羟色胺能系统这样的弥散性投射神经调制系统（在以前各章中我们称之为弥散性投射价值系统）的发放大为减少。其结果是，整个丘脑-皮层系统中的各单个神经元，以簇发放电的形式发放，每秒一到四簇，中间有一段间歇没有发放。这种簇发放电-间歇的发放模式，很快在脑的广大区域内同步起来，从而在脑电中产生特征性的慢波。这种超同步的脑电，对应于大量皮层细胞的同步发放，其复杂度是很低的。正如我们在第六章中指出过的那样，这种复杂度很低的状态和有意识觉知不相容。

当动物醒来时，价值系统重新开始发放。丘脑和皮层中的细胞，从慢波睡眠期典型的簇发放电-间歇模式，转换为清醒时典型的紧张性发放模式。慢波消失而脑电显示出更大的变异性，复杂度也随之增大。特别地，虽然在只有两个神经元构成的任意子集之间近于同时发放的机会，只比纯属偶然的机会稍大一点，但是如果我们考虑大一点的神经元子集，那么近于同时发放的数目也就按比例地增大。这一观察表明，系统可以很快地从大量协调一致的可能状态中进行选择。我们的结论是，丘脑-皮层系统中神经过程的复杂度，不仅受到它的神经解剖的影响，而且动态地受到它的神经生理的影响。[17]由于这种动态变化，同一个正常脑的复杂度，可以随其清醒程度而发生变化。

为什么需要复杂性

刚才所作的分析，是我们走出的必要一步，这样才能达到以一些普遍原则，来对意识的某些基本性质作理论估价的目的。根据我们在第三、第五、第六章中所讨论过的一些实验和想法，我们认为，刚才所定义的高复杂度，是任何一个能够产生意识经验的神经过程之必要条件。我们也提出，慢波睡眠和癫痫发作是以在脑的绝大部分区域中一起发放为特征的脑状态。在这两种状态下，没有意识经验，因为这时可以有的神经状态很少，而且复杂度很低。

　　在我们对这些问题作进一步考虑之前，必须先谈谈有关复杂性的一些问题。首先，为什么我们要把这种有关一个系统内部平均互信息的量度称为复杂度？复杂性是一个被用滥了的术语。有复杂性杂志、复杂性研究所和复杂性专家。但是，除去像社会、经济、生物体、脑、细胞和基因组这样一些显然很难认识、更难对其进行预测的复杂对象之外，很少能精确地说明我们所研究的某个对象是不是复杂的。

　　不管是哪一种情形，有两方面是每一位复杂性专家都会同意的。首先，要说某个东西是复杂的话，它必须由许多部分组成，这些部分以各种不同的方式相互作用。复杂性的这个方面对应于我们通常用这个术语时所说的意思。例如，《牛津英语大辞典》把复杂定义为"由许多部分组成或联结而成……的某个整体。"其次，现在大家都同意，完全随机的东西是不复杂的，完全规则的东西也不复杂。例如，理想气体和完美无缺的晶体都不复杂。只有那些看起来既有规则又没有规则，既可变又不变，既恒常又多变，既稳定又不稳定的东西，才称得上复杂。因此，从细胞到脑再到机体以至于社会的生物系统，是复杂组织的范例。

　　我们所引进的复杂性量度，满足所有这些要求。正如我们在前面的例子中说明过的那样，只有当神经系统是由许多既在功能上特异、又在功能上整合在一起的元素（它们以各种不同的方式相互作用）组成时，才有高的复杂度。与此形成对照的是，按我们的定义，由完全独立（无规则）的元素或完全整合在一起（规则、均一）的元素构成的系统，其复杂度都很低，或者为零。

　　在我们早些时候所研究过的模型的行为中，功能上的特异性和功能上的整体性同时并存。这是根据许多不同方案造就的选择性系统的又一个重要特性（参阅第七章）。这一特性把这种系统和绝大多数人造系统区分开来。在计划工程（planned engineering）中建立一些独立的模块，每个模块都有特殊的作用，并且彼此之间尽可能少有相互作用，这是一种有用的做法。之所以这样做，是因为从这种计划好的、计算性或指令性的观点来看，在许多组分之间多重的相互作用很难处理。如果允许有过多的模块相互作用，就会有许多未被预见和预见不到的结果，而且这些结果的绝大部分是我们不希望的。从选择主义的观点来看，虽然在一个群体中，各种各样相互作用的结果是没有预见到的，但是这些结果构成了选择的基础。一旦非线性造成适应性行为的时候，非线性就不再成为问题，也不再不好处理了，而且我们还要充分利用非线性。因此，作为一条普遍规则，组成成分的数目愈多，它们之间的相互作用范围愈广，非线性愈严重，也就愈不可避免地要用到选择性机制。从这种观点看起来，脑在解剖和化学方面的复杂性，以及特异化元件之间大量的多种进行性相互作用，这些都使得要想通过非选择性途径而能有效地运作的可能性变得极小。[18]

复杂性匹配（complexity matching）：
外界刺激的作用

在离开复杂性这个主题之前，我们还要谈最后一个问题：像脑这样系统的复杂性，是从哪儿来的？以前对复杂性的理论分析，是在孤立的神经系统中进行的，并由此得出结论说，神经复杂性是在功能既分离又整合之间所达到的某种最佳平衡。这个结论和下述观点是一致的，即把复杂的脑，说成像一群互相热烈交谈的专家。某些考虑也证实了我们最初对孤立系统中信息整合的分析。例如，做梦和想象都是一些现象学上引人注意的例子，说明成年的脑无须从外周来的直接输入（至少在一小段时间内），就能够自发地和内在地产生意识和意义。众所周知，从生理学上说，即使子宫内胎儿的丘脑-皮层系统，也是自发活动的，而不管它是否从外界接收了输入。最后，从解剖学上也清楚地知道了，丘脑-皮层系统中的绝大多数神经元，接收的是来自其他神经元的信号，而非直接来自感觉输入的信号。

虽然在一开始时，我们强调了孤立系统的复杂性，然而有一点是很清楚的，即在功能正常的成年脑中，所发现的功能特异化的神经元群之间的种种动态关系，一定另有起源。它们必然是在一个适应外部世界的长期过程中，发育、选择和精细化起来的。正如我们曾经说过的那样，伴随着躯体、脑和环境之间不断的相互作用，通过变异、选择和分化增强（differential amplification）机制，在进化、发育和经验中发生了这一过程。我们在理论上必须加以确定和度量的是，成年脑中特异化的神经元群之间的内在动态关系，是如何随时间而适应环境的统计结构（动物接收到的环境所有特征性信号相对于时间的平均）的。此外，除了我们知道在任何一个给定的时刻，脑内绝大多数神经元群主要受到来自脑内其他部分信息的影响（内部信息）之外，也还必须确定：实际上由环境连续不断提供的信息的贡献（外部信息）。

用信息理论的术语来考虑知觉过程中从感觉层传出信号以后会经历些什么，可以得出解决这些问题的理论方法。[19] 虽然我们在这里不准备详细叙述这种分析，但还是值得提一下由此得出的结论。在刺激和神经系统之间，只要有少量外在的互信息，一般说来就会引起神经系统内部单元子集之间内在互信息的大变化。这种变化可以用一个叫作复杂性匹配（complexity matching）的量 CM 来度量，这个量是由外界刺激所引起的神经复杂度的改变量。[20]

根据这种分析，外部信号所包含的信息，主要不在于它本身，而取决于这些信号如何调制在一个以前有经验的神经系统中相互交换的内在信号。换句话说，刺激的主要作用并不是加上大量需要处理的外在信息，而是放大内在信息。这些内在信息是由过去和环境打交道的记忆所选取和稳定下来的神经相互作用产生的。这一性质和神经元群选择理论完全一致：脑是一种选择性系统，并且以极其复杂多变的方式发生匹配。此外，每个选择性事件都会在系统内部引起新的变异。在每个时刻，脑的工作都"远不止当时所给的信息"[21]，因此对一个有意识的动物个体来说，它对某个输入信号的反应，是一种"有记忆的现在"。按这种想法，脑内的信息传输和储存之间，就不再有明显的差别。此外，这一结论更进一步支持了我们在第八章中所讲过的记忆必须是非表征性的概念。

这一分析也说明，外部输入影响内在信号的程度，取决于脑对许多有关刺激的经验。换句话说，复杂性匹配高，就表明"调适内部-外部关系"的程度高。[22]这一结论和我们的日常经验也一致：同样一个刺激，譬如说一个中文字对一个说中文的人是有意义的，而对一个只会说英语的人则毫无意义，即使落在视网膜上的外部信息是一样的。如果想只依靠在一个信息通道中对以前编好码的消息进行处理，来解释这种差别，就需要回答此信息是从哪儿来的问题。运用选择性系统中匹配的概念，很容易解决这个问题。

最后，这个分析表明，高复杂性来源于复杂性可能更高的外界环境和脑之间连续不断的相互作用。用简单的线性系统进行仿真的结果说明，有随机联结的系统只有很低的复杂度。[23]但是，如果我们允许这些系统的联结可以通过选择性进程而改变，以使得它们和外界环境的统计规律性匹配得更好，那么它们的复杂性就会大为增加。此外，如果其他一切都不变，那么环境愈复杂，有高匹配值的系统也愈复杂。[24]基于自然选择、发育选择和神经选择的原理，脑的复馈回路对于丰富多彩的环境所提出要求的适应，导致了高复杂性，这反映在匹配和简并的值都有所增大。并且，只有在达到了这样水平的复杂度值之后，即使像在做梦这样相对孤立的条件下，一个成年的脑才能产生有足够复杂性和整体性的神经过程，以支持意识经验。现在我们可以问：用在这里所讲到的概念和量度，是否可以说明在什么样的条件下，神经元群才会对意识经验有贡献？

第十二章

确定症结所在：动态核心假设

在本章，我们首先回顾一下某些观察。这些观察说明，在任一给定时刻，虽然我们脑中的神经元群分布很广，但只有其某个子集直接对意识经验有贡献。如果这些神经元群真具有某些特异性的话，那么特异在什么地方呢？又怎样从理论和实验上确定这些神经元群呢？动态核心假设（dynamic core hypothesis）就是我们对这些问题的回答。这个假设说的是，如果某个神经元群是功能性聚类的一部分，它能在几百毫秒的时间里，在一些神经元群之间有很强的相互作用，那么这种神经元群的活动，就可以直接对意识经验有所贡献。要想维持意识经验，这些功能性聚类就必须有高度的分化性，表现为有高的复杂度。我们把这样一种聚类，称为"动态核心"。这是由于它的组成成分老是在变化，然而始终保持着整体性。一般说来，这个动态核心的大部分（尽管并非全部）落在丘脑-皮层系统之中。由动态核心假设，可以对意识经验的神经基础作出具体的预言。与那些把意识经验仅与某个神经结构或神经元群联系起来的假设不同，动态核心假设通过把意识经验的一些普遍性质和产生它们的特定神经过程联系起来的方法，来解释这些性质。

　　到目前为止我们所讲过的证据说明，如果要想有意识经验，分布于各处的神经元群活动必须通过快速而且强有力的相互作用整合在一起。我们也说明了，支持意识经验的神经过程，必须有足够的分化性。当神经活动处处均匀或超同步时，意识丧失。慢波睡眠或全身性癫痫发作时就是如此。最后，我们也曾经指出过，每个意识任务都需要激活和失活许多脑区。这些区域主要包括丘脑-皮层系统的各个部分，虽然并不一定局限于此。我们现在要讨论的问题是，意识经验的神经过程，是要以一种非特异的方式，遍及脑的绝大部分区域，还是仅仅局限于神经元的某个特定子集？我们还由此提问：这样的子集有什么特殊性？

思维需要有多大一部分的脑参与

　　威廉·詹姆士在总结了他那个时代为数不多的生理学文献之后下结论说，还没有任何证据表明，意识的神经相关机制（neural correlate of consciousness）*会小于整个脑。[1]但是在詹姆士的时代之后，科学家们发现，脑内只有某些部分的神经活动，才直接对意识有贡献（刺激和毁损实验表明了这一点），或是直接和意识经验的许多方面有关（记录神经活动的研究表明了这一点）。

　　根据毁损和刺激的研究结果，我们现在确信，譬如说，像皮层和丘脑这样部分脑区的活动，比其他脑区的活动更重要。此外，有理由相信，即使在大脑皮层中，也有相当大一部分神经活动和人觉知到什么并不相关。例如，最近关于双眼竞争的研究就说明了这种无关性。

---

* 旧译"意识的神经相关物"。"物"往往给人以某个实体（例如某种神经元或者某个脑区）这样的联想。但是，这一术语其实并不是只指与某个意识状态相关的神经元或脑区，而是也包括相关的神经活动，也就是说包括机制，因此作今译。这一译名也在生物物理名词审定会上得到专家们的肯定。——译注

正如我们在以前讨论过的那样，如果同时给两只眼睛分别呈现两个彼此不匹配的图形，譬如说一个水平光栅和一个垂直光栅，那么人在每一时刻都只知觉到一种图形，每过几秒钟其知觉优势（这个人所意识到的图像）就切换一下。记录猴的神经活动的研究表明，在猴初级视皮层和视觉系统的其他早期阶段，有很大一部分神经元即使在意识上并不知觉到刺激的时候，也还连续不断地对其最优刺激产生发放。但是在高级视区，绝大部分神经元只对知觉到的东西发放。[2] 第五章讨论过，在对人双眼竞争所进行的脑磁图研究中我们发现，即使当被试没有意识到某个刺激的时候，在包括额叶皮层在内的许多脑区里，依然能够记录到其频率和刺激的闪烁频率一样的稳态反应。[3] 但是，只有一部分脑区的反应才真正地跟对刺激的有意识知觉相关。[4]

记录研究也表明，感觉通路或运动通路中许多神经元的活动，可以与感觉输入或运动输出中快速变动的许多细节有关，但似乎并不反映意识经验。举例来说，视网膜和其他早期视结构中的神经活动模式，总是在变动之中，并且在不同程度上忠实地反映了视觉输入快速变化的时空细节。但是，一个意识到的视觉场景要远远稳定得多，它所处理的是对象的那些在位置或照明发生变化情况下不变的性质——那些容易辨认和操作的性质。例如，当我们看到一只蜂鸟在扇动翅膀时，我们可以认出并盯住它，而不管它在晴空中翱翔，还是在树冠上栖息，也不管它离我们远还是近，它是朝我们飞来，还是离我们而去。此外，有许多证据表明，每次当我们注视某个场景的时候，我们抽取的是场景的意义或要点，而不是它无数快速变化着的局部细节。[5] 在鸟飞行的时候，我们当然不可能精确地描述翅膀的位置。事实上非常令人惊奇的是，我们对视觉场景中的许多变化，都视而不见或者意识不到，却并不影响领会它们的意义或要点。[6] 例如，当我们阅读的时候，通常我们并不注意字体，除非它很特别，或者我们有辨认它的特殊任务。场景的这种更为稳定的方面，可能才是真正重要和富有信息，并被用来控制行为和做计划的。因此之故，视网膜和其他初级视觉结构上快速变动的活动模式对有意识视知觉所起的作用，看来是经由间接影响高级区域反应的方式，而并非直接。神经学的证据和这些观察也是一致的。成人视网膜的损伤会致盲。但是，这并未消除某种有意识视觉体验的可能性。这方面的证据是，还会有视觉想象、视觉记忆和视觉梦境。而另一方面，某些视觉皮层区域的损伤，会消除视觉知觉、想象和做梦的所有各个方面。[7]

　　正如我们在第五章讨论过的那样，一些需要高度练习的认知任务也说明，有很大一部分神经活动并不直接对意识经验有贡献。我们成人的许多认知生活，是一些高度自动程序的产物，这使得我们能够很快而且毫不费力地去说、听、读、写等。执行这种程序所需的神经过程，并不直接对意识经验有贡献，虽然它们对决定意识经验的内容十分重要。例如，当我们想表达某种意思的时候，这种程序一般保证了我们无须特别有意识地去寻找某个词，就能用适当的词表达。正如我们提到过的，有证据表明，执行这种高度训练过的神经程序的神经回路，可能在功能上变得隔离开来。正如在第十四章将要讨论的，这些回路除了在输入和输出阶段之外，并不和分布于其他各处的神经过程整合在一起。

　　类似地，时间太短或太弱的神经事件，不能参与到分布各处的持续相互作用中，这些事件也不大可能对意识经验有所贡献。有些神经活动的持续时间和强度，足以触发某个特定的行为反应，而不足以影响分布各处的神经过程。由此可以解释许多没有觉知到的知觉例子（如第六章中"请饮可口可乐"的例子）。[8]直接或间接刺激皮层区域的实验也表明，对于脑内快速分布式相互作用的扩散，有很大的限制。可以短暂地刺激或毁损许多脑区，而并不对别的区域产生直接和立即的功能影响，尽管在这些区域之间存在着联结它们的解剖通路。同样，毁损或刺激这些区域，对意识经验也没有直接影响。[9]这些观察表明，至少在短期内，这种区域中活动的瞬时变化和脑的其他部分中的活动变化，在功能上是隔离开来的。[10]

最后，模型研究表明，如果单考虑脑内的解剖联结，可能会使人以为，脑内的一切都彼此有相互作用。但是，有些因素使得涌现出快速有效的相互作用，并非一种普遍现象。某些脑系统如丘脑-皮层系统的解剖联结组织，在产生协调一致的动力学状态方面，要比其他区域如小脑有效得多。[11]这种研究也表明，尽管在皮层中的解剖联结是连续的，然而，由于激活了所谓的电压依赖性联结，神经元群之间的非线性相互作用，可能瞬时性地增强了许多神经元群之间相互作用的强度，从而形成明显的功能性边界。[12]此外，这些模型研究还表明，虽然脑内的所有元素在足够长的时间尺度下，很可能在功能上是相互作用的，然而只有某些相互作用才足够快和足够强，从而能够在几百毫秒的时间里形成功能性聚类（参阅第十章）。

动态核心假设

所有这些观察，一起支持了下列结论：在任一给定时刻，人脑中都只有神经元群的一个子集，直接对意识经验产生贡献，虽然这个子集并不小。这个结论，又概括性地提出了整个意识神经基础的问题。它问起来容易，回答起来难。如果这些神经元群有些什么特殊性的话，那么，这些神经元群究竟特殊在什么地方，我们又如何来确定这些神经元群呢？

在本书的很大一部分中，我们的主要目的是，奠定恰当回答这个问题的基础。正如我们曾经说明过的，那种认为神经元的某些局部性质会迟早解开意识之谜的假定[13]，不能令人满意。如果一个神经元只是在脑内处于某个特别的地方，以某种特别的模式发放，或是以某种特殊的频率发放，和某些别的神经元有联结，或是表达某种特殊的生化物质或基因，那又怎么会使这个神经元，具有产生意识经验的奇妙性质呢？正如许多哲学家和科学家曾多次指出过的，要想把上述假定实体化（hypostatization），在逻辑和哲学方面的问题都太明显了。意识并不是某种东西，也不是某种简单的性质。

与此不同，我们的方法是集中研究意识经验的一些基本性质，例如整体性与分化性，以及如何用神经过程来解释这些性质。前面的讨论有力地说明，如果整体性和分化性真的是意识的基本特性，那么意识就只能用分布性的神经过程来解释，而不能用神经元特殊的局部性质来解释。这样，我们能不能提出一种明确的假设来说明：如果真有什么特殊神经元群的子集会支持意识经验的话，那么这种特殊性是什么？又如何来确定这些子集？我们相信，现在是这样做的时候了，并且我们要简明扼要地来这样做。我们的假设是：

1. 如果要一群神经元直接对意识经验有贡献，那么这群神经元必须是分布性功能性聚类的一部分，这种聚类通过丘脑-皮层系统中的复馈相互作用，在几百毫秒的时间里实现高度的整体性。

2. 为了维持意识经验，这个功能性聚类必须是高度分化性的，表现为有很高的复杂度值。

我们把这样一种在几分之一秒的时间里彼此有很强相互作用，而与脑的其余部分又有明显功能性边界的神经元群聚类，叫作"动态核心"，以此来强调它的整体性，以及它的组成经常在变动。因此，动态核心是一种过程，而不是一种东西或者一个位置，并且它是用神经相互作用来定义的，而并非通过特别的神经部位、联结或活动来定义。虽然动态核心有一定的空间范围，但是一般说来，它在空间上是分布性的，同时其组成一直在变动。因此，它不能被局域化于脑内某个单独的位置。此外，我们预言，即使我们确定出有这些性质的某个功能性聚类，那也只有当其中的复馈相互作用具有足够的分化性（这由其复杂度表现出来）时，它才和意识经验有联系。

我们想象，通过分布于丘脑-皮层系统（可能还有别的皮层区）中神经元群之间的复馈相互作用，能够产生较高复杂度的功能性聚类。然而，这种聚类既不遍布整个脑，也不只局限于某个特殊的神经元子集。因此，"动态核心"一词并非指一组独特的固定脑区（不管它是前额叶皮层、纹外皮层，还是纹状皮层），并且这个核心的组成也在随时间而变化。因为我们的假设强调了分布性神经元群之间的功能性相互作用，而不是它们的局部性质，所以同一群神经元，有可能在某个时刻是动态核心的一部分，对意识经验起作用；而在另一个时刻，可能就不是动态核心的一部分，从而和无意识的过程有关。[14]此外，由于是否参加动态核心，取决于神经元群之间快速变化的功能性联结，而不是解剖上的邻接性，核心的组成可以越过传统的解剖边界。[15]最后，正如成像研究所表明的那样，与某个特定意识状态有关的核心，其确切组成显著地因人而异。

动态核心和意识经验的一般性质

想充实动态核心假设的最好办法是：检验能否用它来解释本书中一直在讨论的意识经验的某些基本性质。

意识作为某种整体性的过程   正如我们在第二章中讨论过的那样，威廉·詹姆士的一个最有价值的见解是认识到，意识并非一种事物，而是一个过程。虽然没有什么人在原则上会不同意这一结论，但这在实践中却往往受到忽视。例如，一直有人企图为产生意识经验的神经元，找到特殊的内在标记物。动态核心假设认真地采取了詹姆士的见解。作为一种过程，动态核心是用神经相互作用来定义的。换句话说，动态核心的定义是功能性的，它是基于一组相互作用的强度之上的，而并不是基于某种结构、某些神经元的某种性质，或者某些神经元所在的部位（图12.1）。

图 12.1　M83——长蛇星座中的涡状星云

没有哪一种形象的比喻，可以把握动态核心的性质。一个有模糊边界的复杂星云，跟别的比喻也差不多。正如我们在正文中解释过的，要在几分之一秒内，就把大量的信息整合起来，需要同时具有高度整体性和高度分化性的组织。就我们所知，这只在某些脑中才有。

　　整体性或者统一性　正如我们曾经说过的那样，意识经验的一个基本性质，是它的整体性。也就是说，一个意识场景，不能被分解成一些独立的成分。正像高乃依（Pierre Corneille）* 所讲过的关于戏剧艺术中时间、空间和动作的"三一律"一样，整体性也是意识经验之

---

* 高乃依（Pierre Corneille, 1606—1684），法国剧作家，法国古典主义戏剧文学的奠基人。——译注

必不可少的要素。不可能想象，有一种不统一的意识状态。在第十章中我们说过，功能性聚类是一组有强相互作用的神经元素，它不能被分成许多独立的成分。动态核心构成一种功能性聚类，因此按照定义，它是统一的和高度整体性的。换一种方式来说，动态核心之所以具有统一性，是因为干扰核心某一部分的活动，其结果会扩大到整个核心。

私密性　每一个意识场景不仅是统一的，而且只能独自体验。另一个人不可能完全共享这个场景，也就是说，它是私密的。统一性和内在的主观性，或者说私密性，跟功能性聚类的定义是一致的。我们把功能性聚类定义成：在单个脑中彼此相互作用的一组神经元素，这种相互作用比它和周围神经元的相互作用要强得多。因为动态核心构成了一个功能性聚类，所以发生在核心中的变化很快强烈影响核心的其余部分，而发生在核心之外的变化对它的影响就要慢得多，也要弱得多，甚至根本没有什么影响。因此，在环境和动态核心内部的信息性状态之间，有某种功能性的边界，使得这些核心状态是非常"私密的"。在动态核心的定义中，有一点也很清楚，这就是在任何时候，脑内的某些区域或者神经元群是动态核心的一部分，而别的区域或神经元群则不是，即使它们也同样活跃，甚至于在以前的某个时刻也曾是其中的一部分。这就是詹姆士也曾讨论过的，意识的选择性本质之实质所在。

意识状态的协调一致性　我们曾经说明，一个人不能同时觉知到两个不一致的场景或对象，就像交变图、歧义词、双眼竞争中对两只眼睛的不同输入等所表现出来的那样（参见图3.2）。协调一致性意味着，出现某种知觉状态，就排除了另外一种知觉状态的出现，这体现了意识统一性的另一个结果。因为动态核心是一个统一的整体，其组成元素之间的相互作用，会在给定时刻产生核心的某种全局性状态，并自动排除同时出现的另一种全局性状态。指出下面这一点很重要：一旦核心形成之后，竞争不是在少量神经元的不同状态之间进行，而是在构成这个核心的全部神经元的整体状态之间进行。我们在以前讨论过的视觉系统模型中，给出了这种竞争的例子。在这种例子里，系统的动力学只有利于那些相互一致和稳定的相互作用。这种表现反映出，意识场景的协调一致性是要求整体性过程的不可避免的结果。

意识作为一种分化性的过程　我们每个人都经历过无数不同的意识状态。这些状态远不是任意的：一个与生俱来的盲人不可能体验颜色；一个新生儿不可能体验艺术品的美感；偶尔饮用葡萄酒的人，也不可能体验到品酒师所体验的那种差别。作为一种外推，我们必须假定，由于我们只有五种感觉 *，我们不可能直接体验这些感觉之外的无数其他差别。但是，正如我们曾经强调过的那样，在几分之一秒内，我们所能识别的意识状态数十分巨大，它要比目前人造物所能达到的大得多。事实上，我们要这个数目有多大，它就有多大。意识经验的极度分化性，是和它的一些最重要的性质相关的，例如信息性、全局性访问（global access）和灵活性。

意识经验的信息性　正如我们所看到的那样，在信息是从许多种可能的选择中减少不确定性这一基本含义上，从无数个意识状态中选出某个特定的意识状态表示有信息。我们引进复杂性量度是想要解决，到底有多少信息为至关紧要（at stake）的问题。我们把问题集中在一个与环境隔离的整体性过程中，诸元素之间（也就是在一个功能性聚类的元素之间）的相互关系上。这样我们就避免了，在引进外部观察者、符号、代码时所遇到的含糊不清。在一个功能性聚类的内部，唯

---

* 这里所谓"只有五种感觉"，笔者以为是指能被清晰意识的五种基本感觉，即视、听、嗅、味觉和体表感觉，体表感觉又涉及触、压、温、冷、痛觉；日常称视、听、嗅、味、触为基本感觉，其中"触"涵盖体表感觉内容。生理学上此外还有定位和体察不甚精细的内脏觉，以及不单独形成意识觉知的动觉、平衡觉等。解剖生理中的躯体感觉（体觉或体感）一般涵盖体表感觉、动觉和内脏觉等，本体感觉多指动觉与平衡觉，本书中本体感觉仅指平衡觉。——译注

一可能有的信息，就是系统任意子集中的状态变化所造成的，对系统其余部分来说的差别。按照这样的思路，每个子集都可以作为某种候选的局部"观察者"，这样就避免了认为，信息必须在单独某个地方，譬如说由某个外界观察者来整合的想法，所带来的含糊不清。

动态核心假设认为，支持意识经验的功能性聚类中相互作用的神经元群，必须具有高复杂度，这对应于在这些群之间有高的平均互信息。如果复杂度高，那么在核心中任何元素子集状态的变化，对其余部分的状态来说，都造成很大的差异。换句话说，平均说来，核心中的每个子集都有可能对其余部分中的大量状态进行区分。正如我们曾经说过的那样，只有当这种动态核心在功能上同时既是整体性的，又是特异性的时候，才能进行这种区分。神经复杂度一词，也有助于把像慢波睡眠和全身性癫痫这样的超同步全局活动所要满足的神经条件，加以概念化。在这种条件下，意识丧失虽然有明显的整体性，但是大大损失了整合起来的信息，因为这时几乎没有多少功能特异性。在这种高整体性而信息很少的条件下，可供选择的神经状态数大为减少，因此可以预料，复杂度会很低。

信息的分布、上下文（context）*依存性和全局性访问（global access）　当我们觉知到某些事物时，且不管是走路时突然感到有失去平衡的危险，胃在蠕动，推理出了错误，还是在随机点立体图中涌现出某种对象模式，我们都能以许多可能的方式来利用这种信息，并由此引起各种各样的行为反应。这就好像我们脑的许多不同部分，都突然知晓了以前只限于某个特异性子系统才知道的信息。

这些观察跟意识总是伴随着高复杂性的概念，是相一致的。按照复杂性的定义，高复杂性就意味着信息有效地分布在神经系统的各个

---

* 这里把 context 直译为上下文，它的意思是指周围环境、前因后果等种种对此时此地此物有影响的因素。有的地方，为了读起来顺畅些，我们也意译为环境、前后等。——译注

元素上。如果一个系统的任意子集和其余部分的互信息高，即任意元素子集活动中变化的结果，会有效地分布到系统其余部分中去，那么，这个系统就有高复杂度。对上下文的敏感性，是这件事的另一个侧面。在一个系统中，如果其任意子集和其余部分的互信息高，那么每个小子集的活动都对系统其余部分可能取什么样的不同状态敏感。[16]

意识能够访问（access）许多不同的行为输出。或者说得更普遍些，许多不同的脑过程都有下列性质：如果大量脑区之间的合作性相互作用，能够形成动态核心的话，那么这种相互作用也会大大增强访问全脑中任何别的神经元群（不管它是不是动态核心一部分）的能力。例如，只有当我们是有意识的时候，才能记起所谓的情景记忆——对我们生活中某个事件的有意识记忆。这一事实可能表明，海马回路主要是由丘脑-皮层系统中分布各处的神经元群（动态核心）的相干发放激活的。这个回路对情景记忆起到关键作用。生物反馈训练表明，我们有能力在一个小时之内，控制自己脑内任意选定的神经元的活动。这种训练实际上需要有意识，也就不奇怪了。[17]不管我们能否控制单个的神经元，丘脑-皮层复馈和皮层-皮层复馈从物理上保证了信息的广泛分布，这就使得脑内相隔遥远的区域之间，相互作用易于进行。信息的分布、上下文的依存性和全局性的访问，都是意识在进化过程中对适应性价值做出贡献的性质。

灵活性和知晓出乎意外的关联并对其作反应的能力　意识的适应性价值的根源可能在于，我们可以逐渐觉知出乎意外的新关联，然后学会对其作反应。我们前面提到的丛林中，动物把有风拂动和丛林中的噪声关联起来，作为有美洲豹的信号，就是这样的一个例子。把从不同模态和子模态中来的信号，或者现在以及过去得到的信号，灵活地关联起来，这种能力是整体性的动态性质及其非线性机制的重要结果。动态核心的形成，极大地增加了神经元群相互作用的机会。这样，不同脑区活动中的细微变化，都可能产生新的动态关联。我们在讨论绑定问题时所举的视觉系统模型，说明了这个问题（参见图 10.2）。[18]
对于一只处于充满新鲜事物的开放世界中的动物来说，从大量的各种
表面上互不相关的信号中，发现以前没有预料到的关联，这种能力有
明显的适应意义。

意识的有限容量　我们在第三章说过，不管如何努力，我们一次
只能记住为数不多的几个事物。例如，假定在短于 150 毫秒的时间里，
给我们看排成 4 排的 12 个数字，我们每次可以有意识地报告得出的只
有 4 个数字。这种非常有限的"容量限制"，使得许多人下结论说，意
识只包含少量信息，只有几个比特，对应于只有每秒 1 到 16 个比特的
信息容量。[19]这种品质从工程标准看起来，是很差劲的。但是，贯穿
本书我们自始至终强调，关于意识的信息性，不能只看一个单独的意
识状态中，包含有多少在一定程度上独立的信息"块"。相反，我们应
该看：在给定时刻，我们体验到某个特定的状态时，排除了多少个不
同的意识状态。因为我们能够在几分之一秒的时间里，任意区分无数
个不同的意识状态，所以我们得出结论，意识经验的信息性，必定非
常之大，要比今天的工程师所能梦想的还大得多。[20]那么，我们如何
来解释意识的所谓容量限制呢?

正如我们在第三章讨论过的，看来我们所观察到的容量限制，与
意识状态的整体性质有紧密联系。用动态核心的话来说，这种容量限
制反映了在不影响其整体性和协调一致性的情况下，核心内能够保持
多少个部分独立的子过程的数量上限。负责动态核心快速整合的神经
机制，很可能也正是负责这种容量限制的机制。例如，我们在第十章
看到过，当把至多包含三个对象的视觉场景呈现给我们的大规模视觉
系统模型时，分布在许多模型区域上的功能上特异化的神经元群，以
一种整体的方式增加发放率达好几百毫秒。但是，我们也观察到过，
在短一些的时间尺度内（几十毫秒），对同一对象的不同特性起反应的
神经元群，彼此的相关程度很高；而对不同对象的特性起反应的神经

元群之间，相关程度则要低。因此，这个模型能够在几百毫秒的时间尺度上，支持单个整体性神经过程；也能在几十毫秒的时间尺度上，支持多到三四个部分独立的子过程。

然而，我们也观察到，当把有四个或更多对象的视觉场景呈现给模型看时，对两个不同对象起反应的单元也常常在短一些的时间尺度上，错误地发生同步。这个现象很像我们在第十章所讨论的，在类似情况下发生在人类知觉中的所谓错误结合。这清楚地表明了容量有限。因此，为了在几百毫秒的时间内，产生单一整体性的神经过程，需要在分布各处的神经元群之间，有快速而有效的相互作用。这一要求对同时能处理多少个部分独立的过程，加上了严格的限制。我们的仿真结果也确实提示，每个意识状态四到七个信息"块"的容量限制，可能来源于时间总和机制的特殊性质，以及许多神经元构成动态核心所需的同步精度和速度。

意识经验的串行本质 意识经验明显的串行本质（意识状态或思想是前后相继的），也与核心的动态演化有关。因为动态核心是一个统一和高度整体性的过程，它必定是从一种全局状态变化到另一种全局状态。换句话说，其时间演化必定是沿着单一的轨迹进行的，而在一个时刻，只能做一个"决定"或者"选择"。这一结论与众所周知的意识难以执行双重任务范式（dual-task paradigm）的特点相一致，也与我们在第三章中提到的心理不应期[21]（即在一个时刻只能做一个有意识的选择，或者识别／区分）相吻合。对后一种现象的研究表明，做这种决定所需的时间在150毫秒左右。这个数字和意识整合所需的典型的时间下限很接近。虽然可以想象，在某些条件下也可以方便地把某个人的意识分裂成两个或更多个部分，并允许每个部分去执行不同的功能，例如一部分在算账，而另一部分则在谈情说爱，但为此所要付出的不可避免的代价是，在并行的过程之间缺乏整合。通盘考虑下来，这也许是一种适应性差一些的解决方案。丘脑–皮层系统中无数复馈的双向通路，迫使系统以一种整体的方式行动。在这种系统中，任何一个功能上的大分离，看来都需要解剖切开（例如裂脑，或者许多神经学上的分离症状），或是某种剧烈的心理创伤（例如精神分裂症症状）。在这种条件下，占主宰地位的单一动态核心，是否相应地分裂成了两个或多个子核心？找出其证据是一个非常有趣的实验问题。

　　意识作为一种连续而又在不断变化的过程　意识作为一个过程，而不是一种事物，它连续不断地发生着变化。通常，意识状态逐渐变化，分不出明显的界线，并且在时间上保持高度的协调一致。即使电影中的跳越剪辑，也不会打断意识中的故事连贯性。另一方面，意识经验也可以进行得很快。詹姆士提出的"似现在"（specious present）是对单个意识状态的持续时间的粗略估计，其数量级为100毫秒，[22] 这意味着意识状态可以很快地变化。请想一下动作电影中一连串飞快追逐的场面吧。

　　在动态核心的定义中隐含着，即使动态核心的组成成分在不断变化着，动态核心在时间上也还是能够维持自己的统一性。这再一次表明，这是一种过程，而不是一个事物。但是，不管动态核心的组成成分是否变化，产生这种核心的神经整合过程必须在意识经验的时间尺度内，也就是在几分之一秒内进行。此外，在这个很短的时间尺度内，必须有大量不同的全局状态供这个核心选择。这样一来，当通过复馈相互作用，从大量不同的全局状态中出现某个特定的核心状态时，大量的信息就在很短的一段时间内产生出来了。这个信息相应于快速减少了原本可能出现许多全局状态的不确定性。我们在前面讨论过的各种模型表明，如果这种整合和分化在几百毫秒的时间内发生，那么沿着皮层-皮层联结和丘脑-皮层联结进行着的"自发"复馈相互作用，就是关键性的。我们也指出，对于迄今为止讨论过的理论工具来说，也还缺少一些重要的东西，即在这样短的时间内（几百毫秒）估计整体性和分化性（复杂性）的方法。如果一个系统平稳，比较容易得出互信息的量值，但是最有可能从动力学系统理论和摄动理论中得出的其他一些量度，也许对更短的时间段更为合适。

某些重要的问题

从动态核心假设出发，产生了许多有关实验的问题和预言。一个最为核心的预言是，人们应该能够找到证据表明，当脑在进行和意识有关的认知活动时，可以找到某种分布于各处的大量不同神经元群。这些神经元群在几分之一秒内彼此的相互作用，要比它们和脑其余部分之间的相互作用强得多。原则上说，这个预言可以用神经生理学实验来加以检验。我们用这种实验，从许多和意识经验相关的活动神经元上记录电位。多电极记录早就表明，分布于各处的神经元群之间的功能性联结，可以很快地发生变化，却与它们的发放率无关。[23]最近对猴额叶皮层少量神经元的研究也表明，其中一些神经元的活动状态同时发生变化，但并非所有正在记录的神经元都如此。[24]

但是，要想令人信服地说明，分布于各处的神经元群之间有快速的功能性聚类，还需要把这些研究推广到多个脑区的更大神经元群之中去。另一种可能性是，考察如果对皮层进行直接微刺激，在其结果与意识经验有关的情况下，其扩布是否比与意识经验无关时要广。在人身上，我们可以用加频率标记的方法，来估计彼此交换相干信号的神经元群的范围与边界。例如我们早就说过，利用对双眼竞争的脑磁图研究中加频率标记的方法，我们可以得到一种研究意识神经基质的比较直接的手段。不管动态核心假设的所有方面是否都正确，这里所勾画出来的准则，应该有助于设计这类既有宽广应用空间范围、又有高时间分辨率的成像方法的类似实验。此类方法包括功能性磁共振成像、脑电地形图和脑磁图。

这些实验或能解答有关脑动力学的一些问题。例如，当一个人有意识的时候，在几分之一秒的时间内，是否有些脑区之间的相互作用，要比它们和脑其余部分的相互作用强？也就是说，我们能否直接证明动态核心的存在？动态核心的组成成分是否会随人的意识活动而改变？是否有些脑区总是包括在动态核心之中，而有些脑区则总是不在其中？这个核心能分裂吗？在正常人中，是否可以同时存在多个动态核心？是否有反映这种多个核心的病理条件？或者，是否单个核心出现了异常？一个合乎道理的预言是，某些意识失常，特别是分离性失常和精神分裂症，应该反映了动态核心的失常，并可能形成多个核心。

产生意识的动态核心，应该在短时间内是高度分化的或复杂的。根据这一预言，可以提出另外一些实验问题。动态核心本身的复杂性是什么？这种复杂性，是否和作为意识经验基本性质的分化能力有关？基于我们假设之上的一个非常有力的预言是，动态核心的复杂性，应该和一个人的意识状态有关。例如我们预言，当我们存在意识而处于清醒和 REM 睡眠时的神经复杂度，要比在没有意识的慢波睡眠期高得多。在癫痫发作的无意识条件下，尽管整个脑活动增加了，神经复杂度却非常低。我们也预言，产生自动行为的神经过程，不管有多么精巧，其复杂性都应该比意识控制行为的神经过程的复杂性低。最后，随着认知发育和与此同时的分辨能力大大提高，我们也预期，相干神经过程的复杂度会系统地增大。

在这些想法的基础上，我们认为，动态核心假设再加上在第九章中叙述过的丘脑-皮层机制，确实能够解释意识经验的某些普遍性质。在短时间内，确定功能性聚类和估计复杂性（也就是列出当时各种全局状态的清单）的能力，对于设计可以直接检验这种假设的实验特别有用。这些问题和根据我们假设所提出的有关预言，列出了可以直接用实验检验的清单。与此同时，不管这些研究的结果如何，也还有一些重要的问题要加以考虑。这些问题是：主观体验特性和核心状态之间的关系，以及有意识活动和无意识活动之间的关系。本书的下一部分将讨论这些问题，以继续我们解开世界之结的努力。

第五部分

解 结

关于产生意识经验的神经元群活动有何特殊之处，动态核心假设是一种简明扼要而又可操作的陈述。此外，在动态核心假设基础上，我们可以再来看一下以前讲过的有关意识的一些重要性质，并说明，怎样用神经的术语来解释这些性质。我们也曾经阐述，复馈是一种基本机制，通过这种机制可以迅速由动态核心中的相互作用，产生出把知觉分类和价值分类记忆（value-category memory）交织在一起的统一场景。

有了这些假设，我们可以从一种新的立场出发，来重新考察有关主观体验特性（如红色、响度、温暖和疼痛之类体验）的关键问题。我们会看到，主观体验特性是对动态核心大量状态的一种高级区分（high-order discrimination）；也会看到，这样一来，主观体验特性就既是高度整体性的，又是高度信息性的。我们也要做一些初步的尝试，来解释动态核心的组织如何能决定不同主观体验特性的现象学性质。最后，有大量功能上彼此分离的程序，与自动的无意识过程相关。通过考察核心和这些程序之间的相互作用，我们在意识有无之间的关系上，将产生一种新的看法。这种做法澄清了意识在学习和记忆中的作用。总而言之，这些努力向我们昭示，解开这个世界之结，毕竟还是有可能的。

第十三章

主观体验特性和区分

在这一章中我们将要讨论的，或许是有关意识的一个最令人望而生畏的问题——主观体验特性。主观体验特性，即主观体验到的特性，如颜色、冷热、疼痛、响声等，一直被看成似乎是不能用科学来解释的。我们的立场是这样的：首先，要想体验主观体验特性，就得有一个肉体和一个脑，它们支撑了前面章节中所讲过的那类神经过程。不管在哪种情况下，理论或描述都不能代替个体对某种主观体验特性的体验，无论这种理论在描写其内在机制方面有多么正确，都是如此。其次，每一种可区分得开的意识经验，都表示一种不同的主观体验特性，不管它主要是一种感觉、一幅影像、一种思想，还是一种情绪，也不管在回想时，它看起来是简单的，还是复杂的。第三，每一主观体验特性，都对应于动态核心的一种不同状态。这种状态可以从高维神经空间中的几十亿个其他状态中区分出来。有关维数由下列这样的神经元群的数目来决定：其活动通过复馈相互作用，整合成了有高复杂度的动态核心。因此，主观体验特性是一种高维的区分/识别（discrimination）。第四，主观体验特性最初大部分是基于多模态以躯体为中心的区分（body-centered discrimination）而产生的，这种区分由在胚胎和婴儿脑中，特别是在脑干中的本体感觉系统、运动感觉系统和自主神经系统来实现。所有随后的主观体验特性，都可以追溯到这种初始区分，而这就构成了最原始的自我之基础。

　　哲学上许多反对用科学解释意识的意见，都和主观体验特性问题有关；而一些科学家对于此事的怀疑也是如此。事实上，不揭示主观体验特性之谜，就谈不上解开意识问题这一世界之结。

　　哲学家所讨论的最典型的主观体验特性，是一些简单的感觉，例如"红""蓝"和"疼痛"。从这种观点看来，主观体验特性就是使得红颜色之所以是红而不是蓝，或者使得疼痛之所以令人感到痛而不是红或蓝这样的特殊的主观感受。所有各种哲学争论，都源于我们假定主观体验特性不能再进一步还原。为什么红颜色的感受是这样的呢？有没有可能你我都称之为红的颜色，实际上在我看来是红，而在你看来是绿呢？而这又有什么不同呢？[1]更有甚者，为什么会有红这样的感受呢？有没有可能对你进行复制，复制品和你有完全一样的行为反应，也有完全一样的神经机制，却没有任何主观体验，也没有任何与体验相关的主观体验特性？这也就是说，有没有可能，有一种哲学上的"无魂人"？而如果是这样的话，我们又怎样来发现这一点呢？

　　要想用神经术语来解释主观体验特性，看起来非常难；但要解释其原因，却并没有那么难。我们可用第二章中介绍过的简单悖论，来说明主观体验特性问题。至少在某些情况下，一个有意识的人和一只光敏二极管的行为是类似的。两者都可以区分亮和暗。我们知道光敏二极管如何做到这一点，我们也相当清楚人如何做到这一点，因为我们知道，在视网膜和脑的视区中，有一些神经元按照光量的差异而有不同的发放。但是，为什么人区分亮暗的能力和意识经验有关，而光敏二极管却不是这样呢？为什么人视觉系统中某些神经元的发放，产生亮的"主观体验特性",也就是有光的主观感受,而光敏二极管的电压变化,却并非如此呢?或者在这方面,为什么脑中温觉神经元的发放,会产生温暖的主观体验特性,而对血压敏感的神经元发放,却并不产生任何相应的主观体验特性,或者产生任何像高血压那样的主观感受呢?

主观体验特性是如何由某些类别的神经活动引起的?这个问题是神经生理学家查尔斯·谢灵顿和哲学家贝特朗·罗素都觉得难以解决的问题。他们都指出过,当一个人知觉到譬如说亮的红色物体,或者一个人知觉到亮、暖或疼痛的时候,一些神经元会发放,我们对这些神经元可给予相当精确的神经生理学描述。但是,不管这种描述有多么精确,我们依然面临着下面的难解之谜:为什么像某个神经元发放这样一种物理上可以客观描述的事实,会对应于一种有意识的知觉、一种主观感受、一种主观体验特性呢?并且为什么会对应于这种特定的主观体验特性,而不对应于别的主观体验特性呢?

让我们来思考一下,某些典型的主观体验特性的例子,如红、蓝和别的颜色知觉,然后来问一下,根据我们的分析,是否有可能对主观体验特性的神经基础至少得到某种直观的认识?为了说明起见,想象一下,你正躺在一个安静、舒适而没有任何特征的房间里;你除了要向外面的科学家报告你的知觉之外,别无所虑;唯一发生的事情是,每过几秒钟,房间就被色光照亮一次:单纯红光、单纯蓝光、单纯黄光。你被事先告知,不要想任何事情,只是放松和体验单纯的颜色。你所知觉到的只是红色、蓝色或黄色,没有视觉形状或运动,也没有其他感觉的干扰——没有声音,也没有故意的触觉刺激。你让身体尽量舒适,以至于完全忘了它,或者觉得如此。让我们假设,然后,在某个时刻,你睁开眼睛,有意识地体验到一种纯粹红色或蓝色的知觉,越纯粹越好。那么,是什么样的神经过程,负责这些主观上的区分,也就是主观体验特性呢?

颜色知觉的神经相关物

在我们能够回答这个问题之前，必须先就已知的颜色知觉的神经相关物讲几句话。人能够分辨大量的颜色和颜色层次，其数量可达几百万之多。[2] 但是，心理物理研究表明，知觉上的"颜色空间"，实际上可能只是按几条轴线组织起来的：知觉到的不同颜色，对应于由这些轴所张成的低维空间中的不同的点。有许多证据表明，有一组对应于红-绿对、蓝-黄对和明-暗对的基轴。关于不同文明中对颜色命名的研究进一步表明，颜色被普遍地分成某些类别。原色对应于刚才提到的基轴（红、绿、黄、蓝、黑和白），以及少量由此导出或组成的类别（如橙、紫、粉红、棕和灰），分类就是环绕着这些原色而组织的。

经典的心理物理实验说明，意识上对颜色的区分和确定，并不只是取决于落在给定物体上的入射光波长。例如，我们的意识反应是基于把该物体反射光的波长和其邻近物体反射光的波长进行比较而得出的。举例来说，如果红光照在一根香蕉上，那么它反射出来的红光要比黄光多，但是它反射的黄光还是要比邻近鳄梨所反射出来的黄光多。这种减小照明体的影响而知觉到物体某种不变性质（其相对反射性）的现象，我们称之为颜色恒常性。一个类似的现象也与此有关，即一块煤在明亮的日光下看上去也依然是黑色的，即使此时反射出来的光量增加了好几个数量级。心理物理学中无数别的例子表明，知觉并不只是直接输入的一种反映，它还跟脑所作的构造和比较有关。

在过去几十年里，对于颜色知觉的神经生理学基础，我们的认识已经有了很大的进展。我们对三类视网膜光感受器的性质，有了很详尽的认识。这三类光感受器，也就是三类视锥，分别对长波、中波和短波光有选择性，这奠定了能够分辨各种颜色的基础。对于在视网膜的其他层次、外侧膝状核（从视网膜到视觉皮层在丘脑处的中继站）以及视觉皮层中对颜色有选择性的细胞性质，我们也已经知道了很多。例如在外侧膝状核中，已经发现了所谓的色拮抗（color-opponent）神经元。这些神经元是按照决定心理物理学上拮抗对的三个基轴来组织的。有些神经元为波长落在红光范围内的光所激活，而为波长落在绿光范围内的光所抑制；另一些神经元则为波长落在蓝光范围内的光所激活，而为波长落在黄光范围内的光所抑制；还有一些神经元对白光起反应，而为黑暗所抑制。[3]在视觉皮层特别是 V4 区中，某些神经元表现出颜色恒常性。也就是说，它们对物体颜色的反应，不因照明光而发生变化。最后，在猴的 IT 区（下颞叶皮层）中，神经元对颜色选择性反应的范围，非常接近于知觉颜色空间（perceptual color space）。它们的组织甚至反映出从比较文明研究中所得出的基本颜色类。这些神经元群对颜色的反应方式跟有意识的人一样，显然应该把它们当作是颜色意识经验的候选神经相关物。损伤人的梭状回（猴 IT 区的同系物），会选择性地使人失去对颜色的有意识知觉。这些资料进一步支持了上述假定。

在以上各种各样证据的基础上，我们可以提出一种简化的神经生理学假设，来解释当我们知觉到某种颜色时，脑内进行着什么样的过程。在视网膜、外侧膝状核、初级视皮层以及更高级区域中的各种类别神经元，逐级对进入的信号进行分析，并且对形成高级视区中的新反应性质有所贡献。最后，譬如说在 IT 区中，某些神经元群的发放，开始以与有意识的人相同的方式，区分不同的颜色。为了简单起见，让我们设想，当人报告说看到红色的时候，IT 区中的一组神经元群选择性地激活；而当他或她报告说看到绿色的时候，则发生抑制。第二组神经元群则在人知觉到蓝色的时候激活，而在知觉到黄色的时候抑制；第三组在知觉到明亮的时候激活，而在知觉到黑暗的时候抑制。[4]

　　现在让我们设想，这三组神经元群的平均发放率可以从 0（完全被抑制）到 10 赫兹（自发发放的范围）一直到 100 赫兹（最大发放）；再设想，只要有 5 赫兹的发放率差别，就会造成它们所投射和联结的神经元，发放有所不同。很明显，这三组神经元群的发放率，可以定义一个三维空间。人能区分的每一种颜色，就相应于这个空间中不同的点（见图 13.1）。例如，纯红色就相应于这个空间中红-绿坐标为100，而蓝-黄轴和亮-暗轴上的坐标都为 10 的一个点。

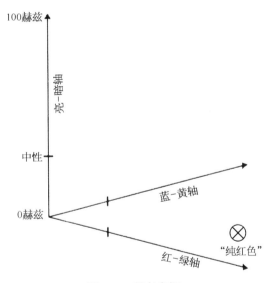

图 13.1　颜色空间

这张三维神经空间图，可以说明人识别颜色的许多方面。每个坐标轴都相应于一组神经元群，其发放率可以从 0（完全被抑制）变到 10 赫兹（中性或自发发放范围），一直到100 赫兹（最大发放）。这三组神经元群的发放率，定义了一个三维空间。人所能区分的每一种颜色，都对应于不同的点。例如，纯红色对应于这个空间中用有叉的圆圈所表示的一个点，它在红-绿轴上的坐标是 100，而在蓝-黄轴和黑-白轴 * 上的坐标都是 10。在大脑皮层的颜色区域中，发现了具有这种性质的神经元。

* 这里的黑-白轴（white-black axis）即亮-暗轴（light-dark axis）。——译注

虽然有关神经机制的这种设想，还有待进一步完善，但它足以解释人识别颜色的许多方面。[5]例如，三组神经元群的不同发放率组合，对应于三维空间中不同的点。这在原则上可以对脑内别处的神经元，包括运动皮层或语言执行区中的神经元，产生不同的效果，因此可以解释，我们在行为上为何有区分几千种不同颜色的能力。这种区分和颜色恒常性的原理是一致的。

因此，如果一位神经生理学家知道了这三个神经元群的状态，他就能很好地预言被试的反应。事实上，已经有了一个色觉的精确神经模型，这个模型实质上就实现了刚才所说的神经设想。[6]这个模型可以解释我们识别颜色的能力，并且复现色觉心理物理学上的各种现象，其中也包括颜色恒常性。因此甚至可以说，我们对色觉的神经机制，已经有了相当好的认识。这种认识大概满足了谢灵顿和罗素所提出的一些要求。不过，还是有一个令人烦恼的问题悬而未决：我们没有理由相信，刚才所讲的神经设想，或者实现这种设想的模型，已经足以解释红色或蓝色的主观体验特性；我们也没有理由相信，这种模型就能产生任何一种主观体验特性。如果说，这种设想还不够，那么我们还需要些什么呢？

一个神经元群有一种主观体验特性？

解决主观体验特性问题的一种最简单的方法是，假定对每一种主观体验特性而言，都只需要一个神经元群，甚至一个单个神经元；当其发放时，就直接代表了意识的特定方面，或者说主观体验特性。[7]在这种"一个神经元群有一种主观体验特性"的假设之下，人们可以想象，譬如说，某一特定神经元群的发放，在一定程度上表示对红颜色的知觉；而另一个神经元群的发放，则可能表示蓝颜色，如此等等。我们唯一需要加以证实的是，我们所讲的那种神经元群，要在每次被试报告知觉到红色时便有发放，而每次当被试报告没有看到红色时，就没有发放。[8]

　　显然，这种把特定神经元群的活动，跟特定的主观体验特性简单等同起来的看法，会产生一些复杂的问题。举例来说，我们不清楚到底需要多少特定的神经元群；是不是需要不同的神经元群，来表示人所能够区分的每一种颜色（不管这种颜色能否用适当的语言加以描述）。此外，人们还不得不问一下，一般说来，到底有多少种不同的主观体验特性，因为其中每一种主观体验特性，都需要用不同的神经元群来加以表示。这个问题有一段很长的历史。在 19 和 20 世纪之交，心理学家爱德华·铁钦纳（Edward Titchener）试图找出意识的"原子"。红色、蓝色、疼痛之类，是一些明显的候选者。但是，他企图用一些基本知觉，来涵盖整个意识的现象学。他给他的学生分派了一些任务，去决定与性兴奋、胱胀充膀以及其他身体功能有关的基本"原子"。可想而知，他们没有成功。

　　但是，除了上述这种对每一个主观体验特性都指定不同神经元群的假设，有大可怀疑之处外，一个更为严重的问题是，这种原子假设，实际上对真正需要解决的问题，什么也没有说。为什么 IT 区中那些特定神经元的发放，会产生"红"这样的主观体验特性（包括其特定的主观性质和意义），而并不产生绿色的主观体验特性，或者疼痛的主观体验特性？而且到底为什么这种发放会产生某种主观体验特性呢？视网膜或外侧膝状核中神经元的发放，看来并不会产生任何主观感受。到底怎么会发生谢灵顿和罗素都认为很难理解的转换呢？对于前面说过的色觉的神经模型，我们又能说些什么呢？我们是否能够下结论说，那个模型中仿真 IT 区中的单元，能够产生某种初级的色觉，某种没有实体支持的红色、蓝色或黄色主观体验特性呢？如果回答是否定的话，那么缺少的究竟又是什么呢？是某种特殊的生物学成分吗？还是脑内某个特殊的部位？看来，如果采取这种"一个神经元群有一种主观体验特性"的方法，[9]我们不能回答这些问题。亚瑟·叔本华指出，这是世界之结。他可能为问题转了一个圈又回到原点，而感到高兴。他可能会说，这种极度的循环论证（*petitio principii*），* 会使奥林匹亚山上的众神发出一阵狂笑。[10]

主观体验特性和动态核心

如果我们想使得主观体验特性问题变得不那么神秘，或者至少不那么荒唐，我们必须回到动态核心的思想，并探究它的一些含意。我们的假设所说的是，作为意识经验基础的神经过程，构成一个不断变化的功能性大聚类，也就是动态核心。这种核心包括大量分布各处的神经元群，并且有很高的复杂性。这种动态核心在不到一分钟的时间内，通过快速的复馈相互作用而涌现出来，并包括分布于丘脑-皮层系统各处的许多部分，虽然它未必仅局限于这个系统。我们假设中的一个关键性含义是，在意识经验合理的神经参考空间（neural reference space）中，包括颜色在内的任何一种意识经验，不是由任何单个的神经元群（例如在"一个群有一种主观体验特性"的假设中所说的对颜色有反应的神经元群），甚至也不是由一小群神经元群（例如在我们神经模型中的三组神经元群，它们合在一起就可以区分所有各种颜色）来决定，而是由整个动态核心的活动来决定。

为了把这个重要的问题说清楚，用 N 维神经空间和这个空间中的点（如图 13.2 所示）来表示动态核心假设，有其方便之处。假定在任何给定时刻，构成动态核心的神经元群数目为 N，我们用 N 来定义相应于动态核心的神经参考空间的维数。N 是一个很大的数目，譬如说在 103 和 107 之间（图中只画出了很小一部分的维数）。在这

---

* 证明中把未经证明的判断作为论据的一种逻辑错误。——译注

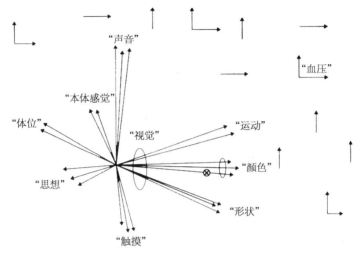

图 13.2　主观体验特性空间

这张图描述了对应于动态核心的一个 N 维神经空间。N 是在任意给定时刻，动态核心中所有神经元群的数目。此处 N 是一个很大的数目（这里只画出了很小一部分的维度）。这些维度中有一部分对应于有颜色选择性的神经元群，并表现出颜色恒常性（正如图 13.1 一样）。但是在动态核心中，还表示有别的许多维度，一如对应于特异化的神经元群活动的坐标轴所指示的，像对应于形状视觉或运动视觉的、听觉输入或体感输入的、本体感觉输入的、体位的，等等。在一个适当的神经参考空间中，对应于主观体验特性"纯红色"意识经验的，是这个空间中的一个特定的点（带叉的圆圈）。

些维度中，有一部分对应于有颜色选择性的神经元群，并表现出颜色恒常性（正如图 13.1 一样）。但是在动态核心中，还有许多别的维度。这些维度就用对应于一些特异化的神经元群活动的坐标轴来表示，例如对应于形状视觉或运动视觉的、听觉输入或体感输入的、本体感觉输入的、体位（body schema）的等。当然，不应该机械地看待这种图解，因为在现阶段，它被大大简化了，并不精确。但是，在我们把意识当作一种整体性过程的观点之下，为了认识主观体验特性的意义，以及把握我们在以前所讲过的各种理论概念的关系，这种图解可能还是有用的。

　　动态核心假设的第一个要点是，这 N 个神经元群构成了一个功能性聚类，即在很短的一段时间内，这些神经元群彼此高度整合；而与脑其余部分的功能性联系，则要弱得多。因为一个功能性聚类定出了某个单一的物理过程，由此得出，这 N 个神经元群的活动，也应该在单一的参考空间里来考虑。在这张图里面，参考空间由此刻定义这个核心所有维度的公共原点来标识。按照功能性聚类的定义可知，不可能把这种参考空间分解成独立的子空间（相应于神经元群的子集合），而不损失和核心其余部分有关的信息。[11] 出于同样的原因，也可得出结论说，不属于动态核心的神经元群，应该看成是组成了与这个核心分离的神经空间，因为它们在这种时间尺度之下，从功能上来说，并不与核心有效地联结在一起。因此，这张图也表示若干个由不同原点的轴线张成的一些小神经空间。例如，一个这种功能上分离的小空间，可能对应于对血压波动起反应的神经元。很明显，把不属于单一功能性聚类的神经元群，看作为同一个神经参考空间的一部分，是没有意义的，因为它们并没有一个统一的物理过程作为基础。这就好像考虑：由一个美洲人和一个欧洲人的脑神经元联合张成的神经空间，并追问这个空间中的一个点表示什么意思一样。

动态核心假设的第二点意思是，在这个 N 维空间中，可区分的点（这些点对这个空间来说是不一样的）的数目是很大的，高复杂度值表明了这一点。显然，包括在这个动态核心中的神经元群数目 N 愈大，对应的 N 维空间中可以区分得开来的点愈多，其最大的复杂度也愈高。但是，正如我们曾经指出过的那样，单单神经元群参与数目多，还不足以保证有高复杂度。例如，如果作为动态核心一部分的 N 个神经元群，发放极端同步，就像在癫痫发作时的情形，此时动态核心中实际可能有的状态数可能极小——只是在 N 维空间中的几个点。因此，在一段短时间内选取某个特殊的整体状态，没有产生多少信息，而核心的复杂度相应地也很低。

我们现在可以提问了：在这样的一种框架之下，对红、蓝和其他颜色的知觉，该如何解释呢？前面的实验结果提及，相应于红色知觉的神经状态，在 IT 区和其他皮层"颜色"区中对红色敏感的神经元群活动高，而对蓝色敏感的神经元群和对明亮敏感的神经元群活动低。然而至关重要的是，如果我们只考虑这三组神经元群的发放，根本就不会有颜色概念。如果一共只有这三个维数，那么根本没有办法在这个神经空间中，区分什么是或者不是颜色（其他的一切），因为没有其他的维数去进行这样的区分。要作这种区分，我们需要诸如对物体形状起反应而与颜色无关的神经元群、对物体运动起反应而与颜色和形状无关的神经元群，如此等等。只有当这些其他神经元群的活动也是同一个神经参考空间的有效部分时，在像颜色、运动和形状这样的不同子模态之间及其内部，才有可能进行区分。

即使是这样，对于系统正在处理的是刺激的视觉方面，而不是和其他模态有关的方面，我们还是没有概念。要作这样的区分，神经参考空间必须把相应于（或不相应于）听觉、触觉或本体感觉输入的其他神经元群包括在内。我们还需要跟其发放和体位（即身体在环境中的特殊位置以及和环境的关系）有关的神经元群。此外，我们还需要其发放跟对你所处情景的熟悉感与适应感有关的神经元群，以及表明是否发生了什么突出事件的神经元群，如此等等。一直到有一个神经参考空间，其丰富多彩的程度足以把相应于某种特定颜色纯粹知觉的意识状态，从无数其他的意识状态中区分出来。

基于这些考虑，在这个框架中，应该如何来设想相应于红色知觉的主观体验特性呢？我们可以这样说：构成动态核心的所有神经元群的整体活动，定义了一个 N 维神经空间；纯粹的红色知觉是一种特殊的神经状态，这种状态就是由此 N 维神经空间中的一个点来确定的。纯红知觉的主观体验特性，对应于在同一个空间的无数其他状态中进行的一种区分。[12]呈现红色时起反应的神经元，对于红色的意识经验当然是必要的，但很显然并不充分。只有在一个适当的神经参考大空间中进行考虑，才能充分体现相应于红色主观体验特性的意识区分是什么意思。根据同样的理由，如果相应于红色的同一些神经元群，以完全同样的方式发放，但是在功能上跟核心没有联系，那么这种发放就没有什么意义，而且也没有相关的主观体验特性。

这种观点和我们在本章前面所讨论的"原子的"或"模块的"方法完全不同。根据我们的假设，知觉到红色，绝对需要在整个动态核心的整体状态中进行区分，而绝不可能从某种特殊位置或内在性质的单个神经元群的发放中，奇迹般地涌现出来。同样，对于为什么其他神经元群（对应于血压的神经元群）的发放，不会"产生"任何主观体验或主观体验特性，我们的假设也能够加以说明。我们认为，这种神经元群不是动态核心的一部分。这就是说，它们的发放变化所引起的差异，只是局部的，并不在允许有无数种区分的大 N 维空间环境之中。

一 些 推 论

考察一下这个假设的某些简单推论，是有价值的。其中的一个推论是，在动态核心所定义的 N 维空间中，每一个可区分的点，都确定一种意识状态；而连接这个空间中一些点的轨线，对应于随时间发生的一系列意识状态。跟许多哲学家和科学家的通常做法不同，[13] 我们认为，每个不同的意识状态，都是唯一确定的，并且不能再分解为一些独立的成分，因此它们都应该被称为一种主观体验特性，从纯粹知觉，到红色的状态、纯粹黑暗的状态、纯粹疼痛的状态，到复杂视觉场景的状态，一直到"想起维也纳"的状态，都是如此。[14] 正如威廉·詹姆士正确预言过的那样，不存在"纯粹的"基元性感觉："没有人能够拥有某种简单的感觉，而不含有其他任何成分。从我们出生之日起，意识中就有各种各样的大量对象和关系。而我们称之为简单感觉的，是识别性注意（discriminative attention）发挥到极大程度的结果。"[15] 简而言之，对红色的"纯粹的"感觉，定义了这个 N 维状态空间中的一个点；对纽约繁忙街道的意识知觉，也同样定义了另外一个点，虽然在这种意识知觉中充满了各种对象、声音、气味，各种联想和各种回忆。在所有这些情况下，意识知觉的意义，都是由从核心的无数个其他可能状态中加以区分来决定的，每个不同状态都会导致不同的结果。这就是我们所说的"意识具有信息性"的确切含义。单纯知觉红色的信息性，跟知觉城市繁忙街道的信息性一样多，因为两者都排除了或多或少是同样多的意识状态。而我们正是通过这种方法，来决定所选状态的意义。

另外一个推论是，在任意一个给定时刻，对应于动态核心的 N 维神经空间，可以由某一个量度来刻画——由空间中点之间的精确距离来表征。如图 13.2 所示，这个空间中的坐标轴，彼此之间形成某些夹角。例如，对应于颜色的视觉子模态坐标轴，彼此靠近并形成一束；对应于形状的视觉子模态坐标轴，也是如此。但是，对应于不同子模态的坐标轴束之间的距离，要大得多；而对应于不同模态（例如视觉和触觉）的束之间的距离，则还要更大。这一说法和我们关于不同的意识状态之间相似和不相似的直观判断是一致的。我们常常说，红色和蓝色极不相同，而且也不能从蓝色中得出红色。这种不可还原性对应于一个事实：当我们知觉红色或蓝色时，不同的神经元群发放，因此定义了作为意识知觉基础的 N 维空间的两个不可还原的维度。但是我们知道，虽然红色和蓝色在主观上是不一样的，不过它们和吹喇叭发出的声音比起来，彼此还是要接近得多。简而言之，知觉空间有某种度量性质。按此，某些状态彼此之间，比起与其他状态要更接近些。按照我们的假设，这个空间的拓扑和度量性质，应该用适当的神经参照物（动态核心）来描述，并且要基于参与这个核心的神经元群之间的相互作用。[16]

对 N 维神经空间的特性及其与意识现象学的对应性，再作一些思考仍是值得的。例如对大部分人来说，视觉体验在意识中占主宰地位：我们是一种视觉动物，我们皮层的很大一部分以各种方式和视觉有关。在正常情况下，对视觉刺激起反应的神经元群数目，非常可能占了参与动态核心神经元群的很大比例——特别是考虑到视觉有明显的空间组织。这种突出性表现为，在其他条件都相同的情况下，视觉维度在决定意识经验占据神经空间中哪些点上，有很大的权重。一般认为，有意识的感觉经验特别生动，而有意识的思想则否。这种对比也有神经术语方面的说法：脑内感觉区神经元的发放率，通常都很高；而譬如在前额皮层中神经元发放的动态范围，则要有限得多。在图 13.2 中，对应于感觉神经元群坐标轴的动态范围很大（从 0 到 100 赫兹）；前额皮层中的某些神经元群与计划和思想有关，对应于这些神经元群坐标轴的变动范围则要有限得多（从 0 到 10 赫兹）。这种差别意味着，就对 N 维神经空间中当前意识状态相对应位置的影响而言，沿着后者维度的神经发放变化所起的作用，比沿着感觉维度的变化所起的作用要小。

在神经时间（neural time）中的主观体验特性

我们以前用 N 维神经参考空间，讨论了主观体验特性。这应该能帮助人们理解，只有在更大的神经上下文之中，而不仅仅局限于对红色和蓝色有选择性的神经元活动，才能得出红色或蓝色的意义，也即主观体验特性。事实上，有关的上下文是在给定时刻作为动态核心一部分的所有其他神经元群的活动。然而，如果我们想要使这一描述具有生命力，还必须加上最后一个关键因素——时间。现在请尽你想象所能，我们将描述神经元的实时发放如何能从 N 维神经空间的无数个点中确定出一个点。

让我们再来想象一下：躺在房间中只知觉到纯红色，然后纯蓝色、纯白光等的例子。让我们用神经术语来描述一下：当照明从红光切换到蓝光时，会发生些什么？显然，视网膜中的许多光感受器，会几乎即时地减少发放，而另一类光感受器则增加发放。从视网膜开始，沿着视觉系统的若干早期阶段，发生了神经信号传送上的变化；结果导致在几十毫秒的时间内，强烈地激活 IT 区内对蓝色有选择性的神经元群，或许也抑制了对红色有选择性的神经元群。这些早期的神经事件，是对蓝颜色知觉分类的必要条件，也是它的实际开始。

但是，正如我们曾经说过的那样，要想说明意识经验，说明相应于红色或蓝色的纯知觉主观体验特性如何产生，光有这些神经事件本身是不够的。除了 IT 区中对红色或蓝色有选择性的神经元群发放之外，还需要一些别的什么。确切地说，这里需要的是整个动态核心的因果性介入。我们曾经假设，IT 区中对颜色有选择性的神经元和视网膜中对波长有选择性的神经元不同，它们是有高度复杂性的一个功能性大聚类——动态核心的一部分。这种参与使得我们可以把它们的激活和抑制，看成是在对应于动态核心的 N 维神经参考空间中，确定了一些不同的点。但是，如何用真实神经元的实时发放，来说明"IT 区中对红色或蓝色起反应的神经元群的一个子集合，是动态核心的一部分"这句话，究竟包含了什么意思呢？我们说，这些神经元群的激活和抑制，可以把整个动态核心的状态从 N 维空间中的一个点，切换到另一个点，这又是什么意思呢？

下面是为了获得直观图景所需的最重要的概念。在几分之一秒的时间里，如果对某个神经元群状态的扰动，会影响某个聚类其余部分的状态，那么我们就说，这个神经元群是功能性聚类的一个部分。说得更具体一点，这意味着，如果 IT 区中对蓝色有选择性的神经元群发放突然激活，那么在几分之一秒的时间里，它们的激活不仅应该对与它们有直接联结的神经元的发放造成差别，而且会对参与这个动态核心的其余神经元群的发放造成差别。在分布于各处的神经元群之间，这种因果性作用如何能在如此短的时间里传播开来呢？我们曾经说过，这是通过在它们之间建立起进行性复馈相互作用来实现的。只有当神经元群之间通过交互联结，并行地不断交换信号，由此形成强复馈回路的时候，任意一个神经元群的发放变化，才能迅速地扩布到功能性聚类的整个范围。当然，由于它们之间的联结有特异性，功能性聚类中的不同神经元群才得以维持它们的功能特异性。但是，通过复馈过程建立起一种动态的关系，使得一个神经元群中的扰动，可以迅速地影响这个聚类的其余部分。

在一个复杂系统内，扰动的这种全局性扩布，似乎很难可视化。如果不借助计算机模型，情况也确实如此。此处正是大规模仿真（如第十章中讲过的丘脑-皮层系统的模型）的用武之地。这个模型很好地演示了，某个神经元群中的小扰动可以快速（在 100 ~ 200 毫秒以内）和有效地影响整个系统。但是，只有当神经元通过不断的活动而处于"准备"状态时，也就是只有丘脑和皮层之间或者不同皮层区之间的复馈回路在起作用，并且电压依赖性的联结（即那些要想被激活就需要兴奋其突触后神经元的联结）被实际激活，这种现象才会发生。[17] 与此相反，如果这些复馈回路不起作用，同一个扰动的影响就会有局限得多。因此，这个丘脑-皮层模型给出了扰动在系统中快速扩布，而保持其功能特异性的例子。[18]

除了计算机仿真之外，另一幅景象可以帮助我们看到，扰动在一个功能性特异系统中的迅速传播（见图 13.3）。请想象有一大团彼此联结的压紧弹簧。在这团弹簧的周围，有别的一些弹簧和这团弹簧疏松地耦合起来。这些弹簧彼此分开，以线性串接的方式进行耦合。在这样一个系统中，扰动这一团中的任意一个弹簧，都会迅速而有效地扰动整个一团；而疏松耦合起来的弹簧，则构成了一道功能性壁垒，使扰动不能有效地传播出去。这里的基本思想是，如果一个耦合的弹簧系统是全局联结的，并且早已处于紧张状态，那么即使一个小的扰动，也会迅速而有效地扩布；而如果联结只是局域性的或者并不紧张，那么同样的扰动会限于局部，或者衰减。在动态核心中，相当于耦合弹簧团张力的，是分

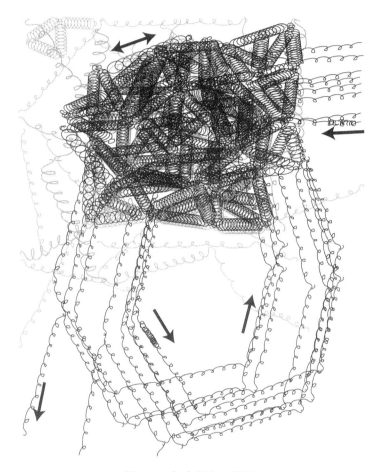

图 13.3　耦合起来的弹簧

这是对核心的动力学及其相关的神经系统的一种隐喻。一团压紧了的相互联结弹簧对应于核心；任何扰动都迅速地扩布到整个核心（如灰色阴影所示）。与此成对照的是，对并行的、功能上隔离的路径作扰动，则仅限于局部，并只沿一个方向传播（如行波所示）*。

布于各处的神经元群之间的进行性复馈相互作用，它是由其自发活动来维持的。接入电压依赖性联结，则增强了这种作用。

* 图注中所说"如灰色阴影（grey shading）所示"应是指图里上部弹簧彼此交缠的部分，"如行波（traveling wave）所示"应是指单向箭头所示的活动。——译注

在头脑中有了这幅景象之后，我们就可以来思考全局性扰动的功能意义。这些扰动由作为动态核心一部分的神经元群子集合发放中的变化所引起。当蓝光激活了 IT 中的某个神经元群的时候，它的特异性激活，再加上另一些神经元群的抑制，会导致对输入刺激的知觉分类。如果这个对蓝色敏感的神经元群，是动态核心的一部分，正如我们曾经假定过的那样，由于不断进行着的复馈相互作用，这个神经元群的发放变化，会扰动整个核心中许多其他神经元群的发放，包括位于皮层前区的许多神经元群在内。这种扰动会使整个核心从一种整体状态，切换到另一种状态。

如果动态核心很复杂，即有大量不同的整体状态或活动模式可供选择，则产生这种主观体验特性的神经元群的活动模式，将会是高度特异性的。在进化、发育和经验过程中建立起来的分布于核心各处的神经元群之间复杂的功能性联系，保证了这种特异性。这样，动态核心中快速的复馈相互作用，造成了一类临时的进行性"自举"（bootstrap）。与知觉分类有关的神经元群发放模式的变化，能根据这种自举，从与整个核心（整个记忆）有关的各种特定活动模式中选取其中之一。这种选择在一段很短的时间里产生大量的信息，因此在有记忆的现在中创造出一幅场景。这样得到的核心整体状态，构成了一种记忆，也即与知觉分类有关的神经元发放的意义。因此之故，成年脑在对输入刺激进行分类时，它所处理的就不限于输入信息；而在动态核心的内部，有意识的知觉和记忆应该被看成是同一个过程的两个方面。

主观体验特性的演变：有关自我

最后还需要强调一点，正如我们早就提到过的那样，对应于动态核心的 N 维神经参考空间，并不是固定不变的；我们设想它可以随时间而包括不同的神经元群。但是还不止于此。很明显，在早期发育过程中，并随着不断积累经验的结果，动态核心必定要发生很大的变化。即使在成年时，动态核心很可能也会在它所能包括的维度方面有所演变。例如，一直到我们积累起足够的经验之前，不同葡萄酒的味道尝起来都差不多。但是很快，它们的味道就会变得显著不同。很明显，以前只能区分葡萄酒和水，而现在能够区分红葡萄酒和白葡萄酒，并且能够区分卡百内葡萄酒 * 和比诺葡萄酒 **。这种进步意味着，在动态核心中添加了可资区分的新维度，因此在意识状态中添加了大量微妙的分化。

更为重要的大量变化，一定是在发育和早期经验阶段发生的。虽然目前我们有许多说法，都带有某些猜测性，但非常可能，最早出现的有意识维度和区分，是那些和我们身体本身有关的维度和区分。这些是基于包括本体感觉、运动感觉、体感和自主成分在内的多模态信号，通过脑干上的有关结构，映射身体状态及其与内外环境的关系来介导的。也许我们可以把这些成分称为原我（protoself）的维度。[19] 这些成分是我们通常仅隐隐觉知到的身体功能，但是它们却影响到我们的几乎每一个方面。价值系统表明，整个机体发生了什么突出事件。它的维度也同样重要，而且发展得很早。因为记忆是重分类的（recategorical），并且在价值分类系统（value-category system）和进行性知觉分类（ongoing perceptual categorization）之间，一直有相互作用，故这种早期的基于躯体的意识，可能决定了在 N 维神经参考空间，最初的主要坐标轴。以后基于外界信号（"非自我"[20]）的记忆，都是在此基础上发展起来的。随着这种信号愈来愈多，根据与构成原我的最初维度有关的类别，以及模态的性质，对这些信号进行区分。

---

* 一种用黑葡萄酿制成的不带甜味的红葡萄酒。——译注
** 一种主要产于美国加利福尼亚州的葡萄酒。——译注

　　甚至在语言和高级意识出现之前，在初级意识中就已经建立起了基于躯体之上的有关场景表象和体验到的各种类别的神经参考空间。只要有了这种动力学和初级意识，一只动物，甚或一个初生的婴儿，就可以体验到一个场景，但是都还没有可以从内部分化出来的、可称之为自我的东西。在添加进了有关语言的新维度，并且将它们整合到动态核心中去之后，在人类中出现了高级意识。我们现在可以想象，初级意识不断地反映当前的情景，过去和未来的种种概念则跟语言和思想联系在一起，由此产生新的意象。通过社会相互作用，发展起一种可以区分得开、并有称谓的自我（discriminable and nameable self）。这种自我与初级意识当时体验到的场景，以及基于概念之上的意象（它把各种体验都联系起来）联结在一起。

　　这种发展最终使得人能意识到，自己是有意识的。实际上，主观体验特性可以通过某种高级的分类过程，被推断并被命名。但是即使在被命名之前，在被描写之前，主观体验特性就早已被区分开了，而且在作为意识基础的复杂系统中，有大量的主观体验特性。事实上，这些主观体验特性就是所有可区分得开的意识状态。因此，可以把发育和经验，看成是在下列两方面逐步增加动态核心的复杂性：维度以及相应的 N 维空间中，可以区分得开的点的数目。

　　刚才所讲内容的目的，在于启发，并不严格。此外，就像我们曾经多次强调过的那样，这样的叙述可以使我们认识到，应该怎样看待主观体验特性，而不能代替主观体验特性。不管这种认识有多么深刻，对于我们每个人来说，场景都要通过一个反映个体历史的经验过滤器，来识别主观体验特性。这种过滤的作用，不仅依赖于动态核心的行为，而且依赖于无意识的神经过程。下面，我们将讨论有意识和无意识的过程如何相互作用的重要问题。

第十四章

有意识和无意识

　　精神活动的无意识方面，诸如运动过程和认知过程，以及所谓的无意识记忆、意向和期待，都在塑造和指导我们的意识经验上起到基本的作用。在本章中，我们要来考虑几类无意识的神经过程。这些过程通过它们和动态核心之间的相互作用而影响意识经验，或者受意识经验的影响。核心的动力学可以受到一组神经过程的强烈影响。这些过程由不同的核心状态触发，它们一旦完成以后，又会帮助实现另一些核心状态。运动和认知的无意识过程，牵涉长而并行的神经回路，这些回路穿过如基底神经节和小脑这样的皮层附器。作为有意识行为的结果，无意识过程可以彼此嵌套，或者串接起来，产生对全局映射有贡献的感觉运动回路。我们也要讨论这样的可能性，即丘脑-皮层系统中的一些孤立活动可能与核心共存，影响核心的行为，却不并入核心。这些不同的机制提供了一种神经生理学框架，使我们认识到，无意识过程如何影响动态核心，并由此影响意识经验。它们也揭示了，动态核心的活动如何影响无意识过程之间的联系，从而影响习得的过程和自动过程。

　　动态核心假设非常具有启发性，这不只是因为它指出了，用哪类神经过程可以说明意识经验，而且还因为它提出了原则，把意识过程和无意识过程区分开来。正如我们指出的那样，和血压调节有关的神经过程并不，也不能对意识经验有所贡献。根据我们的假设，它们之所以不能，是因为调节血压的神经元不是动态核心（大部分是在丘脑-皮层系统中发生的整合过程）的一部分，并且单靠它们自己，无论如何都不会产生一个有足够多维数和复杂性的整体性神经空间。事实上，调节血压的回路从本质上说，确实只是简单反射弧。

　　我们也曾经指出，这种神经回路和动态核心，在功能上是隔离开来的：扰动这种回路中某一神经元的活动，只引起局部的变化；它们并不会对丘脑-皮层区中的大量相互作用起全局性影响。很可能，在脊髓、脑干和下丘脑中，任何时刻都有功能上隔离的像反射那样的大量重要回路在活动，并且在许多情形下，它们都不会与动态核心有功能性的联系。这种神经活动不仅一直是无意识的，而且完全不能进入核心，因此也没有有意识的监督或控制。但是，通过生物反馈有意识地监视神经活动的某些无意识参量，也可以对它们有意识地进行控制。[1]

　　但是，意识经验并不只是在功能上隔离的无意识过程的海面上自由飘浮。相反，它一直影响着许多无意识过程，又受到许多无意识过程的影响。在知觉、动作、思想以及情绪方面，有许多例子说明，有意识的过程和无意识的过程经常是有联系的，而且它们之间的分隔常常也不那么清晰。在音乐演奏方面，有一个大家都知道的例子。演奏者的手指不需要意识控制，就能够动作自如，直到演奏者在演奏时需要有意识地注意节奏上的变化，或者碰到困难为止。脑中一直在进行着一些无意识的过程，但是这些过程可以影响意识，或为意识所影响。在本章中，我们就来研究这些过程可能的神经生理学基质。在这样做的时候，我们不仅要讨论这些过程发生在脑内的什么地方，而且要讨论，为什么即使这些过程和动态核心可能有功能上的联系，却依然是无意识的。由于我们对脑动力学的许多基本原则尚认识粗浅，因此我们只进行很一般的讨论。我们的目的是，在我们假设的基础上，阐明脑内有意识和无意识过程相互作用之可能模式。

为了不沉湎于猜测性的神经学，我们不想对无意识认知的许多方面，提出其可能的神经机制。无意识认知虽然有着明显的心理学意义，却离开神经生理学的认识太远。我们将讲到，诸如，无意识的期待和意向这样的无意识上下文，对于塑造意识经验的作用，惊奇或失望对意识的影响，对注意的有意识或无意识调节，弗洛伊德潜意识的基质和机制。许多这种无意识的精神过程和意识经验之间的关系问题，当然值得研究。[2] 然而，在认识的现阶段，看来我们还不能对上述每个问题都给出具体的物理解释。我们只是给出一个总体上的神经生理学框架，并尽可能在此框架内做些解释。

输 出 端 口

当思考脑中有意识和无意识的过程发生相互作用时，想象核心在某些部位有端口或者说输入–输出联结，是有用的。我们可以把同时与核心内其余部分和核心外神经元有相互作用的神经元群，看作是输出端口（ports out）或输入端口（ports in）。具体是哪一个，可视相互作用的方向而定。

让我们从输出方面开始考虑，核心如何触发无意识的神经过程（我们把其活动对意识经验没有直接贡献的神经回路，简称为无意识的神经过程或回路）。我们知道，当我们伸手去拿一个玻璃杯时，在诸如基底神经节、小脑、皮层下运动核团和部分运动皮层这样的结构中，进行着许多过程。正如在第八章讲过的那样，这些过程对全局映射有贡献。它们要选择肌肉收缩的时机，进行不同肌肉和关节之间的协调，根据知觉到的玻璃杯的形状和大小转动腕部和控制手指的松紧，调整姿势以保持平衡，还要做出许多为了使这种动作平稳进行所需的其他活动。我们并不意识到绝大部分的细节过程，我们也不想这样做。这种情况就像总统和战时内阁在发生国际危机时，命令一支舰队做好部署：他们应该知道何处、何时和为什么，但是他们毋庸知道舰队如何集中，如何告知水手，甲板和军械库安置如何等等细节。

因为我们能够有意识地在运动中执行这些过程，所以必定有某些输出端口，把核心和执行运动输出的无意识神经回路联结起来。这些端口很可能和分成六层的皮层中某些特定的层有关。例如大脑皮层（在本例中假定是在运动区和运动前区）中的第Ⅴ层，很可能成为核心的端口。一方面，这些神经元直接和第Ⅵ层的神经元有联结，并通过它们对复馈回路有所贡献。这些回路把它们和产生核心的其他皮层区和丘脑区联系起来。另一方面，同一些神经元还会延伸轴突，离开丘脑-皮层系统，并且直接或间接地到达运动效应器，也就是脊髓中的运动神经元。通过这些通路，意识上作出动作的决定，可以实际产生运动输出，例如执行手的某些精巧运动。

上面的说法提出了一个有待澄清的问题。请回想一下，核心是通过参与单元之间的相互作用来定义的。如果运动区或运动前区[3]中第Ⅴ层的神经元参与核心，在功能上能够起端口作用，并激活运动神经元，那为什么不把与它相互作用的运动神经元，也看作是核心的一部分呢？答案实际上很简单。动态核心中的神经元群与运动神经元直接的功能相互作用，总是单向的。核心中发放模式的变化，对运动神经元的发放来说，通常有不同的意义，并导致特定的行为输出。与此相反，运动神经元的发放对核心自身来说，却没有什么差别；刺激脊髓中的运动神经元，会影响到肌肉和行为，但它不能影响核心的全局状态（当然，全局映射采集环境的不同部分，并由此改变感觉输入。这样也可意识到某些动作的结果，但是这种效应显然是间接的）。

输 入 端 口

现在让我们来考虑输入方面。某些无意识的神经过程，是如何影响核心的呢？感觉外周中所发生的无意识神经活动，就是这方面的明显例子。[4] 正如前面提到过的那样，当我们在意识上知觉到某个协调一致、稳定而有意义的视觉场景时，在视网膜和早期视觉结构中进行的大量神经活动，是我们意识不到的。这些神经活动对下列作用是必要的：适应所有的光照水平；增强反差；检测相干的运动；确定边界；把一些对象群集在一起，把它们彼此区分开来，并和背景区分开来；不管照明光的组成成分如何，确定出它们的反射（颜色）；不管在位置、朝向和大小上有什么变化，都辨认出同一对象；抽提出大量的不变性和更为抽象的特征——它们对于认知至关重要。简而言之，这些神经活动对于知觉环境的性质来说，是必要的。对于别的一些感觉过程，也可作类似的思考，例如，和对语言进行语法分析的非凡行为有关的感觉过程。

为什么我们通常并不意识到感觉外周中神经元之间无数的相互作用，以及经常在变动的活动，却意识到其结果的某些方面呢？举例来说，我们当然觉知到对象的颜色，但是我们并不觉知视网膜中不同种类视锥的迅速变化着的活动。和运动神经元的发放不一样，感觉神经元的发放，显然会影响动态核心，并决定我们最终知觉到什么东西。但是，如果这些过程会影响核心，那为什么它们不能成为核心的一部分呢？答案也是简单的，但仍值得再强调一下。我们曾经指出过，有理由相信，在视网膜中以及视觉系统其他早期阶段中，神经元之间的联结，使得在这些部位所发生的许多活动，是相对隔离的或者局域性的。请回忆一下，我们在前面提到过要达到某一目的地的舰队。换句话说，这些低层次的相互作用，就像舰队中每条舰上雷达屏前的繁忙活动。所有这些活动，以及总统部署的舰队各舰只之间的通信，都是必要的。然而，在国内的总统和他的内阁，对这些繁忙的活动一无所知，他们一直不觉知到这一切，也应该如此。事实上，总统和他的内阁只需要及时知道舰队的总体情况和进展就行。

　　类似地，如果一系列复杂的局域性相互作用的结果，引起一些皮层神经元的发放，这些发放信号表示有红颜色存在，那么最终重要的是，这些对红色有选择性的神经元确实发放了。可以把这些神经元群看作核心的输入端口。一方面，核心之外的局域性过程，可以影响它们的发放，使它们能对环境中变化着的性质起反应；另一方面，通过它们与核心之间的联结，它们的发放可以全局和有效地影响遍布丘脑-皮层系统的大神经元群，即整个核心。与此成对照，刺激感觉外周中的神经元，除了最终也可能影响参与核心的神经元群之外，只产生纯粹局域性的影响。按照这一方案，除了核心端口传输给核心的信息外，再没有感觉外周中的活动信息和痕迹能够到达核心。

运动过程和认知过程

　　我们用这些例子说明了，感觉和运动外周中的无意识神经过程，如何会影响核心（在输入端口），或者受核心影响（在输出端口），但从信息上来说，仍与核心不同。然而，还有另一类我们还没有考虑过的无意识神经过程，即无数在输出和输入这两方面都跟核心有接口的神经过程。它们有可能与感觉外周或运动外周有关，也有可能并不与感觉外周或运动外周有关。

　　请考虑下面的例子。当我们说话的时候，我们大致知道自己要说些什么，虽然通常都不知道自己将要用哪些词。幸运的是，当我们需要的时候，词汇似乎总是自己蹦出来，在确切的时间，用在确切的地方，以确切的声音，表达确切的意思。我们通常并不需要每一步都有意识地去搜索每一个词，或者有意识地检查我们的语法。如果我们真的不得不那样做的话，说话就会变成一种几乎不可能完成的任务，我们有意识的生活将被加上不堪忍受的重荷。人们长期以来早就认识到这一事实。埃格尔（M. V. Egger）在《发言》（*La Parole Interieure*）[5]一文中说道："在说话之前，人们很少知道自己要说些什么，但是在说话以后，人们对自己所说过的话会充满惊奇和赞美之情，并觉得讲得太好了。"福斯特（Edward Morgan Forster）的小说《霍华德庄园》（*Howards End*）中的妇女回忆说："在我明白自己说了些什么之前，我怎么能知道我在想些什么呢？"看来，核心似乎是稳步地从一个意识状态变化到下一个，特定的无意识过程和子过程在不断地受到触发，以找出正确的用词，检查语法，并把结果送给意识，然后再开始新的一轮。

当我们高声说话或者默默自语、写字或者打字、演奏乐器、表演体操节目、驾驶车辆，或者只是在桌子上摆餐具时，都会一直有无意识的过程在帮助我们有意识的生活。当我们进行心算或者静坐默想时也是如此。图 14.1 图解表示：核心和许多无意识神经过程以及子过程之间的可能关系。无意识的过程与核心在输入端口和输出端口处形成界面，核心的特定状态触发特定的过程。当这些过程在运行的时候，它们可能会、也可能不会产生明显的运动输出。当它们结束的时候，它们再一次和核心建立起联系，并帮助实现特定的意识状态。就像运动外周和感觉外周中的神经过程一样，这种过程对意识经验有很大的影响，但是它们本身并不会直接引起意识经验。虽然它们在输入端口和输出端口处与核心有联系，却并不直接参与造成核心本身的各种全局性相互作用。

把我们有关海军部署的比喻再加推广，核心内部神经相互作用的场景，可被想象成类似于一次国际危机中，来自不同国家的高层外交官召开的秘密会议。会议最后会产生些什么结果，显然有赖于这些外

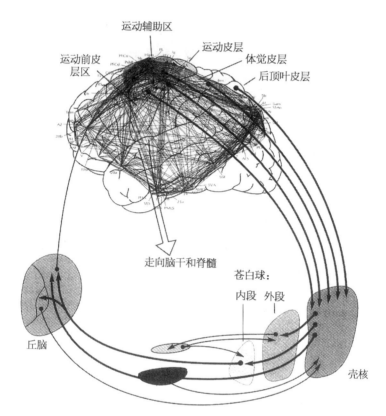

图 14.1   介导有意识过程和无意识过程的结构及联结

我们用皮层和丘脑区域精细的网络以及复馈联结，表示产生动态核心的丘脑-皮层系统。一些功能上隔离的过程，由动态核心触发，并又再回到核心。它们沿着并行、多突触的单向通路进行。这些通路离开皮层到达基底神经节和某些丘脑核团的各个成分，最后又再回到皮层。大的箭头表示到脑干和脊髓去的联结，这些联结线路负载着运动输出。

交官在会上的意见交换。但是，每个外交官都通过电话与他或她的政府以及各种各样的官员（我们把他们看成代表了无意识的过程）保持秘密联系。如果外交官需要在会议上发表公开声明，他们首先要向政府官员请求指示，或者提出技术性问题。每个外交官和这些官员之间交换的信息，都是保密的。即使在同一个政府的不同官员之间，也很少通气。不同国家的官员之间，更是壁垒森严。但是，每个外交官和他或她的国内顾问之间，不断进行意见交换，这显然会影响会议上的意见交换。

长回路和认知过程

现在我们要问，与核心有接口的自动过程和子过程的神经解剖学和神经生理学基础，究竟是什么。许多观察表明，这些过程大概由一系列的多突触回路实现。这些回路从丘脑-皮层系统出发，经过所谓的皮层附器（例如基底神经节和小脑），再回到丘脑-皮层系统。为了简单起见，这里我们主要只考虑基底神经节，并把它作为一个例子。但是，我们相信另一个皮层附器，也就是小脑，也可用于类似的目的，虽然它所能实现的无意识过程的类型大不相同。[6]

正如我们在第四章中考虑神经解剖学中的第二种拓扑结构时所指出过的，基底神经节是前脑深部的一组大核团，其中有大量的神经元。它与丘脑-皮层系统并行进化而来。它们的联结和丘脑-皮层系统的联结，在组织上是不同的。它们组织成一些长的并行回路，这些回路似乎尽可能地保持独立。正如我们在以后要讨论的，这种组织对于它们的无意识功能模式是十分重要的。如图14.1所示，基底神经节的输入部分，叫作纹状体。它通过皮层第V层中神经元的轴突，接受来自许多皮层区的投射。但是，和皮层-皮层联结以及丘脑-皮层联结的通常模式不同，没有从纹状体回到皮层的逆向投射。相反，纹状体中的神经元继续向前投射到基底神经节的其他部分，例如投射到叫作苍白球（pallidum）的区域外段和内段。这些回路也都是前向的，并没有逆向的投射。最后，基底神经节的输出部分，也就是苍白球的内段，投射到某个丘脑核团，这个核团又再投射回皮层。这些投射到达皮层的部位，是非常局限和特殊的（基底神经节的不同部分，特异性地联结到运动皮层、前运动皮层和前额叶皮层的不同部分，也投射到颞叶的某些部位）。[7]

从皮层到基底神经节到丘脑，再回到皮层，这样一串多突触的通路，构成了一种特殊类型的回路。这与丘脑-皮层系统中特征性交互联结神经元群的复馈回路很不一样。首先，穿过基底神经节的回路很长，并且包括多步突触联系，其中有些是抑制性的。其次，这些长回路是单向的，而不是双向或复馈的。第三，各种各样的皮层-基底神经节-皮层长回路，看来是并行组织起来的，在皮层中有不同的起源区和终止区，就好像它们故意要使得彼此间的相互作用尽可能少似的。这种并行的组织，和丘脑-皮层系统中连成一团的复馈回路，形成鲜明的对照。后一种结构特别适合在许多分布各处的神经元群之间，同时产生相互作用。

最近的研究记录证据非常清楚地表明，基底神经节内部和丘脑-皮层系统中的功能性联结有根本的不同。[8] 在猴子的皮层区和丘脑区记录到的所有神经元对中，20%～50% 的活动是广泛同步的；而在猴苍白球内段（基底神经节的输出站）中的神经元活动，却几乎完全不相关。因此，丘脑-皮层系统的解剖组织，有利于在分布各处的区域中产生广泛的协调一致。这是由复馈相互作用实现的。与此成对照，看来在基底神经节中不同的神经元，组织成一些并行的回路。这些回路彼此独立，因此并不像皮层中那样彼此交流。

这种观察与下面的假设相当符合：丘脑-皮层系统中的活动，导致形成具有高度复杂性的功能性大聚类——动态核心；基底神经节中的活动，则按非常不同的方式组织起来——这些并行的回路并不相互作用，因此也不会产生单个功能性聚类。此外，虽然这种并行回路的串行活动，可能在输入端口或输出端口处与核心有联系，但是这些回路中的绝大部分联结都不在其内。扰动这种长回路中的神经元本身，并不会改变核心的状态，而只是在该回路的内部引起局域性的变化。在经过几个突触之后，一个或多个神经元群构成输入端口，只有它们被激活了，扰动的效果才会全局性地传输到整个核心。看来，人们只能期望，在基底神经节中所遇见的长单向并行回路，是实现各种独立无意识神经过程以及子过程的一种结构：核心在特定的输出端口触发它们；它们工作得迅速而有效，但是具有局域性，并在功能上是隔离的；只有在特定的输入端口，才告诉核心其激活后的结果。[9]

经过基底神经节（以及经过小脑）的并行回路，可能与建立神经过程及其执行有关。这种想法并不新奇，并且在基底神经节的研究中早已为人熟知。[10]特别地，有大量证据表明，基底神经节参与发起和执行一连串的运动动作。猴基底神经节中的神经元，对特定的习得运动串选择性地发放。这些回路所投射的皮层区中的神经元，也是如此。[11]有新意的是，基底神经节和类似回路中的典型联结（在功能上隔离，并且只在输入端口和输出端口处与动态核心有联结），可能是说明为什么这种过程是无意识的主要原因。

如果这个想法是正确的话，从中就可以得出一些重要的推论。例如，现在愈来愈清楚，通过基底神经节的回路，不仅和运动过程有关，还可能和各种认知活动有关——这要看这些回路是从皮层的哪些部分出发的。对这一结论还可作些推广，即除了自动的运动过程之外，还有许多认知过程与说话、思想、计划等有关。基于自动的运动过程无意识的相同理由，这种过程也可能是无意识的。与运动过程同样，作为动态核心一部分的神经元群，也能够触发认知过程的活动（输出端口）；而这种过程的结果，通过基底神经节回路又会激活或者抑制属于核心的其他神经元群（输入端口）。只有这样，这种过程的结果才能和整个核心交流，并被意识到。

看来也很可能，基底神经节或者基底神经节和皮层界面上的各种机制，是在各种并行过程之间，进行一场"赢家通吃"的竞争。这使得在任一给定时刻，只有一个过程激活到足以在功能上反过来，再连到核心上去。这种机制对于行为和思想的前后统一性有贡献。因此，一般说来，当一个人开始运动和思考的时候，他必须等到完成这个运动或思考之后，才能开始新的运动或思考。

全局映射和学习

这里所阐明观点的另一个重要含义，与把一些在整个运动或认知序列中本来是彼此独立的基本过程（单次执行某个基底神经节回路的功能）连接或嵌套起来的过程有关。虽然单次执行基底神经节某个回路功能（也可能通过别的皮层附器）要花费 100～150 毫秒，但是绝大多数的行为和认知活动，是由许多时间更长且有更多连接的序列构成的。例如，在学习由一系列琶音构成的乐曲时，一位钢琴家会首先学弹单个琶音，然后再学弹另一个琶音，如此等等，最后把它们串成一气。显然，需要有某种机制，把这样的多个基本过程和子过程连接和嵌套起来，通过学习而成为整个序列。

从原则上说来，这种嵌套可能是在基底神经节层次的回路之间建立起来的，或更可能是在皮层层次上。动态核心由于其巨大的联合能力，处于一种有利的地位，把一系列现成的无意识过程连接起来，或者分层次组织成某个特定的序列。当一位钢琴家小心地把一些分散的琶音段落连起来时就是如此。通过核心的大量入口，很容易把特定的一串过程连接起来，从而使整合后的感觉运动回路的表演尽善尽美，而和环境无关。对音乐家来说，当他按照乐谱，根据记忆演奏或者甚至在心里练习时，都会激活这些回路。

在第四章中曾指出，我们所讨论的感觉-运动回路，是全局映射的一个部分。这些全局映射，是由多个复馈皮层映射区和许多皮层附器（海马、基底神经节和小脑中的一个或几个）构成的动态结构。我们说过，全局映射中的活动，是在不断地把动物的运动和各种感觉信号联系起来的回路中进行的。这种动态结构，无意识地由不断的感觉和运动而得以维持，或发生改变。关于全局映射如何与意识的基质联系起来的问题，现在我们可以知道得更具体一些了。当核心通过其端口，把由皮层附器所实现的一系列无意识过程连接成整体感觉-运动动作时，全局映射就被激活。按照这种观点，典型地说来，我们的认知生活就是一连串核心状态，这些状态触发某些无意识的过程，而这些过程又再触发某些别的核心状态，如此等等，循环往复。与此同时，就像在音乐家演奏中的情况一样，核心状态当然也要受感觉输入的影响（作用在另一些输入端口上），此外，部分地也要受核心本身的内在动力学特性的影响。[12]

这一观点还具有某些关于有意识学习过程的含义。正如我们指出过的那样，在行为或思想变得能自动进行和不需要意识之前，有一个意识控制的阶段。在这个阶段，每一个行为或认知的片段，都需要逐个经过勤学苦练，然后才能连到一起，最后成为能够完美而无须费力执行的整个自动行为。

我们因此可以想象一下，当我们学习一个新的过程（说、想、演奏乐器等）时，所要发生的场面。一开始时，由于动态核心广泛地访问大量的基底神经节回路，它要触发许多基本过程，或者过程的片段。这种访问最有可能是分级进行的（相应于想要演奏了，某些区域可能会被激活起来，然后调动适当的神经元群去执行适当的姿势调整，再后指头准备去接触键盘，最后才是移动某个特定的指头，去击打某个特定的键）。经过多次重复有意识核心的不断控制，这种过程会逐渐变得愈来愈有效和正确。与此相应，这种改善首先是成功地选择通过基底神经节或者其他皮层附器的多突触回路，然后是对这些回路进行功能性隔离。[13]脑内主管执行每个这种过程的部分，很快就会精简到一组特殊的专用互联回路上去。这样造成的功能性隔离，非常有利于优化在这种回路内部的神经相互作用，并减少与脑其余部分的神经相互作用。

在第二阶段，为了使初始时彼此分离的一些无意识过程联系在一起好好工作，有意识的控制也是必要的。正如我们指出过的那样，动态核心看来是处于一种有利的地位，使通过基底神经节的不同回路，建立起高阶的联系。动态核心由于广泛访问不同的信息源和对上下文敏感，能够介导相继过程之间的转换，并且有利于增强某些特定的转换。

最近有证据表明，价值系统，特别是所谓的多巴胺能系统（其名称来自它所释放的神经调质——多巴胺）的发放，增强基底神经节回路，由此发生的神经选择，引起专用回路的功能性隔离。当用某种奖励来强化某个行为时，这种系统发放，而一旦学会这种行为之后，就停止发放。[14]对于通过核心的介入而加强的不同过程之间的突触联系来说，多巴胺能系统和其他价值系统（它们支配基底神经节及其在皮层上的投射区域）的发放，也可能是关键性的机制。这样，在有意识的学习过程中，建立起或连接起与某一特定任务有关的全局映射，在此之后就能够快速、可靠、无需意识，看上去似乎不费吹灰之力，一气呵成地执行某个感觉–运动链。

最后值得指出，在这种情况下，一些像强迫症这样的精神性疾病，也许部分地可理解为，在一些条件下过多地触发了某些运动和认知过程。强迫症病人不断重复某种思想，或者想做某些动作。他的这种强迫的症状是自我失调的，也就是说，是他自己不愿意的。因此，强迫症的特征就是，在病人的意识中，强加上固定的无意识过程，就如同核心的某些输入端口和输出端口被不正常地打开了。在帕金森病的情况下，多巴胺能系统对基底神经节的支配减弱了，引起在通常情况下是隔离的基底神经节内回路之间的独立性丧失。[15]正如所有的肌肉同时收缩时，会引起肌肉强直，在现在这种情况下，多个过程同时激活，也会引起执行性麻痹。非常有意义的一件事是，在帕金森病的情况下，这种执行性麻痹不仅涉及运动方面，而且思想本身也放慢了，变得难以进行，甚至停滞。

我们故意把我们的讨论，局限于和基底神经节的相互作用方面。其实，这个问题很可能和小脑也有类似的关系。按照其他皮层附器的特殊结构和功能，也可作同样的讨论，并加以适当修正。确实，要想有全面的认识，我们必须考虑所有这些结构在有意识和无意识活动的不断变化中，在功能上的相互作用。

丘脑-皮层分离：核心发生分裂的可能性

最后还有一类无意识的神经过程，可能并不与基底神经节这样的皮层附器有关，而是在丘脑-皮层系统本身中发生的。我们讲的是丘脑-皮层系统中的一些脑区或者一组神经元群，它们在活动，但是由于解剖上或者功能上的分离，不属于主要的动态核心。我们早就指出过，初级感觉区或者初级运动区中的一部分神经活动，可能在输入端口或输出端口与核心联系，但并不直接对核心有贡献。然而，我们这里要考虑的是在丘脑-皮层系统中的一些神经过程，它们在通常情况下是参与核心的，只是在某些条件下可能在功能上与核心隔离。丘脑-皮层系统是否有可能在同一时刻支持多个功能性大聚类呢？有没有可能，有些活动的丘脑-皮层岛区，可以从主体上分离出来呢？

就现有的知识水平来说，我们还不能确定地回答这些问题。但值得指出的是，用这种功能上或解剖上的分离，可以说明第三章中讨论过的一些病理上的分离现象。例如，癔病性失明的病人可以避开障碍物，却宣称看不见东西。有这样一种可能，这种病人有包括某些视区在内的小功能性聚类，在自主地活动，可能没有和主要的功能性聚类融合在一起，但是它们依然能够访问基底神经节，或其他地方的运动过程。不管怎么说，在裂脑人中间确实发生了这类事，裂脑人由于断开了他们的胼胝体，而在同一个脑内至少同时存在两个功能性聚类。

在主要核心之外，还存在核心碎块，或者有自主功能的丘脑-皮层分离部分。这样一种可能性，提出了许多有趣的问题。我们在某个时刻，有意识地立意决定，并在之后一直坚持不懈的重要目的或者意向（譬如说决心学习某种外文），是否仅仅是一组不活跃的神经回路，而要感觉到它们对意识的影响，就需要激活它们呢？或者是否有可能，它们自主地活动，却一直处于无意识的情况，直到它们融入主要的核心为止？是否有可能，用这种活动的却在功能上隔离的丘脑-皮层回路，来解释心理潜意识的某些方面（如西格蒙特·弗洛伊德所指出的那样，这些方面有许多精神特征，却并不进入意识）？这种回路是否由压抑机制产生？这种活动的丘脑-皮层岛区，能否触发它们自己的基底神经节过程，从而为口误、误动作之类作出解释呢？显然，要想阐明这些问题，还必须做许多工作，还必须建立方法，实际评估核心活动以及它们与不同的皮层附器之间的关系。同时，高度整合的核心，是产生意识状态的基础。这一核心又与一系列无意识的功能上隔离的过程联系在一起。这一基本思想，为此类研究提供了一个有用的框架。

第六部分

观察者的时代

在这一部分中，我们将继续深入到脑的深处，以及丰富多彩的意识现象学，探讨一些人们最关心的问题。我们已经讨论过，对初级意识的进化起源最为重要的神经机制。我们用了一些有关意识经验神经基础的具体假设，来进一步发展这种观点。这些假设可以解释意识经验的普遍性质。但是，我们还没有直接谈到有关意识和语言、思想以及知识局限性的关系。这种关系建立在高级意识的基础之上——我们曾经说明，有了高级意识，才能够发展起有关自我、过去和将来的概念。为了解开这个世界之结，或者至少把它重新打得不那么缠结不清，我们相信，在本书的最后讨论一下这些大问题是适当的。这些问题既和科学有关，也和哲学有关，并且为从意识的科学观中可望得出些什么结论，而哪些则不能，提供一些进一步的审视。

　　要想科学地探讨意识过程的性质，高级意识显然是必须涉及的。作为有意识的人，我们不可能完全摆脱高级意识，而只留下由不断进行着的事件所引起的初级意识。实际上，这正是练功者（mystics）所追求的状态。让我们简要地来探讨一下，有关高级意识的某些问题：语言、自我、思想、信息的起源，以及认识的起源和所能达到的极限。现在是问一下我们从一位科学的观察者那儿能够得到些什么的时候了，这种观察者致力于认识意识过程，并把结果告诉他们自己和别人。现在是观察者的时代。

第十五章

语言和自我

在本章中，我们将从新的角度来考虑一些对哲学和科学来说十分重要的问题，并且说明一些从科学的意识观出发，可以解释或不能解释的问题。特别地，我们要指出，正是产生语言所需的神经方面的变化，才最终导致涌现出高级意识，因此我们将简要地讨论语言进化的某些方面。一旦开始出现高级意识，从社会关系和情感（affective）关系中就会产生自我。这种自我（这必然造成一个有自我意识的载体或主体）远远超越出只有初级意识的动物的生物学个体性（individuality）。自我的产生，使得现象学经验变得更精妙，把感受和思想、文化以及信念联系在一起。由此有了想象和比喻。甚至还可以暂时摆脱有记忆的现在的束缚，而依然保持意识。把初级意识和高级意识结合起来，可以澄清（如果不能完全解释的话）三个奥秘，即觉知之谜、自我之谜，以及编造故事、计划和谎言之谜。

请考虑一下，产生高级意识的脑结构的进化（参见图 15.1）。只有初级意识的动物，可以产生一种"精神影像"，或者由动态核心中复馈

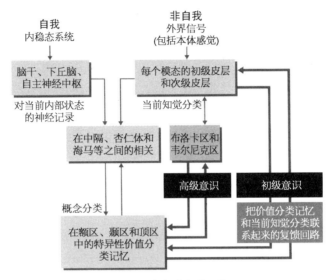

图 15.1　高级意识的图解

读者可以把这张图解和图 9.1 中所示的有关初级意识的图解联系起来看。在进化到人科动物时，出现了新的复馈回路，也产生了语言。通过语义能力所获得的新型记忆以及最终还有语言，引起概念爆炸。其结果是有关自我、过去和未来的概念，都可以和初级意识联系起来。有关意识的意识才有了可能。

活动整合产生的场景。这种场景大部分由环境中一系列真实事件决定，而在某种程度上，也由无意识的皮层下活动决定。这种动物只有生物学意义上的个体性，而没有真正的自我，即自己对本身的觉知。虽然它有某种"有记忆的现在"，这是由动态核心的实时活动来维持的，但是它没有过去和未来的概念。这些概念只是在进化过程中出现了语义能力（用符号表达感受以及表示对象和事件的能力）之后才产生出来的。高级意识也必然要涉及社会相互作用。当智人的祖先出现了基于语法的完全的语言能力时，高级意识也就发展起来了，这部分是由说话者群体中进行的交换产生的。语法和语义体系为高级意识所需的符号构造以及新型记忆提供了新手段。关于意识的意识才有了可能。

和在初级意识中的情况一样，在高级意识的进化过程中，关键的一步是发展出特殊类型的复馈联结，这一次是在脑的语言系统（见图15.1）和已有的脑概念区之间的联结。这些神经联结和语言的出现，使得可以用符号来表示内部状态和对象或事件。随着社会交流（可能最初是基于母子之间的养育和感情关系），这种符号的词汇量不断增多，于是使得能够在个体的意识中区分出某种自我来。当有了叙事能力，并且影响到语言记忆和概念记忆时，高级意识就促使产生了与自我以及与他人有关的过去和未来概念。

到了这个阶段，个体在某种程度上就可脱离开有记忆的现在。如果说，初级意识把个体和当时紧紧地结合在一起，那么高级意识至少使它们可以暂时分离——这只有通过创造出过去和未来的概念，才有可能做到。这样就可体验到和记住一个充满意向、分类和区分的全新天地。其结果是，概念和思想大大丰富了。那些有益的关系得到加强，怨恨滋生起来，计划得以制定。符号丰富了场景。价值和意义以及意向联系了起来。不断进化着的神经系统，把个体的学习又反过来和价值系统本身的改变联系起来，以更富于适应性的方式，对价值进行修正。

请想一下，为了产生真正的语言，必须发生一些什么样的必要的表型变化，人们就会明白，语言的起源进化有多么困难。首先，智人的祖先必须具有初级意识，即有能力在有记忆的现在构造一幅场景，在这幅场景中，有或没有因果关系的对象和事件一起，对该动物的价值和受历史影响的记忆都很重要。其次，要发生一系列形态学上的变化，由此导致用两个后肢行走，触觉更灵敏而善于抓握东西，颅底的形状也发生改变。在某个时期，颅内发生的变化使得该动物的后裔有喉上空间，并且能够发出协调的语音。相互沟通的智人，必须用手势和声音来实现社交，这在狩猎和繁殖方面都有选择性优势。

脑又如何呢？在这个时期之前，至少已进化出了丰富的语音分类，以及记忆语言声所需的皮层和皮层下结构。对高级意识来说，关键的一步是在进化中产生出这些结构和负责概念形成的脑区之间的复馈联结。根据神经元群选择理论，各种不同的脑区是在选择下运作的。它们有很强的可塑性，以适应躯体表型的种种变化（例如出现喉上空间）。这种可塑性改善了我们在遗传和进化方面的两难局面——同时要求在改变了的身体部分和相应地改变了的神经映射方面，都发生相关的变异（当然，在脑对影响身体的突变发生相应变化的基础上，后来在神经方面重要的基因突变，在进化上积累了起来，从而有利于机体）。[1]

智人群体在形成语言的过程中，要从彼此的交流中产生出意义和语义，需要些什么呢？首先，这种交流要有与奖惩有关的情感性成分在内。情感性的早期母子关系和梳理毛发，可能是这方面的原型，但不是唯一的原型。其次，必须早就有了初级意识和增强了的概念能力［在有语言之前，概念是靠脑构造"一般概念"（universal）的能力而产生的。这是通过对脑的知觉区和运动区活动的高阶映射来实现的］。第三，声音必须变成话语，智人之间在历史上形成的语音，在交流和记忆时必须和所指的对象联系在一起。最后，某些脑区必须对这些语音起反应，将它们分类，并把对它们的符号意义的记忆，与概念、价值以及运动反应联系起来。记忆语言符号的脑区和脑的概念区之间的复馈联结，产生了对事件的记忆。这是这些发展的进化价值所在。

语言交流的基本关系，要牵涉四个要素，这就是至少要有两个参加者、一个符号和一个对象。正是这个对象（也可以是一个事件）的稳定性，以及每个脑内选择性网络的简并性，一起使得能建立起具某种意义的稳定词汇。所用的符号多少是任意的，而由于简并性，在两个交流者的脑中参与的神经元也是不同的，但这都没有关系。在每个脑中，关于某个对象的恒常性，以及固定地把对象和约定俗成的符号联系起来，足以保证有意义的交流。

在这些交流中，很可能交流的单元并不是单词，而是相当于原始句子的东西。这种句子就像手势一样，可以表达动作或内心世界（immanence），也可以指事件或事物。手势性的"原句法"[2]，以一连串的运动动作把指点的动作和对象联系起来，由它再演变为句法，其结果是产生了区分词序的能力。这种能力大概需要在诸如韦尔尼克区和布洛卡区这样的皮层区及其有关的皮层下回路中扩大选择。这种发展的次序是从语音到语义，与之交叠的是从原句法到句法。这些交流都是情感性的（affective），和价值系统都有很强的联系。语言除了指明对象和事件之外，还有用以交流感受和判断的表达功能。[3]

　　在第十四章中，我们提起过语言的许多方面是通过无意识的过程来实现的。这些过程和对词义的意识，大大丰富了新记忆系统。这种系统部分是由语言区介导的。虽然语言区本身并不主管思想，但它们和概念区之间的复馈相互作用，创造了大量的符号构造，或者说句子。增强了的符号记忆，扩大了语言符号的数量。当词汇量达到一定的数量，一个人所能够有的概念范围就大大扩张了，这促进了对比喻的应用。

　　一旦随着语言开始发生高级意识，自我也就从社会关系和情感关系中产生出来了。这里我们必须考虑两个对认识高级意识十分基本的相关问题。第一个问题是，语言对于主观世界的极端重要性。第二个问题是，关于高级意识对主观体验特性的影响。

　　关于主观性和自我产生之间的关系，有两种非常不同的观点。这两种极端的观点可称为关于主观的内在论和外在论。[4]按照内在论的观点，首先要有主观体验（譬如说，新生儿的主观体验），然后随着社会的和语言的相互作用，逐渐分化出具有自我意识的自我。虽然没有直接的方法可以知道早期主观状态的性质，但是人们认为，它是以后发生的真正自我的必要基础。从这种内在论的观点来看，发育中的个体甚至在有语言之前，就已经可能有某种思想。因此，婴儿在有语言之前，就能懂得父母的意图。

　　按照另一种观点，也就是外在论的观点，在有语言之前，谈论主观反应或者内部状态都是没有意义的。语言是通过社会性的人际关系获得的。只有有了足够的语言，才有了自我的概念基础。只有在这个时候，我们才能认为，存在有意识且首先是有自我意识的个体。在这种观点之下，前主观性（prior subjectivity）是个模糊不清的概念。假如 X 是有语言之前的婴儿或者蝙蝠，问做一个 X 会有什么感受，并没有丝毫意义。[5]

像所有的极端论调一样，这两种观点都有用，但是取极端的形式不大可能正确。有关初级意识和高级意识的思想，使我们考虑一种折中的观点。一个只有初级意识而没有符号能力的动物，不可能建立起有关自我、过去和未来的观念。但是从早期阶段开始，一个有语言能力的婴儿通过与母亲的情感交流，从外界得到线索，这就开始有运动的意义，因此也有概念上的意义。在发育的早期阶段，就有了语音和语义发育的基础，而和母亲交流也早就有了回报。从最初开始，就不断有需要学会语言的推动力。对高等猿类（例如黑猩猩）来说，即使它们好像有语义能力和某种程度的自我区分，情况看来并非如此。和人不一样，这些猿类在它们栖息的环境中，看来并没有什么迫使它们需要语言，并且它们也掌握不了语法。而在婴儿的情况下，随着语言和社会交往，很快就产生了高级意识、自我概念，以及关于过去和未来的概念。虽然我们无法讲清楚，"真正的主体"是从什么时候开始的，但我们可以断定，婴儿从出生开始，就不断地通过初级意识，在构建他或她自己的"场景"，而由这些场景，通过姿势、话语和语言，很快学会了很多概念。随着语言而来，并随着它的发展而成熟的思想，开始很可能是比喻性的和叙述性的。一个小孩可以和一个想象中的同伴一起玩"过家家"游戏，并且想出各种各样情景，其中有着各种各样对象的角色和性质。由此看来，内在论和外在论都太极端了，所有这两种成分在主观的发展中，都扮演着重要的角色。

解决内在论和外在论之争，对自我的出现如何影响主观体验特性的问题有重要影响。我们早就指出过，有初级意识的动物具备必要的神经结构，通过动态核心的运作，从无数种不同的场景和主观体验特性中进行区分。此外，这个动物还会以与经验协调的方式进行反应。但是，可能除了练功者之外，我们作为人类并不能在没有高级意识的情况下，直接体验初级意识。因此，我们不可以说，一个动物是否能够像我们这样，体验看东西、听噪声，或者感到疼痛。

但是我们能够说，没有语义或语言能力的动物，缺乏能把它的各种定性的经验和某种自我联系起来的符号记忆。它也不会有那些神经事件，即通过有意识地把过去、现在和将来联系起来，介导上述联系。作为一个人，我们不仅能够记得经历过的种种感觉，并对它们进行分类；而且和黑猩猩不同，我们还能够思考我们的感觉，并且和其他人谈论这些感觉。通过这种交流，我们甚至能够增强分辨某些主观体验特性的能力（请再回想一下对葡萄酒的鉴别力的例子）。把人的意识经验称为可描写的主观体验特性，是很恰当的。

作为可以通过语言进行交流的人，我们知道做人是什么感受。比起想用我们的体验来说明没有语言的其他动物的体验来说，我们在人际间交流彼此的感受时，犯错误的危险要小得多。从人的观点来看，主观体验特性就是自我对于这个自我的意识经验所作的高级分类，这是通过价值分类记忆和知觉之间的相互作用来介导的。要想描写各种主观体验特性并进一步细化，就需要同时具有高级意识和初级意识。猫和蝙蝠不能进行这样的详细描写，这绝不意味着它们就体验不到譬如疼痛之类的感觉。但是不大可能说，它们也能像人一样，有增强分辨主观体验特性的能力，所差的只是不能报告而已。虽然它们也有丰富的感知体验，但是它们缺乏有自我意识的自我，去记忆和细化这种体验。对于它们而言，基于以往的感知体验之上，长期记忆（这是无意识的）对于未来如何反应，不得不承担起主要的责任。对于人类来说，长期记忆和以语言为基础的自我从感知上体验到的有关痛苦和愉悦的外显记忆，分担了这一重任。这种负担有时相当沉重，而思想、内心独白和丰富的感情生活，是对它的某种回报。

第十六章

思　想

　　本章中我们要提这样一个问题：当你有某种思想的时候，你的头脑里发生了些什么？尽管神经科学已经取得了很大的进展，我们不得不承认，对这个问题的答案依然不是很清楚。有些人甚至回答说："我们连一点主意都没有。"威廉·詹姆士或许是企图严肃探讨这个问题的第一人。根据关于意识的神经基础的现有认识，我们所作的不懈努力，支持下面的结论：每当我们在想的时候，在脑中发生了许多事，其中绝大多数是并行的，而且有惊人的复杂性和极其丰富的联想；其中有许多是今天的计算机所处理不了的复杂信息。

　　当你有某种思想的时候，你的头脑里发生了些什么？当我们在这里如此提出问题时，并没有考虑到上下文、环境和场合的影响，然而它们确实是有影响的。但是，即使我们能够详细地列举出所有这些因素，回答一定还是：我们并不真正知道。假定我们说："WGOIYH-WYHAT？"而你把这串莫名其妙的字列和原问题中单词的首字母联系

起来 *——当你思考了这个问题是什么意思之后，再作这样的联系时，你之所想是如何变化的呢？为了回答这个问题，我们设想有关人头脑的一幅假设性画面，思想无疑就在脑袋里面。我们知道，人脑的解剖结构、病理学和神经外科，都给了我们一些线索；而且无疑，我们还能发明新的成像技术，把脑的活动与语言指令和报告关联起来。对于自述、内省及对意识的意识这些方法，只要清醒地认识到它们的先天不足之处，我们亦可加以利用。

在我们开始作某种假想的神经学上的活动之前，请想象一下，思想时脑里面发生了些什么。我们必须澄清一些重要的问题。首先，我们必须考虑到，每个人都有一些主观的方面。不管我想什么，在我的意识中，很可能总残留有一些反映我过去历史的片段。列出在某个特定时刻随便哪个个体中并行过程的种类和数目（知觉、意象、感情、信仰、欲望、心情、情绪、计划、回忆），很容易把人搞糊涂。如果我们不把那些语言参与的过程或语言起重要作用的过程，与不需要语言的过程区分开来，我们也许就不会知道思想要牵涉哪些内容。

为了作出这样的区分，我们必须对有关精神的内在论观点和外在论观点作一回顾。内在论观点（第一人称的观点）认为，我们与周围世界相互作用，以建立我们的信念；它们的内容要由特定的脑活动来决定，而这可以通过内省来了解。外在论观点（第三人称的观点）认为，精神生活是一种主要依赖于人际交流和社会交流的构建，这种交流是建立在语言的基础之上的。由这种观点来看，整个语言系统对于思想来说至关重要；正是语言的公共性，赋予了语言以意义，并且构成精神内容之基础。但是这并不意味着，不用话来讲，就不可能有"思想"。例如，阿尔伯特·爱因斯坦（Albert Einstein）就宣称，他有

---

* 本段的第一句是个提问："What goes on in your head when you have a thought?""WGOIYH-WYHAT"就是这句话中各个单词的首字母组合。——译注

关物理学的最具创见的思想，并没有明显地用到语言。然而，外在论的观点宣称，就我们思考某件事而言，我们的思想基于通过语言表达的精神生活之上。和以前一样，在我们做进一步的研究之前，我们必须找出这两种极端的立场中哪些部分是必要的，以及哪些部分是充分的。这样，应该有可能至少区分出某些我们可称之为精神的脑过程。

就知觉、意象和感受而言，内在论的观点是不成问题的。只具有初级意识的生物（例如学会语言之前的婴儿，或年幼的黑猩猩）的主观生活，只不过是一种每个个体才有的独一无二的过程。这样的个体随着经验发展起不成句子的概念，而且几乎一定能够或多或少地以自主的方式，把知觉和意象与感受联系起来。但是，进一步叙述性的、逻辑的或高度抽象的思想，则不在其内。信念和欲望（也就是真要有个自我在社交中通过语言交流而寻求满足）则多少还是做不到的。不过我们不敢肯定，这样的动物就没有精神生活。我们不得不承认，一个个体在不具备以语言为基础的信念和欲望时，也可能有精神生活。只有当我们把精神限定于以语言为基础的自我（外在论的观点）时，我们才能排除这种可能性。按照外在论的观点，一个有语义能力但是没有真正语言的成年黑猩猩，仍然不能思想。我们对这种说法表示怀疑。

大体上说来，内在论观点描写的是初级意识，而外在论观点描写的则是人类的高级意识。对人类来说，所有这两类意识是同时运作的，并且除了练功、吸毒或者神志混乱的状态之外，这种同时运作是不可避免的。与此相反，当一个没有语言的动物有精神生活的时候，这种精神生活必然很有限，因为这种动物缺乏自我的概念。虽然这个动物有其独具的精神历史，但它并不是一个主体——能够意识到自己是有意识的自我。

在我们问"WGOIYH-WYHAT？"之前，还必须先澄清另一个有争议的问题——有关意象和想象的问题。这种有没有精神意象的争论，从古希腊时代就开始了，一直延续至今，始终不衰。意象主义者（pictorialist）坚持认为，有精神意象存在，也就是在头脑里有图画存在。命题主义者（propositionalist）则坚持认为，我们可能想象有精神意象存在，但是支持这些模糊不清概念的真实过程，实际上是命题结构或者语义结构。支持意象主义者的有力证据是，在把几何图形作精神旋转，或者在心里想象从地图上的一个点运动到另一个点时，所需的时间与在"现实世界"中做这些动作时要转过的角度或走过的距离，呈线性关系。

　　表明并不存在"思想语言"的证据，看来削弱了命题主义者的见解。例如，命题主义者将不得不说明，像狗或黑猩猩这样的动物，是怎么会实际上有某种思想语言的。即使无法解决这个问题有利于意象主义，但我们是否就不得不支持那种认为在头脑里有一幅明晰图画的说法呢？我们都知道，当我们在意识上体验到图像时，这种图像通常是模糊的、不完全的和"不真实"的。完全可以用"脑根据非表征性记忆产生概念"这种说法，来解释意象主义者的实验结果。为了建立某种精神上的关系，这样的记忆（它是根据先前在现实世界中的运动通过全局映射来运作的）可能在神经上要受到把重构的时间和原来真实运动的时间关联起来的约束。因此，这种相互关系本身，并不证明意象主义的说法。这并不是否认我们在意识上体验到意象，而只是说意象是某种"表征"。我们确实知道，我们是真正地在想象，而并非精神分裂症的妄想或者做梦。在知道了一个复杂的脑（它的功能性联结符合环境的统计特性）中知觉和记忆的密切关系之后，对于我们在清醒状态时知觉或想象的东西，会和我们在做梦时想象到的有多么相似，我们也许就不会感到奇怪了。仅仅因为我们在有意识的状态中体验到某种意象，就假定在脑中真的有实际的意象，这当然没有必要。

　　现在我们来谈一个重要的问题：思想是可以孤立地加以表达，还是它总是伴随着意象、知觉、感觉和感受？为了回答这个问题，让我们把初级意识的产物称为精神生活Ⅰ，而把高级意识的产物称为精神生活Ⅱ。只要我们认识到，这两种意识形式总是共存的，相互有重叠的部分，并且互有影响，那么作这种区分，就不会有什么害处。我们猜想，没有哪种精神生活Ⅱ中的事件，是完全与精神生活Ⅰ中的事件相分离的。请想一下意象。我们可以有不用话语的意象，也可以有有话语的意象（甚或有用话语激发出来的意象）。我们可以有不带意象的思想，而无论是否有话语。但是，同时总会有知觉、感受、心情和一闪而过的回忆等背景活动。当然，注意机制可以起作用，以减少这种干扰；在集中注意的极端状态，几乎能不受干扰。但是，绝大多数的思想都带有从精神生活Ⅰ中来的杂音，不管这种杂音有多小。

　　是什么在维持着思想的不断进行呢？答案很可能是：不断进行着的知觉、注意、记忆、习惯和奖励的复杂组合，也包括以前学习的许多方面。其动力依然是来自精神生活Ⅰ和精神生活Ⅱ的混合物。如果某人的思想是在回忆，那么可能有多种多样的联想意象。如果这种思想是关于立意进行某个行动，那么既可能同时有、也可能没有任何意象；如果是关于数学对象，那么它既可能有联想意象，也可能只是一连串惯用的（habitual）符号运算，而没有任何图形。

　　如果我想"我必须立刻到店里去，否则就太晚了"，那么我是处于精神生活Ⅱ，并且隐含着假定有社会的相互作用、高度发展的语言、联系很广的记忆，以及和其他方面的关系。也许，当我走进厨房去喝水时，我这才记起，答应过要在当天去采购，这使我产生了上述思想。我进到厨房看到钟，发现已经快到打烊的时间了，这提醒我产生上述想法。

　　现在来看看，在我们的头脑里发生了些什么。首先，我的行走和无意识的习惯性动作，例如打开水龙头，要用到基底神经节、小脑和运动皮层。当我们走动的时候，全局映射把信号送到我的躯体、臂和腿，对此我们大多也是无意识的。在我们的视觉映射区、顶叶皮层和前脑区之间，有一系列复馈相互作用。它们立刻把从钟面上得到的信号转换为时间。跟来自躯体的意象一起，动态核心的活动表达出一种复杂的、和上下文有关的场景。在这个时刻，来自精神生活Ⅰ的一种强烈的冲动（有些害怕），通过精神生活Ⅱ，转换成一种伴有必要认知成分的心情：担心"店可能打烊了"。上行的价值系统（蓝斑、基底前脑核、中缝核和下丘）释放出特定组合的神经递质，它们反映了这些不同信号的重要性。核心必定要记录这种活动的神经结果——感受、知觉和回忆。

在这个时刻，可能要有语言和真正的主观（并且还有情绪）生活；心中想道（也可能发出声来）："该死！我必须立刻到店里去。"在说这句话的时候，要用到整个语言记忆系统，它在核心中特别与颞叶皮层、主管概念的额叶皮层耦合在一起，并通过输出端口和基底神经节再耦合起来，作出下楼到车库去的计划，最后产生运动皮层信号。

与此同时，会感到餐后的一丝不适，还可能有对丧失机会的短暂追忆。如果为这短短的一幕添加一点弗洛伊德的色彩，我们可能会说，我之所以迟迟才想起我的允诺，其"原因"与我早年办砸了差使而受到母亲责罚所引起的压抑相关，也和以后生活中的失败有关。

在上面这一幕中，我们有强烈的情绪、信念和欲望。但是请注意，不管其组成如何，脑内有大量的事件在同时进行。有些事件与我的担心直接有关，有的则与随后缓解担心的计划有关，有的则只是同时出现而已。换句话说，某些脑内事件可以认为是有因果性联系的，另一些则只是偶然同时发生而已。然而，依据外部事件或记忆或我对担心的反应，原来是偶然的和并没有因果重要性的事件，可能出乎意料地变成有因果性的了，从而改变了我们有意识的注意，并以一种不可预见的方式，改变了我们的感受和动作。

在动态核心中的这种近乎同时发生的复杂性，以及它和无意识过程之间的联系，可以称为詹姆士事态（Jamesian scenario）。对此我们首先能讲的是，即使是一只没有语言的动物，只要它的神经系统可以进行知觉分类，并且有概念记忆，那么它就有了做大量动作的可能性。在有初级意识的动物中，神经系统的活动是由价值系统、知觉、运动、记忆和习惯驱动的。动物根据自身过去的经验，来评定由一些事件（不管有没有因果性联系）所构成的场景的利与害，而这种场景驱动了行为。在价值分类记忆和知觉分类之间不断进行的动态自举，反映了个体的历史，也就是在每个时刻的有记忆的现在（初级意识、精神生活Ⅰ）。

随着语言而有了高级意识之后，明显地在感受和价值之间有了有意识的耦合，从而产生情绪，它带有个人（自我）所体验到的认知成分。当有了这种耦合，本来就很复杂的精神生活Ⅰ中的事件和远更复杂的精神生活Ⅱ中的事件，夹杂在了一起。这样产生了真正的主观性，并伴有叙事和打比方的能力、自我概念，以及过去和未来的概念、夹杂在一起的信念和欲望（它们可以被说出来，或表达出来）。幻想也因此有了可能。

把这些交织在一起的驱动力量，还是初级意识和记忆自身，当然也包括动物的欲望。同时，对动态核心和全局映射有贡献的脑区很多，组成也经常在变化，并且有各种各样的联系。虽然在任一时刻，实际上在起作用的回路数目和细胞数，看起来似乎很大，但是这个数目在选择性的脑的种种可能的组合数中，只是很小一部分。正是这种征募新组合的可能性，赋予了行为以灵活性，要不然这种行为就成为很刻板的了。再加上语言给这样的选择性系统所增加的能力，通过有意识自我的发展，意义也就可以从价值中产生出来了。

思想是否总是要有意识的呢？不管有意识与无意识的相互作用如何，也不管强烈的无意识过程有时也可能压倒有意识的决定，在我们看来，思想本身是需要意识的。我们说精神是有意识的以及思想是有意识的，这并不排除无意识的学习过程，或者情绪对思想的巨大影响。

这也不排除，有可能压抑对自我的威胁。在第十四章中所讲的一些想法，使得我们有可能采取这种立场，而无须说明有意识的过程或无意识的过程在一直或专门地控制着我们的行为。

要想在方方面面都弄清楚伴随着思想的实际脑过程这个极为复杂的问题，还需要时间。现在我们可以说，当每个自我有某种思想时，在头脑中发生的事件多得惊人。对于人来说，其中大部分是有意识的信息。我们提出以下几个有意思的问题是有益的：在自然界中的信息以及之后的有意识的信息，是在何时何处发生的？当高级意识的信息性起作用时，人们在其思想和知识中有多大的自由？我们将在最后一章探讨这些以及另外的一些问题。

第十七章

描述的囚徒

最后一章要重新由一种哲学观点［我们称之为合格的现实主义（qualified realism）］出发，以考虑我们在本书其余部分所得出的结论。其中包括：在自然界中除了自然选择之外，再没有其他决定分类的方法；意识是具身（embodied）*于每个独一无二个体中的一种物理过程；这种具身（embodiment）绝不可能只用描写来代替。这种具身是我们描写的终极源泉，并且是我们如何认识（哲学中一个分支——认识论所关心的对象）之基础。坚持具身作为一个关键的因素，要求我们注意人脑是如何发展起来的。仅仅哲学的思考是不够的，还需要对脑的机制进行分析。虽然有人已经提出了，认识论应当"自然科学化"，并把基础建立在心理学之上，而我们在这里要指出，这还远远不够。在知道了信息和意识如何在自然界中发生之后，还需要再进一步，把认识论建立在生物学特别是神经科学的基础之上。我们指出，从这个观点出发，

---

* embody 通常可译为"体现"，尽管这样译大致上也可以懂，不过没有充分表达出精神上的东西需要有一个物质的载体来体现。现在较多人把这种关系译为"具身"，虽然在最初接触到时有点不习惯，不过笔者想不出更好的翻译。也参见 19 页脚注。——译注

可以得出三条重要的哲学结论：存在先于描写；选择先于逻辑；在思想的发展中，行动先于认识。

我们把意识作为一种过程进行科学分析，以及强调初级意识的基本性质，这可能听起来有些荒谬。因为我们自己——有高级意识的人，是能够直接向其询问，以及借以回答有关意识问题的唯一对象。当然，人有初级意识，我们之所以说它是初级的，是因为它对发展高级意识具有基本的重要性。* 这就是为什么，我们对它花了那么多力气。但是，在最后这一章我们所关心的问题中，高级意识占据了舞台的中心位置。我们的观点是，高级意识（包括意识到我们有意识的能力）要依靠语义能力，并且最终要依靠语言。伴随这些特性而来的，是产生了真正的自我，发生了社会交往，同时有了过去和未来的概念。在初级意识和有记忆的现在驱动之下，我们可以通过符号交换和高级意识，创造出叙事文、小说和历史。我们可以提出我们是如何认识的问题，因此使我们步入了哲学的殿堂。

让我们进一步来考虑关于意识观点的含义，特别是我们所称的有生物学基础的认识论。[1] 正如我们在本书前几章讨论过的，把意识当作一个科学的主题来进行研究，有助于阐明科学观察者所面临的一个特殊问题。只要他的描述不牵涉自己的感知觉体验，并且假定别的观察者也有这种体验，那么他们都可以从某种"上帝之眼"（God's-eye）的角度，给物理世界以某种描述。但是，当观察者把他的注意力集中到描写意识的问题上去时，他必然会碰到某些富有挑战性的问题。这些问题包括：意识必须独一无二地和私密地具身在每个个体身上；不管描述是否科学，都不能和个人的体验等同；在自然界中，除了自然

---

* 初级意识的原文为 primary consciousness, primary 有初级的、基本的、首要的等意思。因此，作者在文中这样说。——译注

选择之外，没有上帝在决定分类；而把观察者对信息的外部描述，当作脑内的某种代码，则引起悖论。这些引发了一系列具有挑战性的问题：如何给脑的高级功能以适当的描述？在自然界中信息是如何产生的？最后，我们是如何认识的？——这是认识论的中心议题。

自然界中信息的起源

我们曾经说明，意识状态的最卓越性质，是信息性——当出现某种特定的意识状态时，在几分之一秒里，排除了无数其他的可能性。这种排除的过程，表示在很短的时间里把数量极大的信息整合了起来。我们的任何发明（包括计算机在内），都不能和这种能力相匹配。当然，这种能力并不是在进化上没有任何先例而突然出现的。相反，它是作为自然选择的结果，在几百万年的时间里，结构和系统不断演变之产物。我们可以相当有把握地说，有意识的脑，是自然界中最富创造性的信息源泉。但是，正如有不同的表型一样，也有不同的信息源泉和类型。

信息第一次在自然界中出现，是在什么时候？要回答这个问题，我们必须面临一系列相关的问题。如果不存在一个有意识的解释者，还有没有信息呢？如果没有人的话，我们能不能把某种潜在可观察的秩序，当作为信息呢？基因代码是不是真正的信息起源？有自然定律"存在"，是否意味着自然界就像计算机一样呢？

正如这些问题所表明的那样，要想寻求信息在自然界中的起源，得面临一些定义问题；而其中的许多问题，则和描述者以及被描述东西之间的区别有关。首先，我们必须问一下：是否可以在完全没有人类观察者的情况下，用"信息"一词来描写自然界的某种状态？"信息"可以是一个纯客观的词吗？如果一位物理学家把信息定义为在远离平衡态时有序的量度，那么在"上帝之眼"的观点下，在此定义下的这个词是客观的。但是，如果在定义信息时，要求有和记忆或可遗传的状态相关的历史过程，那么信息只有和生命起源一起，才可能发生。

有一点看来似乎是清楚的，这就是能够真正处理信息的系统，最初是依靠自然选择作为进化的结果而产生的。这种说法意味着，信息的起源不仅要求先有变异和选择，而且这种选择还要导致在某种程度上可遗传的变化。从这种观点来看，遗传性、变异性和选择性，都是产生信息的关键因素。信息的产生，与对环境状态反应的某种匹配和稳定化有关。但是，虽然这种遗传过程与从无生命过渡到有生命有关，但是这些过程仍然没有涉及一个有知觉的观察者。

值得指出的是，产生遗传密码的选择性事件所遵守的规律，与核酸共价键所遵守的化学和物理规律不同。为了要能应用一套达尔文的规则，当然需要有稳定的化学共价键，以保证生成核酸多聚物，并且使得这种多聚物能够被复制，并发生突变。但是，除了物理学和化学定律之外，还有其他因素，这就是在表型中选择适者，使得某些DNA 或 RNA 较其他的更为稳定。这种代码序列，代表了在比 DNA 本身高得多的组织层次上，作用于整个机体的不可逆选择事件的历史遗留物。因此，基因中的实际核苷酸序列，既反映了历史事件，也反映了化学定律；而这两者一起，最后约束了在自然界中最终如何产生信息处理。

在别的地方[2]，我们曾经指出过，在上下文有变化的情况下，稍加改变地重复某种行为的能力，首先出现于生命的产生，这也就是在自然选择之下所产生的自复制系统。进化过程中自然选择的进一步作用，是产生许多记忆在其中起重要作用的不同系统，其中每个系统在同一个动物种中有着不同的结构。这种结构的例子，可以从免疫系统起，到反射，最后到意识。从这种观点看来，就像有许多能在时间上和自己以前的状态进行自相关的系统一样，也有许多不同的记忆系统，而不管它是由 DNA 本身组成的，还是由 DNA 所制约的表型组成的。任意一个记忆系统的特性，都由它的形态学所确定。记忆本身是一种系统性质，它使得选择出来的性质在时间上绑定起来，具有适应的价值。如果说，对称性是物理世界中的一条绑定原则，它保证了物理学中的守恒定律，那么选择性系统（从遗传密码一直到意识）中的记忆，就可以被当作是生物学世界中的一条大绑定原则。

为什么不认为遗传密码本身就产生信息呢？这种密码通过复杂的蛋白质-核酸相互作用而起作用，由此形成具有确定结构和功能的蛋白质。这一事实不禁使我们认为，序列三联码碱基的开放阅读框（open-reading frame）就是信息。事实上，当我们作为科学家"读"这个代码时，这句话正就是它的本义。类似地，当处在一个机体的不同发育阶段时，遗传密码上的不同区域被转录和转译到不同的蛋白质上去，我们也可以说，被"读出"的就是信息。

但是，把生物学序或者记忆的任何表现都称作"信息"，可能不如要求在信息交换中必须有某种符号交换，或者至少具有意义，来得有用。在这种观点看来，在进化上产生出能相互进行符号交换的动物之前，并没有信息。因此，不得不认为蜜蜂在交换信息。由此我们可以说，如果我们说，某些信号或物理状态有信息的话，必须满足下列条件：① 必须和模式识别有关，它包括了物理学或化学的科学定律，但不限于这些定律。蜜蜂跳舞包含信息，但晶体的形成并不包含信息。其原因是，第一种情况跟基于历史和进化的约束之上的某种原型价值有关，而第二种情况则与此无关。② 一个刺激或信号要成为信息，一定要有一个其生理条件允许挑选和通信的有脑生物体，处于这个刺激或信号的发送端或接收端（或两者都是）。这个要求把分子相互作用（不管它如何复杂）排除在外，也把亚微尺度和宇宙尺度的事件，以及没有丰富记忆的有机体（例如变形虫）排除在外。例如我们可以问，细菌的向性运动或者原生动物的摄食，是否和信息交换有关。在我们商定了术语的含义之后，这种行为就不能跟有发达的神经系统，从而能够进行通信、记忆和学习的动物混为一谈。

不管怎么说，信息是一种生物学概念。对能够说话的人类来说，信息表现为极其精巧的方面——人工代码、逻辑证明、数学创造，或者一些稀奇古怪的表现，例如股票热或者群众性狂热。但是，基于高级意识之上的这些成就，不应该诱使我们假定，在自然界中存在唯一的语法模式（就像我们在计算机磁带中置入的语法）；更不应该假定，在神经元的工作中，有某种特殊的代码。这种假定是不对的。虽然这可以让进化出来的结构构建信息，但这种过程并不是由语法驱动的。自然界不是一种计算机，直到有语言的智人出现之前，自然界中没有出现过语法。

不管我们想把什么样的进化事件（例如由适应性需要所驱动的个体之间的信号交换）当成真正信息的起源，我们在本书中的结论是，进化中最重要的事件，是稍后才发生的。这个事件是：从简单神经系统（在这种系统中，信号以相对隔离的方式，在一些彼此分离的神经子系统之间进行交换），到基于复馈动力学之上的复杂神经系统（在这种系统中，大量的信号迅速整合入构成动态核心的单一神经过程之中）的飞跃。这种整合，把从许多不同模态来的信号，跟基于整个进化史和个体经验之上的记忆关联起来，构造了一幅场景，这就是有记忆的现在。这幅场景在短于一秒的时间里，整合并产生了大量的信息。信息在进化上第一次，获得了一种新的潜力——可能有主观性。这是"专门为某人"的信息；简言之，它成了意识本身。

我们曾经说过，如果没有意识的话，人类所有的极为精巧的信息交换形式，是不可想象的。在智人和高级意识出现之后，才有了可能去创造语法丰富的符号系统，创造出代码，甚至创造出逻辑，最后发明出科学分析的方法，由此得以表述自然定律。对于我们来说，这些定律都是信息。但是，对于在我们之外的自然界来说，在进行交换的究竟是能量，还是编了码的信息？究竟是信息从比特而来，还是比特从信息而来？[3] 生物和逻辑，哪一样居先呢？

选择主义和逻辑

我们现在生活在一个计算机和计算无所不在的世界里。现在常常把脑当作是某种计算机，也就是一种基于逻辑之上的装置。虽然我们并不认为，这是一种站得住脚的观点，但是它确实提出了一个很有意思的认识论问题：在最基础的层次上，有多少不同的思想模式呢？逻辑是不是唯一的形式？

从纯粹形式的观点出发，某些哲学家把逻辑学定义为：对不管代入什么都不变的所有命题关系的研究。不管 A、B 或 X 是什么，都有"若所有的 A 是 B，X 是 A 中的一个，则 X 是 B"。在一个更广义、也更心理学化的框架中，可以把逻辑学看成是对这种形式问题和直观（或模式识别）之间关系的研究。这后一种框架，远没有那么精确，但是它确实促使人们去问：识别能力与模式匹配能力、能思想的能力和执行逻辑运算的能力之间，究竟是什么关系呢？这最后一种能力，可以实现机械化。正如哥德尔定理（Godel's theorem）所说明的那样，在一个相容的公理系统中，总有某些模式化的数学关系，我们既不能证明其为真，也不能否定其为真。然而，常常有人说，脑是某种类型的计算机，因此可以被描述为一种图灵机。

通用图灵机可以执行任何逻辑运算序列，而按照丘奇-波斯特命题（Church-Post thesis），它也能执行任何一串有效的程序，或者精确列出的算法（见图 17.1）。这是一种强大的能力，我们认为，正是这种能力使得人们觉得，脑是一种图灵机。我们在别处讨论过，为什么这种说法是不对的。简单地说，每个脑在形成的时候，其连线和动力学在突触层次都是变化多端的；它是一种选择性系统，因此每个脑都

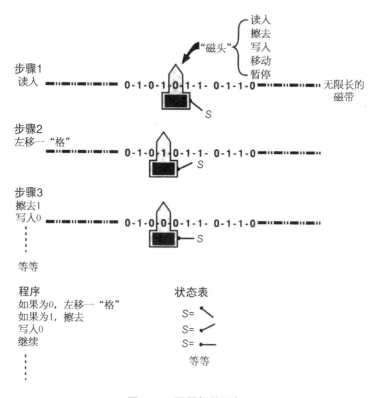

图 17.1　图灵机的图解

如图中所示，当程序指定某个动作的时候，机器的状态 S 发生变化，而这个变化又改变了下一步，这是由一组精确的指令事先规定好了的。脑并不以这种方式工作。

是独一无二的；这种独一无二性和不可预测性，在执行某些脑的运作时非常显著，因此在讨论任何一种特定脑的运作时，必须加以考虑。此外，脑功能是简并的：当使脑处于一种不可预测的环境中时，在多个结构和运作层次上，不同态（non-isomorphic）的脑结构可以给出相同的输出或者功能。再者，脑在知觉和记忆方面的许多运作，都是非表征性的、结构性的，依赖于上下文，并且不一定要有某个有效的程序来指导。这是因为，脑的关键性运作与选择有关，而不是与指令有关，并且也没有像在计算机中那样的严格预先规定好的神经代码。

最后，对脑的环境输入和信号的上下文，都不是唯一确定的，或只有一个值；也就是说，世界虽然服从物理定律，却并不像计算机磁带那样动作。

如果脑并不是一种图灵机，对它的工作就需要另作解释。神经元群选择理论就给出了这样一种解释。正如我们看到过的那样，基于神经元群选择理论之上的一系列仿真，可以真的执行模式识别和知觉分类。此外，许多不同的实验证据，不仅表明脑中确有选择性事件，并且说明，对这些事件进行分析的结果，可以把这些表面上极不相同的证据调和起来。我们认为，脑在进化中由自然选择（它决定了价值约束和主要的结构）产生出来之后，某个个体的脑是由躯体选择过程来运作的。脑并不是在一组有效程序的指导之下，支配它的是一组简并的有效结构。这种结构的动力学，使得它的相关活动是由选择引起的，而不是由逻辑规则产生的。

很明显，如果脑是用这种方式进化的话，如果这种进化为人类文化中的逻辑系统的最终发现和完善提供了生物学基础，那么我们可以说，从发生的意义上来说，选择比逻辑更有力量。正是选择（自然选择和躯体选择）产生语言和比喻，也正是选择而不是逻辑，构成了模式识别和用比喻思考的基础。思想最终要基于我们的肉体相互作用和结构，因此其力量也在一定程度上受到限制。但是，我们进行模式识别的能力，也许超过了我们用逻辑手段证明命题的能力。事实上，有意识的人的思想，可以"创造"新公理，而计算机却不能。当然，这种理解绝不意味着，选择可以代替逻辑，也并不是要否定逻辑运算的巨大威力。

不管是有机体，还是将来某一天我们造出的人造物，我们猜想，一共只有两种基本类型——图灵机和选择性系统。因为后者比前者在进化上先发生，所以我们得出结论，选择从生物学上来讲，是一种更基本的过程。不管怎么说，一个有意思的猜想是，看来只有两种基本的模式思维方式——选择主义和逻辑。如果能发现或者显示出有第三种方式的话，那将会是哲学史上的一件大事。

哲学上的说法

思想过程是自然选择和神经元群选择的结果，也必须具身化。不管这种思想过程的威力和局限性如何，它总是求索事物的终极意义——哲学问题。哲学上的两个大领域是形而上学（metaphysics）（它关心的是现实的最终本质）和认识论（它关心的是知识和信仰的基础及其合理性）。这两个领域在某种程度上是联系在一起的，并且也与人们关注的其他一些涉及价值的问题（例如美学和伦理学）有关。意识理论是否也和研究这些问题的方法有关呢？我们相信正是如此。

也许支持我们信念的最好方法，是考虑认识论和形而上学的某些内容，以及它们和科学的关系。我们相信有一个现实世界，它可以用物理学定律来描述，而这些定律迄今为止看来是普遍适用的。我们必须无一例外地遵守这些定律，因为我们是在这个世界中，从古代动物进化而来的。作为生命系统，我们还受到进化的约束，这是物理定律所没有考虑的。意识尽管很特殊，但它依然是脑和肉体等形体的进化产物。心智是从肉体及其发展中产生出来的；它必须具身化，因此也是自然界的一部分。所有这些说法，都服从我们在第二章中所讲的物理假设和进化假设，这两者是我们理论的基础。

一旦我们同意，这些假设已为大量的证据所证实，那就可以得出许多结论。首先，我们一定会拒绝笛卡尔的二元论假设，以及各种形式的唯心主义。我们不会接受那种把唯物主义的形而上学和二元论、唯理论或唯心主义的认识论结合在一起的立场。在另一方面，我们对极端的还原论立场也一定会表示怀疑，这种立场企图在量子力学的基础上解释意识，而忽视了进化和神经学的事实。我们也同样怀疑：赋予整个世界以意识的性质（泛心论的观点）。

我们把我们所赞成的形而上学和认识论的立场，分别称为合格的现实主义和建立在生物学基础之上的认识论。[4]这两者赖以建立的一个关键性思想是，首先概念并不是语言性的。这就是说，概念并不是语言中的命题（这个术语的通常意义）；相反，概念是先于语言之前，脑通过映射它自己的反应，而发展起来的产物。正如外界信号在和脑相互作用之前，并不组织成为信息，语言也并不是由遗传所得的普适文法所规定的。在我们看来，概念先于语言，语言是在以后发展起来的，用以进一步加强我们的概念交流和情感交流。

意识是一类特殊的形态结构（丘脑-皮层系统的复馈网络）和环境相互作用时表现出来的动态性质。我们有关现实世界的知识，来自我们的头脑和肉体与现实世界进行物理的、心理的以及社会的相互作用。但是，这种相互作用并不是对信息的直接传递，因此我们必须抛弃朴素的唯物主义，即认为对物体的知觉是直接的。我们所知觉到的性质，事实上是被知觉到的对象的性质。知觉得到的现实感，必然要受到我们用以知觉的肉体手段的修饰。这些手段不管多么有力，都是间接的，并且只有有限的范围。它们对于我们的脑如何发展其概念系统，起到制约的作用，因此我们得出结论说，我们的现实感，至少在某种程度上是经过修饰的。

当然，作为有语言、有意识的人，在一种文明中发展和彼此交流时，他们的概念能力也大大丰富了起来。这种增强的产物（例如逻辑和数学），可以超越加在心智上的某些表型约束，并去除由于我们表型的局限性所带来的修饰。事实上，知觉分类基于神经结构之上，它得到概念分类的支持，而有意识的计划和在语言环境中进行的选择，也对它有帮助。知觉分类由此产生了非凡的思想体系，并根据这些体系对世界进行科学研究。从本书综述的工作中，可以得出重要的一点是，对意识的科学研究，也是跟人的个体性和主观性相一致的。

在现代的实验心理学和神经生理学出现之前，认识论完全建立在一些规范问题以及思考如何思考的基础之上。但是，自查尔斯·达尔文的时代以来，由于现代科学的进展，人们提出了认识论应该"用自然科学的道理来解释"，并且把基础建立在行为心理学之上。[5] 不过用自然科学来解释的认识论，只能止步于对感受器层（视网膜、皮肤、味蕾）的刺激；当涉及对语言的分析时，这种方法完全没有涉及肉体和脑内部的工作。我们认为，这种做法并不充分，认识论应该建立在生物学，特别是神经科学和意识理论（当然也包括心理学）的基础之上。我们反对哲学上的行为主义者只通过行为心理学，用自然科学的道理解释认识论的做法。[6] 向基于生物学基础之上的认识论前进一步，不仅重新提出了譬如"先天综合判断"（synthetic *a priori*）的可能性这样的问题，而且为思考有关思想和感受的问题，创造出一个更为广泛的基础。此外，它也使得我们的描述，不止于我们自身和外部世界的边界上。更重要的是，它使得我们可以用肉体机制（这远不止于计算），去研究感受和情绪。

尽管这些尝试给予主观的领域以应有的科学承认，但是主观论本身绝不是从科学上深刻认识心智的基础。因此，我们不能接受现象学和内省主义以及哲学上的行为主义。行为主义把观察者放在关键现象之外，而内省主义则错误地假定，只要单纯思考，就可以分析意识经验的机制。我们相信，可以科学地阐明意识的内部机制，而不必只求助于简单的行为主义或者内省主义。

采取基于生物学的认识论观点，改变了我们如何看待一个有用的想象载体——科学的观察者的看法。正如薛定谔曾经指出过的，物理学家并不在他的理论中引入感觉或者知觉。既然他把心智从自然界中排除了出去，就不能期望在那里再找到它。采取"上帝之眼"的观点从外部来观察某个人，如此留给科学观察者的，只是一幅有关心智的贫乏图景。它可以导致一种悖论性的结论，即意识只是信息处理链上的一个瓶颈，也就是在任何给定时刻，都只能包容"一点儿"信息的瓶颈。相反，我们坚持观察者必须通过从内部观察脑，看是什么对作为其基础的神经过程造成区别，由此来考虑意识问题。从这一有力的观点出发，观察者将发现一个极为复杂的统一的物理过程。这种过程和我们迄今为止所造出来过的所有东西，都不相像。它能够很快地把大量信息整合起来。

采取基于生物学之上的认识论，使我们有机会扩展有关动物行为和人类本质的见解。这一立场把物理学和进化作为哲学考虑的两大支柱。它认为，意识的有效作用是构造这样一幅富于信息性的场景，即把当时的现实和每个有意识动物个体的富有价值的历史联系起来（"有记忆的现在"）。意识在快速整合信息和做计划的有效性上，有着很大的进化益处。把这种计划转换成不需要意识的习得过程，对于动物的存活至关重要。这些过程构成了行为的很大一部分机制。确实，意识利用这种过程，有可能加强做计划，以及学会做更为复杂的习得动作。

尽管不容否认的是无意识机制的有效性，但基于生物学之上的认识论，把意识看作是精神作用的先决条件。我们不想陷入定义上的争论，而把思想看作是一种以有必要的无意识机制（包括非表征性记忆，价值约束，像基底神经节、海马和小脑之类的皮层附器的作用）为基础的有意识的过程。

价值系统是对脑这一选择性系统工作的必要制约，这一想法把基于生物学的认识论观点和认为情绪对有意识思维的起源和追求都有基本意义的观点联系了起来。正如斯宾诺莎（B. de Spinoza）说过的那样，情绪或许给人造成负担。尽管有这种表面上的悖论，我们认为，很可能正是情绪推动了人们去创造宏伟的思想殿堂。对于产生意识的脑的选择性工作来说，价值系统和情绪是至关重要的。关于这些系统以及学习对它们所作修饰的神经科学研究，应该有助于阐明一个重要的问题：价值在一个事实世界中的地位。[7]

最后，围绕意识的因果有效性（causal efficacy）还要说几句话。如果有人对意识的效用还有什么怀疑的话，那就让他把社会性昆虫的工作，跟诗人、作曲家、数学家以及科学家的抽象作品比较一下吧。要是没有生命的话，黄蜂一连串的复杂行为（behavioral web）和白蚁蚁巢的结构，都不大可能自发产生。虽然这些巢给人很深刻的印象，但是它们不能跟人类高级意识中所产生的有关宇宙的宏伟图景相提并论。我们继续用科学的方法，描述我们在宇宙中的位置，同时我们也用艺术的手段，使我们为所处的地位而感到安慰与荣耀。在实现这两个目标方面，正是意识给了我们自由和保证。

意识作为一种物理过程

我们贯穿全书说明，意识是从脑这一级的某种物质结构中发生的。经常有一种偏见认为，如果把某个东西称作物质的，那么它就不能是一种高级的东西——心智、精神、纯粹的思想。"物质"一词可以用来指许多东西或状态。就像现在所用的那样，我们用这个词指那种可以感觉到或者可以进行测量的东西所构成的世界（我们称之为现实世界），也就是科学家们所研究的世界。这个世界比起它初看起来要微妙得多。一把椅子是物质的（当然，它是由我们造出来的），一颗星星是物质的，原子和基本粒子也是物质的——它们都是由物质和能量造成的。但是，一种思想（如"想象维也纳"）如果像威拉特·凡·奥曼·奎因（Willard Van Orman Quine）* 所指出的那样，用物质的术语来表达的话，就是一种以物质为基础的过程，然而它本身并不是物质。

差别何在呢？差别就在于，有意识的思想是一组关系，它不只是能量或物质（虽然它和这两者都有关）。那么，产生思想的心智又是什

---

* 奎因（1908—2000），美国哲学家。——译注

么呢？回答是，它既是物质的，又是有意义的。心智作为一组关系，有其物质基础：你的脑的作用及其所有机制（自下而上，从原子到行为）产生了心智，心智参与了有意义的过程。一方面，心智产生了这种被它自己以及别的心智都承认的非物质关系；另一方面，这种心智又是完全基于并依赖于一些物理过程的。心智本身如此，其他心智是如此，和交流有关的事件也是如此。物质和心智并不是完全分离的，二元论是没有根据的。但是很明显，有一个由脑、肉体和社会的物理规律创造出来的王国，在其中有意识地创造出了意义。意义对于我们描写世界以及科学地认识世界，都至关重要。正是神经系统和肉体的极端复杂的物质结构，产生了动态的精神过程，并产生了意义。不需要再另外假设些什么，既不需要彼岸世界，或者灵魂，也不需要像量子重力这样的、还没有深入研究过的力。[8]

　　这里有一个纠缠不清的问题需要解决：在人对世界有某种科学描述之前，人就有掌握意义的能力和思想。任何一种这样的科学描述，不管它展示得有多清楚，如果仅仅靠着一个人，那么不论用多长时间，都不可能完全加以检验或证实。建立与时俱进的实验科学，需要社会交流，或者至少要有两个人。但是，个人可以有只属于他自己的思想，这是科学描述所不能完全掌握的，而同时他或她还是可以有相当正确的科学认识。所以，如果我们把科学探索转向单个人的脑和心智，会发生些什么呢？有什么限制呢？从这样的一种科学探险中，我们可以得到和认识些什么呢？

　　我们认为，我们可能会认识到心智的物质基础。甚至对于像精神那样高级东西的起源，都会有一种令人满意的认识。为了做到这一点，我们可能不得不发展观察脑及其活动的进一步方法。我们甚至还不得不造某些类似于肉体功能的脑那样的装置，以充分认识这些过程。虽然到能够造出这种有意识的装置还为时尚早，但在我们能够深刻地认识思想过程本身之前，我们或许就不得不用人工的手段着手制造这类装置了。不管怎么说，至少进化已经这么做过一次了。科学史，特别是生物科学的历史一再表明，表面上看起来很神秘的东西，以及我们似乎不可能认识的东西，都是由于观点错误或者技术上的局限性。心智的物质基础问题也不例外。

这种立场并不和以下的结论相矛盾，即每个心智都是独一无二的，是不能为科学的手段所穷尽的，心智并不是一种机器。不要想在这里找到什么神秘的东西。有关物质的规律和非物质的意义，我们的这种说法不仅在同一个科学框架里彼此相容，而且还相互支持。

描述的囚徒，还是意义的主人

我们所作的分析，是基于一个概念，即我们能构造出一种有关意识的合理的科学理论。用这种理论，可以解释物质如何变成想象。但是，这种理论并不能取代体验——存在并不是描述。一种科学的表述，可以作出预言和解释，但是它并不能直接传递感知觉体验，后者依赖于具体的脑和肉体。在我们有关脑的复杂性理论中，已经消除了由于假定只有外部观察者的"上帝之眼"的观点所引起的悖论；而采用选择主义，则排除了微型人。然而，由于具身的本质，我们在某种程度上依然是描述的囚徒，只是比柏拉图的洞穴囚居者（the occupants of Plato's cave）* 好那么一点儿。我们能够克服这种局限性——对于我们这种现实主义观点的限制吗？并不能完全做到这一点，但是我们回到前面说过的，可能用人工合成的方法——超越我们分析局限性的大胆想法。即使假定在遥远的未来，我们最终能够造出一种有意识的装置，

---

* 指被锁在某个洞穴壁上的一群人，他们除了看到洞穴后壁上的影子之外，别无所事。洞外高处有些人举着各种东西的塑像走来走去，这些人的后面则有火堆把塑像的影子投射在洞穴的后壁上。于是被锁在壁上的人所看到的只是事物的塑像的影子。也就是说，他们所看到的只是真实事物的像的影子，而和现实有相当距离。作者用这个比喻的意思是说：虽然我们的情况要稍好那么一点儿，但也好不了多少。——译注

这种装置居然也有语言能力，即使如此，我们还是不能直接知道这个人造个体的真正感知觉体验；我们中的每一个，不管是人还是人造装置，所体验到的主观体验特性都取决于我们自己的具身实现、我们自己的表型。

这里并没有什么真正神秘之处。具身于某个具体的躯体，是为了取得这种定性体验所要付出的代价。但是，我们的智力之旅，将在这一重要时刻开辟出知识的新天地。这使我们有机会了解一个也有高级意识的完全不同的表型，如何实际地认识和我们共有的同一个世界。这种表型会像我们的表型，甚至只是像某个复杂动物的表型，这样的可能性看来很小。但是，有没有这样的可能性：即使这种装置的身体和精神在处理这个世界的信号方面，以一种完全不同于我们的形式来进行，它在其描述方面依然和我们一样，在自然规律方面具有普遍性？如果它能做到这一点的话，那么在我们的现实主义立场上所受到的某些限制，可能会得到松动。

按照我们在这里的猜想，探索有关产生心智的物质规律的局限和范围，有可能会、也有可能不会得出什么结果。但是，现在有一个科学探索是否会穷尽的非常有意思的问题，它关心的是：是否在意识水平上所有有意义的关系，都是科学研究的对象。举例来说，请想一下在日常语言中的一些有意思的句子，或者更确切一些，一些人所进行的诗意交流。我们的猜想是，除了有些意义十分明显的情况之外，它们在目前还不适宜作为科学研究的对象。它们的意义和表述，强烈依赖于独特的历史背景，依赖于多种讲不清楚的背景知识；而在诗词的独特情况下（见图 17.2），还依赖于某种无法比较的范例（sample）。要想领会它们的意义，需要独特的感知觉体验，也需要有每个参与者的历史文化背景。

我们不希望造成一种误解，即：就像意识本身有可能被解释一样，这些对象和话语的基础也像物质规律一样，可以通过科学研究完全解

图 17.2　世界之结

可以用多种方式来表示，例如上面这张朱塞佩·阿尔钦博托（Giuseppe Arcimboldo, 1527—1593）所画的《副本》（*Counterpart*），以及下面爱米丽·狄金森（Emily Dickinson, 1830—1886）所写的诗中的一段：

> The brain — is wider than the sky —
>
> For — put them side by side —
>
> The one the other will contain
>
> With ease — and you — beside.
>
> 脑比天恢宏，
>
> 若将两相并，
>
> 脑中有天空，
>
> 君亦在其中。

释清楚。尽管它们比起宇宙起源来，可能更容易着手作为研究对象，但它们还是不适合作为科学的主题，单单做科学调查也不能发现它们的意义。然而，由于我们每个个体的具身体现和相互之间进行文法交流的结果，我们能够体验到高级意识，它们确实是有意义的。

如果考虑到，我们的绝大部分生活在这种交流的大熔炉里得到意义，我们就不用担心会被科学还原所穷尽。但是，我们也不需要用一些神秘的解释来说明这种丰富性。只要承认某些有科学依据的对象，并不适合作为科学的主题，这也就够了。我们为此而感到高兴。虽然我们依然是描述的囚徒，但我们在文法方面是自由的。

注释和文献

第一部分

［ 1 ］ C. Sherrington, Man on his Nature, 2nd ed. (Cambridge, England: Cambridge University Press, 1951).

［ 2 ］ B. Russell, 转引自 J. Jeans 爵士 , Physics and Philosophy (Cambridge, England: Cambridge University Press, 1943)。

［ 3 ］ A. Schopenhauer, On the Fourfold Root of the Principle of Sufficient Reason, E. E. J. Payne 译 (La Salle, III. Open Court, 1974), 第 7 章 , §42。

第一章

［ 1 ］ W. James, The Principles of Psychology (New York: Henry Holt, 1890).

［ 2 ］ R. Descartes, Meditationes de prima philosophia, in quibus Dei existentia, & animae humanae à corpore distinctio, demonstrantur (Amstelodami: Apud Danielem Elsevirium, 1642).

［ 3 ］ T. H. Huxley, Metbods and Results: Essays (New York: D. Appleton, 1901), 241.

［ 4 ］ 参阅 N. J. Block, O. J. Flanagan, and G. Güzeldere, The Nature of Consciousness: Pbilosophical Debates (Cambridge, Mass: MIT Press, 1977); J. Shear, Explaining Consciousness: The "Hard Problem" (Cambridge, Mass.: MIT Press, 1997);

R. Warner and T. Szubka, The Mind-Body Problem: A Guide to the Current Debate (Cambridge, Mass.: Blackwell, 1994); N. Humphrey, A History of the Mind (New York: HarperPerennial, 1993); O. Flanagan, Consciousness Reconsidered (Cambridge, Mass.: MIT Press, 1992); D. J. Chalmers, "The Puzzle of Conscious Experience", Scientific American, 273 (1995), 80-96; D. C. Dennett, Consciousness Explained (Boston: Little, Brown, 1991); and J. R. Searle, The Rediscovery of the Mind (Cambridge, Mass.: MIT Press, 1992)。

［ 5 ］ C. McGinn, "Can We Solve the Mind-Body Problem?" Mind, 98 (1989), 349.

［ 6 ］ 参阅 D. J. Chalmers, "The Puzzle of Conscious Experience" , Scientific American, 273 (1995), 80-86。

［ 7 ］ 参阅 E. B. Titchener, An Outline of Psychology (New York: Macmillan, 1901); and O. Külpe and E. B. Titchener, Outlines of Psychology, Based upon the Results of Experimental Investigation (New York: Macmillan, 1909)。

［ 8 ］ B. J. Bassrs, A Cognitive Theory of Consciousness (New York: Cambridge University Press, 1988); and B. J. Baars, Inside the Theater of Consciousness: The Workspace of the Mind (New York: Oxford University Press, 1997).

［ 9 ］ Ibid.

［ 10 ］ J. Eccles, "A Unitary Hypothesis of Mind-Brain Interaction in the Cerebral Cortex", Proceedings of the Royal Society of London, Series B-Biological Sciences, 240 (1990), 433-451.

［ 11 ］ R. Penrose, The Emperor's New Mind: Concerning Computers, Minds, and the Laws of Physics (New York: Oxord University Press, 1989).

［ 12 ］ W. James, The Principles of Psychology (New York: Henry Holt, 1890).

［ 13 ］ S. Zeki and A. Bartels, "The Asynchrony of Consciousness", Proceedings of the Royal Society of London Series B-Biological Sciences, 265 (1998), 1583-1585.

［ 14 ］ G. Ryle, The Concept of Mind (New York: Hutchinson, 1949).

第二章

［ 1 ］ T. Nagel, "What Is It like to Be a Bat?" reprinted in T. Nagel, Mortal Questions (New York: Cambridge University Press, 1979).

［ 2 ］ 也请参阅哲学家 William Molyneux 在 1690 年给 John Locke 写的一封信 (J. Locke, W. Molyneux, T. Molyneux, and P. V. Limborch, Familiar Letters between Mr. John Locke and Several of his Friends: In Which Are Explained

His Notions in His Essay Concerning Human Understanding, and in Some of His Other Works [London: Printed for F. Noble, 1742])。Molyneux 的话在 20 世纪之前一直没有受到人们的重视，直到 20 世纪才发明了外科手术方法，可以恢复生下来就由于白内障（眼内晶体浑浊）而致盲的病人的视力。也请参看 M. J. Morgan, Molyneux's Question: Vision, Touch, and the Philosophy of Perception (Cambridge, England: Cambridge University Press, 1977)。

[3] J. Locke, and P. H. Nidditch, An Essay Concerning Human Understanding (Oxford, England: Clarendon Press, 1975), 389.

[4] J. Dewey, Experience and Education (New York: Simon & Schuster, 1997).

[5] 这一点在 A. R. Damasio, Descartes' Error: Emotion, Reason, and the Human Brain (New York: Putnam, 1994) 一书中有很好的描述。

[6] G. M. Edelman, Neural Darwinism: The Theory of Neuronal Group Selection (New York: Basic Books, 1987); and O. Sporns and G. Tononi, eds., Selectionism and the Brain (San Diego, Calif.: Academic Press, 1994).

[7] G. Tononi and G. M. Edelman, "Consciousness and Complexity", Science, 282 (1998), 1846–1851.

[8] G. Ryle, The Concept of Mind (New York: Hutchinson, 1949).

第三章

[1] D. Foulkes, Dreaming: A Cognitive-Psychological Analysis (Hillsdale, N. J.: Lawrence Erlbaum Associates, 1985); and A. Rechtschaffen, "The Singlemindedness and Isolation of Dreams", Sleep, 1 (1978), 97–109.

[2] W. James, The Principles of Psychology (New York: Henry Holt, 1890), 225–226. 请注意，詹姆士用思想一词表示意识，他不加区分地用思想一词来表示各种意识形式和状态。

[3] J. D. Holtzman and M. S. Gazzaniga, "Enhanced Dual Task Performance Following Callosal Commissurotomy", Neuropsychologia, 23 (1985), 315–321.

[4] 如果要查找参考文献和作进一步的讨论，可以参看 T. Nørretranders, The User Illusion: Cutting Consciousness Down to Size (New York: Viking, 1998)。在第 10 章中我们要讲一个神经模型，它从知觉上和行为上整合了视觉场景的一些属性，并表现出极其类似的容量局限性，从而为意识的这一方面提出了一种可能的神经基质。

［ 5 ］ H. Psahler, "Dual Task Interference in Simple Tasks: Data and Theory", Psychological Bulletin, 116 (1994), 220–244.

［ 6 ］ C. Trevarthen and R. W. Speny, "Perceptual Unity of the Amblent Visual Field in Human Commissurotomy Patients", Brain, 96 (1973), 547–570.

［ 7 ］ J. McFie and O. L. Zangwill, "Visual-Constructive Disabilities Associated with Lesions of the Left Cerebral Hemisphere", Brain, 83 (1960), 243–260. 一位患有半侧忽略症的画家在画一幅自画像时，只画出了半边面孔，而没有发觉有什么问题；即使在记忆中也不能觉知意识中的空白和缺失。E. Bisiach and C. Luzzatti 在 "Unilateral Neglect of Representational Space" (Cortex, 14 [1978], 129–133) 一文中描写了一个有名的病例。这个病例表明，在记忆和想象方面，也会表现出忽略症。要求两位米兰的病人想象一下，站在米兰大教堂广场的一端，看到了些什么景象，并且报告出来。这两位病人只报告了右侧的建筑物。稍后要求这两位病人想象站到对面，这时他们报告的只有另一侧的建筑物。在所有这两种情形中，这两位病人都以为他们确实完全忠实地复制了现场。

［ 8 ］ 在有些场合下，这种空白好像可以通过意识的某种收缩和歪曲而被消除，但是它们实际上可能是通过虚构（外推）或填充（内插）而局部得到修补的。虚构通常出现在认知层次，它力图使得否则会知觉到的一种无法理解的空白，变得好理解一些。例如，一位患有安通综合征的病人，会否认他完全瞎了，同时他会虚构说房间太暗了，他的视力变差了，他疲倦了，或者他的眼镜不见了。填充则力图保持意识的秩序和协调一致性，通过复制空洞或者不连续处周围的东西，来消除它们。即使在正常人中也有这种作用。每个人在他的每个眼睛的视野中，都有一个盲点。盲点是由于在视网膜上有一个叫作视盘的小区域，那里由于来自视网膜的视神经要穿过而没有光感受器。要想显示这个盲点，可以把一个小的物体放在视野中的这个部位，并且闭上另外一只眼睛。只要这个物体进入盲点，它就会消失不见。尽管这种看不见是不可避免的，但我们并不觉知到，在我们的视野中有任何空洞，视知觉似乎天衣无缝，并且非常协调。在神经学条件下，视网膜或者初级视通路受到损伤的病人，也会产生局盲或者有盲区。这些从原则上说起来，和生理盲点并没有什么不同。在大多数情况下，病人并不觉知到，在他们的视觉中有什么洞（他们可能觉知到，他们的视觉有些模糊）。在所有这些场合，都显示出填充现象。最近还发展出一种新技术，能诱导出瞬时盲区。如果内含一块

空白小斑的随机质地在闪烁，几秒钟之内，这块小斑就会变得看不见，而由随机质地填充了起来。参阅 V. S. Ramachandran, and R. L. Gregory, "Perceptual Filling-in of Artificially Induced Scotomas in Human Vision", Nature, 350 (1991), 699–702。采用这种刺激，已经有实验表明，知觉填充对应的猴纹外皮层 V3 中相应于视野对应部位神经元的活动会增加（V1和 V2 中也有少许神经元的活动增加了。请参阅 P. De Weerd, R. Gattass, R. Desimone, and L. G. Ungerleider, "Responses of Cells in Monkey Visual Cortex during Perceptual Filling-in of an Artificial Scotoma", Nature, (1995), 731–734）。

[9] 不管某个意识状态是一个复杂的视觉场景，还是像偶尔发生的那样，只是一种简单的感觉，就像完全置身于黑暗和寂静中的感觉，信息的丰富性并不在于心理学家（或者这个人）可以把这种情况分解成多少块，或者这个人能记住多少块，而在于能有效地识别多少个不同的内部状态。这就是为什么，要构造一个能模仿人的区分能力的人造装置，会那么困难；而要构造一个只能处理比四个单位的信息稍多的装置，会如此容易。我们在第 13 章中对这个问题还要作更为详细的讨论。

[10] C. E. Shannon and W. Weaver, The Mathematical Theory of Communication (Urbana: University of Illinois Press, 1963); D. S. Jones, Elementary Information Theory (Oxford, England: Clarendon Press, 1979).

[11] 关于信息是"造成差别的差异"的想法，可以在 G. Bateson, Steps to an Ecology of Mind (New York: Ballantine Books, 1972) 一书中找到。

[12] G. Sperling, "The Information Available in Brief Visual Presentations" (doctoral diss.), (Washington, D. C.: American Psychological Association, 1960).

[13] 为了使事情简化起见，让我们也来考虑一种离散的意识状态，当然这只是一种抽象，因为意识是连续的，而且在不断地变化着。但是，用快速闭上和再张开双眼的方法，或者用一台速视仪快速闪现不同刺激的方法，我们能够近似某种可区分的离散意识状态。

[14] H. Intraub, "Rapid Conceptual Identification of Sequentially Presented Pictures", Journal of Experimental Psychology: Human Perception & Performance, 7 (1981), 604–610; 参阅 I. Biederman, "Perceiving Real-World Scenes", Science, 117 (1972), 77–80; I. Biederman, J. C. Rabinowitz, A. L. Glass, and E. W. Stacy, "On the Information Extracted from a Glance at a Scene", Journal of Experimental

Psychology, 103 (1974), 597–600; I. Biederman, R. J. Mezzanotte, and J. C. Rabinowitz, "Scene Perception: Detecting and Judging Objects Undergoing Relational Violations", Cognitive Psychology, 14 (1982), 143–177。猴子也善于做这种任务，例如 M. Fabre-Thorpe, G. Richard, and S. J. Thrope, "Rapid Categorization of Natural Images by Rhesus Monkeys", Neuroreport, 9 (1998), 303–308。

[15] 当然，一架 16 比特的照相机，能够区分 216 个亮级，但是在这个例子中，这并没有什么关系。

[16] 如果没有人去"读"照相机的显示屏的话，照相机就不会"明白"有一纵列黑的像素或者任何其他的像素构型。换句话说，构型只是它本来集合成的那个样子。

[17] C. H. Schenck, S. R. Bundlie, M. G. Ettinger, and M. W. Mahowald, "Chronic Behavioral Disorders of Human REM Sleep: A New Category of Parasomnia", Sleep, 9.

[18] J. P. Sastre and M. Jouvet, "Oneiric Behavior in Cats", Physiology and Behavior, 22 (1979), 979–989 第一次讲述了这种分离性行为。他们发现，毁损了猫的脑桥被盖（pontine tegmentum）的有限区域，就消除了肌肉松弛。这是 REM 睡眠的特征，在这个睡眠阶段，梦最多，也最生动。当作了这种毁损的猫进入 REM 睡眠期，它们做出许多本能行为。它们会去攻击一头想象中的猎物，在一个想象中的敌人面前吓得发呆，或者走向一个不存在的食物源并开始舔它。在做这一切的同时，它却不对环境刺激起反应。简言之，它们是在做梦中的动作。

第二部分

[1] A. Schopenhauer, On the Fourfold Root of the Principle of Sufficient Reason, trans. E. F. J. Payne (La Salle, Ill.: Open Court, 1974), Chap. 4, § 21.

第四章

[1] 应该记住，如果用图论的话来说，可以认为神经元群既包括皮层神经元，又包括丘脑神经元，因为特异的皮层神经元功能柱和丘脑中一组特定的神经元有紧密的交互联结。

[2] G. M. Edelman and V. B. Mountcastle, The Mindful Brain: Cortical

Organization and the Group-Selective Theory of Higher Brain Function (Cambridge, Mass.: MIT Press, 1978); G. M. Edelman, Neural Darwinism: The Theory of Neuronal Group Selection (New York: Basic Books, 1987).

［3］ G. Tononi, C. Cirelli, and M. Pompeiano, "Changes in Gene Expression during the Sleep-Waking Cycle: A New View of Activating Systems", Archives Italiennes de Biologie, 134 (1995), 21–37. ; G. M. Edelman, G. N. J. Reeke, W. E. Gall, G. Tononi, D. Williams, and O. Sporns, "Synthetic Neural Modeling Applied to a Real-World Artifact", Proceedings of the National Academy of Sciences of the United States of America, 89 (1992), 7267–7271.

［4］ Edelman, Neural Darwinism.

第五章

［1］ 例如, 请参阅 F. H. C. Crick, The Astonisbing Hypothesis: the Scientific Search For the Soul (New York: Charles Scribner's Sons, 1994); Experimental and Theoretical Studies of Consciousness, Ciba Foundation Symposium, 174 (Chichester, England: John Wiley & Sons, 1993); A. J. Marcel and E. Bisiach, eds., Consciousness in Contemporary Science (Oxford, England: Clarendon Press, 1988); H. C. Kinney and M. A. Samuels, "Neuropathology of the Persistent Vegetative State: A Review", Journal of Neuropathology of Experimental Neurology, 53 (1994), 548–558; M. Kinsbourne, "Integrated Cortical Field Model of Consciousness", Ciba Foundation Synposium, 174 (1993), 43–50; C. Koch and J. Braun, "Towards the Neuronal Correlate of Visual Awareness", Current Opinion in Neurobiology, 6 (1996), 158–164; M. Velmans, ed., The Science of Consciousness: Psychological, Neuropsychological and Clinical Reviews (London, England: Routledge, 1996); W. Penfield, The Mystery of the Mind: A Critical Study of Consciousness and the Human Brain (Princeton, N. J.: Princeton University Press, 1975); T. W. Picton and D. T. Stuss, "Neurobiology of Conscious Experience", Current Opinion in Neurobiology, 4 (1994), 256–265; M. I. Posner, "Attention: The Mechanisms of Consciousness", Proceedings of the National Academy of Sciences of the United States of America, 91 (1994), 7398–7403; and L. Weiskrantz, Consciousness Lost and Found: A Neuropsychological Exploration (New York: Oxford University Press, 1997)。

［ 2 ］ E. P. Vining, J. M. Freeman, D. J. Pillas, S. Uematsu, B. S. Carson, J. Brandt, D. Boatman, M. B. Pulsifer, and A. Zuckerberg, "Why Would You Remove Half a Brain? The Outcome of 58 Children after Hemispherectomy-The Johns Hopkins Experience: 1968 to 1996", Pediatrics, 100 (1997), 163–171; and F. Müller, E. Kunesch, F. Binkofski, and H. J. Freund, "Residual Sensorimotor Functions in a Patient after Right-Sided Hemispherectomy", Neuropsychologia, 29 (1991), 125–145.

［ 3 ］ A. P. Lonton, Zeitschrift für Kinderchirurgie, 45 (1990)Suppl. 1, 18–19.

［ 4 ］ V. B. Mountcastle, "An Organizing Principle for Cerebral Function: The Unit Module and the Distributed System", in The Mindful Brain: Cortical Organization and the Group-Selective Theory of Higher Brain Function, eds., G. M. Edelman and V. B. Mountcastle (Cambridge, Mass.: MIT Press, 1978), 7–50; A. R. Damasio, "Time-Locked Multiregional Retroactivation", Cognition, 33 (1989), 25–62; and Picton and Stuss, "Neurobiology of Conscious Experience".

［ 5 ］ R. S. J. Frackowiak, K. J. Friston, C. D. Frith, R. J. Dolan, and J. C. Mazziotta, Human Brain Function (San Diego, Calif.: Academic Press, 1997); P. E. Roland, Brain Activation (New York: Wiley-Liss, 1993); and M. I. Posner and M. E. Raichle, Images of Mind (New York: Scientific American Library, 1994).

［ 6 ］ O. D. Creutzfeldt, "Neurophysiological Mechanisms and Consciousness", Ciba Foundations Symposium, 69 (1979, 217–233).

［ 7 ］ G. Moruzzi and H. W. Magoun, "Brain Stem Reticular Formation and Activation of the EEG", Electroencephalography and Clinical Neurophysiology, 1 (1949), 455–473.

［ 8 ］ F. Plum, "Coma and Related Global Disturbances of the Human Conscious State", in Normal and Altered States of Function (vol. 9), eds. A. Peters and E. G. Jones (New York: Plenum Press, 1991), 359–425.

［ 9 ］ M. Steriade and R. W. McCarley, Brainstem Control of Wakefulness and Sleep (New York: Plenum Press, 1990).

［10］ Plum, "Coma and Related Global Disturbances of the Human Conscious State"; and Kinney and Samuels, "Neuropathology of the Persistent Vegetative State: A Review".

［11］ 例如，请参阅 J. E. Bogen, "On the Neurophysiology of Consciousness: I. An

Overview", Consciousness and Cognition, 4 (1995), 52–62。

[12] 但是应该指出，网状系统不仅能维持丘脑–皮层系统的激活状态，而且对意识经验也有更为特殊的贡献。有证据（参阅 A. B. Scheibel, "Anatomical and Physiological Substrates of Arousal: A View from the Bridge", in The Reticular Formation Revisited, eds. J. A. Hobson and M. A. B. Brazier [New York: Raven Press, 1980], 55–66）表明，脑干上部的神经元（例如在中脑楔状核中的神经元）是多模态的，特别对视觉、体觉和听觉有反应。楔状核和邻近的顶盖中的神经映射区，似乎对机体周围的三维空间轮廓进行映射。从这些映射区发出的轴突，散布很广，以拓扑组织的方式，映射到网状–丘脑核和其他丘脑核团。从额叶皮层来的轴突，也到达丘脑的同一些区域。上行的网状激活系统和丘脑–皮层系统之间的相互作用，似乎起到了一种闸门的作用。它使得和机体空间轮廓的一定部分有关的丘脑–皮层相互作用容易通过，而选择性地阻断其他部分。网状结构的活动，根据多个感觉模态和运动模态，映射身体和周围的空间。很可能，这种活动再加上丘脑、顶叶皮层和其他脑区的映射区，是构成意识经验的多模态场景的基本要素。

[13] 区域性的脑活动的增加和减少，都是重要的。这方面的一个例子是选择性注意。对视觉选择性注意的 PET 研究发现，听觉和体觉区域中的血流（反映突触活动）减少了，而视觉区域则受到激活；参阅 J. V. Haxby, B. Horwitz, L. G. Ungerleider, J. M. Maisog, P. Pietrini, and C. L. Grady, "The Functional Organization of Human Extrastriate Cortex: A PET-rCBF Study of Selective Attention to Faces and Locations", Journal of Neuroscience, 14 (1994), 6336–6353。在另一些研究中，可以出现同样的视觉激活，同时却没有听觉皮层失活。这一模式表明，可能是一种不同的认知过程，或许视觉和听觉两个方面都在注意；请参阅 A. R. McIntosh, "Understanding Neural Interactions in Learning and Memory Using Functional Neuroimaging", Annals of the New York Academy of Science, 855 (1998), 556–571; and L. Nyberg, A. R. McIntosh, R. Cabeza, L. G. Nilsson, S. Houle, R. Habib, and E. Tulving, "Network Analysis of Positron Emission Tomography Regional Cerebral Blood Flow Data: Ensemble Inhibition during Episodic Memory Retrieval", Journal of Neuroscience, 16 (1996), 3753–3759。

[14] D. Kahn, E. F. Pace-Schott, and J. A. Hobson, "Consciousness in Waking and Dreaming: The Roles of Neuronal Oscillation and Neuromodulation in

Determining Similarities and Differences", Neuroscience, 78 (1997), 13–38; and J. A. Hobson, R. Stickgold, and E. F. Pace-Schott, "The Neuropsychology of REM Sleep Dreaming", Neuroreport, 9 (1998), R1–R14; 但是请参阅 D. Foulkes, Dreaming: A Cognitive-Psychological Analysis (Hillsdale, N. J.: Lawrence Erlbaum Associates, 1985)。

［15］ A. R. Braun, T. J. Balkin, N. J. Wesenten, R. E. Carson, M. Varga, P. Baldwin, S. Selbie, G. Belenky, and P. Herscovitch, "Regional Cerebral Blood Flow throughout the Sleep-Wake Cycle", Brain, 120 (1997), 1173–1197; and P. Maquet, C. Degueldre, G. Delfiore, J. Aerts, J. M. Peters, A. Luxen, and G. Franck, "Functional Neuroanatomy of Human Slow Wave Sleep", Journal of Neuroscience, 17 (1997), 2807–2812. 区域分析表明，在慢波睡眠期间，神经活动极度减少的脑区包括：旁边缘结构（paralimbic structures）［例如前脑岛、前扣带皮层（anterior cingulate cortex），以及颞极皮层（polar temporal cortex）］、新皮层区（例如额顶联合区）和脑中心结构（例如网状激活系统、丘脑和基底神经节）。另一方面，相比之下，单模态感觉区并没有受到抑制。

［16］ F. Plum, "Coma and Related Global Distrurbances of the Human Conscious State"; and G. B. Young, A. H. Ropper, and C. F. Bolton, Coma and Impaired Consciousness: A Clinical Perspective (New York: McGraw-Hill, 1998).

［17］ W. James, The Principles of Psychology (New York: Henry Holt, 1890).

［18］ H. Maudsley, The Physiology of Mind: Being the First Part of a 3d ED., Rev., Enl., and in Great Part Rewritten, of "The Physiology and Pathology of Mind" (London: Macmillan, 1876). 在心理学中，对有意识地控制的动作和自动进行的动作之间的区别，有不同的想法。M. I. Posner 和 C. R. R. Snyder（"Attention and Cognitive Control", in Information Processing and Cognition, the Loyola Symposium, ed. R. L. Solso [Hillsdale, N. J.: Lawrence Erlbaum Associates, 1975], 55–85）对于完全自动化的过程提出了三条准则，这就是它在进行时不会引起有意识的觉知，没有意图，也不会干扰其他正在进行的精神活动。Schneider 和 Shiffrin（W. Schneider and R. M. Shiffrin, "Controlled and Automatic Human Information Processing: I. Detection, Search, and Attention", Psychological Review, 84 [1977], 1–66; and R. M. Shiffrin and W. Schneider, "Controlled and Automatic Human Information Processing: II. Perceptual Learning, Automatic Attending, and a General

Theory", Psychological Review, 84 [1977], 127–190) 试图从理论上对自动处理和有控制的处理之间的区别，较确切地加以说明。后者容量有限，需要注意，而当情况变化时，可以灵活应用；前者则没有容量限制，不需要注意，一旦学会就难以改变 *。Norman 和 Shallice (D. A. Norman and T. Shallice, "Attention to Action: Willed and Automatic Control of Behavior", in Consciousness and Self-Regulation, (Vol. 4), eds. R. J. Davidson, G. E. Schwartz, and D. Shapiro, [New York: Plenum, 1986], 1–18) 作了下列区分：由动作计划（组织好的计划）控制的全自动处理；在一些彼此有矛盾的计划之间竞争的局部自动处理；在决策、解决困难和当出现新情况时需要灵活反应的情况下由监督的注意系统所作的随意控制。G. D. Logan ("Toward an Instance Theory of Automatization, " Psychological Review, 95 [1988], 492–527) 认为，区分不应该根据不需要注意参与及资源有限这两点，而应该根据是否需要调用记忆，把自动的行为表现区分出来。按照这种观点，"如果一个行为表现是基于从记忆中单步直接提取过去的解决办法"，那么它就是自动的。这一特点可以很好地用儿童学习算术来加以说明。一开始的时候，儿童通过数数来把一位数加起来，这是一个很慢而且费力的过程。经过练习，他们学会通过背诵各组一位数相加，根据记忆来相加，而不再数数。

[19] 在第十章和第十二章中，将讨论意识容量有限的问题。

[20] 无意识的自动过程，在速度和精确性方面的能力非常强。这不应该妨碍我们看到，有意识的控制有一些非常重要的特点。有意识的控制是灵活的，适应新事物，并且对上下文敏感；而自动的行为表现则是刻板的，不适应新事物，对上下文也不敏感。最为重要的是，当需要整合大量的信息，以选取适当的输入和输出时，就有必要用有意识的控制，来学习新的任务。只有当输入和输出之间的关系很简单的时候，也就是说，需要的信息有局限得多，才采用自动的行为表现。事实上，只有在任务所处的环境总是前后一致的情况下，才获得自动性。例如在整个练习中，同样的刺激总是引起同样的反应，就是如此。如果这种关系因任务而异，那就有必要用有意识的控制了。参阅 Schneider and Shiffrin, "Controlled and Automatic Human Information Processing: I" 和 Shiffrin and Schneider,

---

* 原文中把 "前者" 和 "后者" 搞颠倒了，译文中作了更正。——译注

"Controlled and Automatic Human Information Processing: II"。有时候，自动进行甚至会起反作用。在实验室中研究得很多的一个例子，就是斯特鲁普效应（Stroop effect）：表示某种颜色的字，用和这个字所表达的颜色不同的另一种颜色打印出来。这时如果让被试说出该字的颜色，被试就会发生犹豫，而大大增加反应时（参阅 J. R. Stroop, "Studies of Interference in Serial Verbal Reactions", Journal of Experimental Psychology, 18 [1935], 643–662）。语义盲可能是另一个例子（D. G. MacKay and M. D. Miller, "Semantic Blindness: Repeated Concepts Are Difficult to Encode and Recall under Time Pressure", Psychological Science, 5 [1994], 52–55）。一个更为人熟悉的例子是动作差错 (action slip)，这就是不经意或不适当的动作，例如作客时不按门铃而用钥匙，把口袋里的硬币抖得发出声响，揉捏面包，无目的地用手拨弄衣服，梳理头发，抚摸下巴。西格蒙特·弗洛伊德曾经列出许多这种动作差错，或者动作倒错，并且试图分析它们无意识的动机。更近些时候，人们用日记研究的方式，来研究动作差错，将其分成许多不同的范畴。举例来说，J. T. Reason and K. Mycielska (Absent-Minded? The Psychology of Mental Lapses and Everybody Errors [Englewood Cliffs, N. J.: Prentice-Hall, 1982], 73) 给出了下面的典型例子："我坐下来工作。在开始写字之前，我举手拿掉眼镜，但是我的手指突然停了下来，因为我根本就没有戴眼镜。" 所有的动作差错，不管其范畴、动机，或者无意识的程度如何，它们都是经常在做的活动。

[21] James, The Principles of Psychology, 114.

[22] Ibid., 112–113.

[23] Durup and Fessard (1935)，引自 E. R. John, Mechanisms of Memory (New York: Academic Press, 1967)。皮层电图是在大脑表面记录到的电活动。它和在颅表记录得到的脑电类似，但是更为精确。

[24] E. R. John and K. F. Killam, "Electrophysiological Correlates of Avoidance Conditioning in the Cat", Journal of Pharmacological and Experimental Therapeutics, 125 (1959), 252 及更近一些的一篇论文 (I. N. Pigarev, H. C. Nothdurft, and S. Kastner, Neuroreport, 8 [1997], 2557–2560) 令人惊异地说明，即使在没有意识经验的情况下，也可能以自动的方式继续行为。训练年轻的猴子，让它根据简单刺激，例如一个有各种朝向线条的显示屏，在 0.5～1.5 秒之后是否有单根垂直线条，而踩两个踏板中的一个。人们注意到，即使猴子已清楚地表现出瞌睡和要睡着了的迹象，它们常常

还是能够恰当地作出反应。最有意思的是，视区 V4 中的神经元，在睡眠期停止对优势刺激作出反应。因此，大脑皮层中可能有一部分"睡着了"，而另一部分（很可能是 V1）还在进行识别，这已经是自动的了。这些区域中的神经活动仍在进行，但对意识经验已经没有什么贡献了。

［25］R. J. Haier, B. V. Siegel, Jr., A. MacLachlan, E. Soderling, S. Lottenberg, and M. S. Buchsbaum, "Regional Glucose Metabolic Changes after Learning a Complex Visuospatial/Motor Task: A Positron Emission Tomographic Study", Brain Research, 570 (1992), 134-143. 遗憾的是，在这一研究中没有控制手的运动量。

［26］S. E. Petersen, H. van Mier, J. A. Fiez, and M. E. Raichle, "The Effects of Practice on the Functional Anatomy of Task Performance", Proceedings of the National Academy of Sciences of the United States of America, 95 (1998), 853-860.

［27］在一些皮层区中，可以看到相反方向的变化。

［28］然而，如果再继续练习下去，与不训练比较起来，由训练所激活的运动皮层会扩大。参阅 A. Karni, G. Meyer, P. Jezzard, M. M. Adams, R. Turner, and L. G. Ungerleider, "Functional MRI Evidence for Adult Motor Cortex Plasticity during Motor Skill Learning," Nature, 377 (1995) 155-158。这很可能是由于局部地募集了更多的细胞。至于最初的减少，究竟是反映了局域的"习惯化"或启动效应（priming effect）（参阅 R. L. Buckner, S. E. Petersen, J. G. Ojemann, F. M. Miezin, L. R. Squire, and M. E. Raichle, "Functional Anatomical Studies of Explicit and Implicit Memory Retrieval Tasks", Journal of Neuroscience, 15 [1995], 12-19, 以及重复遏制 [repetition suppression], R. Desimone, "Neural Mechanisms for Visual Memory and Their Role in Attention", Proceedings of the National Academy of Science of the United States of America, 93 [1996], 13494-13499), 还是由于从脑的其余部分来的输入减少了，由于样本不足还不太清楚。

第六章

［1］关于分离综合征的问题，可以追溯到 19 世纪。韦尔尼克（Karl Wernicke）是认真研究分离所造成的临床效应的第一人。他预言，传导性失语症是由于语言前区和后区的分离所致。德热里纳（Joseph Dejerine）第一个说明了，由于胼胝体损伤所造成的行为失常。1900 年左右，李普曼

（Hugo Liepmann）发表了一系列论文，说明了脑区联结上的损伤所产生的临床影响。他在对他的一位被试进行了仔细研究的基础上，预言在被试的皮层中有几处分离。后来，他又发表了对这一病例的尸体解剖的神经病理学报告，并说明他的假设得到了证实。近些年来，斯佩里（R. W. Sperry）仔细分析并实验检验了分离综合征（"Lateral Specialization in the Surgically Separated Hemispheres", in Neurosciences: Third Study Program, eds. F. O. Schmitt and F. G. Worden, [Cambridge, Mass.: MIT Press, 1974]）；N. Geschwind（"Disconnexion Syndromes in Animals and Man", Brain, 88 [1965], 237–284, 585–644); and M. Mishkin（"Analogous Neural Models for Tactual and Visual Learning", Neuropsychologia, 17 [1979], 139–151)。R. K. Nakamura and M. Mishkin（"Chronic 'Blindness' Following Lessions of Nonvisual Cortex in the Monkey", Experimental Brain Research, 63 [1986], 173–184)，以其给人深刻印象的演示说明，不损伤猴的视觉皮层，却大范围使皮层之间的联系断开，可以造成慢性"盲"。在使大脑两半球完全分离之后，大范围切除左脑半球而不损伤视觉纹状体、前纹状体和下颞叶皮层，就消除了视觉行为。然而，从这些盲猴的纹状皮层中记录到的单个单元活动，和从正常猴中记录所得到的相仿；请参阅 R. K. Nakamura, S. J. Schein, and R. Desimone, "Visual Responses from the Cells in Striate Cortex of Monkeys Rendered Chronically 'Blind' by Lesions of Nonvisual Cortex", Experimental Brain Research, 63 (1986), 185–190。因此，慢性盲大概并不是由于纹状皮层失能，而是由于跟在切除部分中的一些关键处理阶段失去了联结。参阅下注。

［2］但是，在严格的实验室条件下，很快就证实了，如果分别测试大脑的两半球，那么两者表现出不同的特异性。例如，左脑在语言、说话、解决大问题方面占优势，并且也有解释行为和编造故事的超乎寻常的倾向；请参阅 M. S. Gazzaniga, "Principles of Human Brain Organization Derived from Split-Brain Studies", Neuron, 14 (1995), 217–228。右脑半球通常在空间视觉任务（例如画画、区分正放的脸和集中注意监视）方面有一些优势。

［3］R. W. Sperry, "Brain Bisection and Consciousness", in Brain and Conscious Experience, ed. J. C. Eccles (New York: Springer Verlag, 1966), 299.

［4］P. G. Gasquoine, "Alien Hand Sign", Journal of Clinical and Experimental Neuropsychology, 15 (1993), 653–667; D. H. Geschwind, M. Iacoboni, M. S. Mega, D. W. Zaidel, T. Cloughesy, and E. Zaidel, "Alien Hand Syndrome:

Interhemispheric Motor Disconnection due to a Lesion in the Midbody of the Corpus Callosum", Neurology, 45 (1995), 802–808. 有一些研究者，其中最著名的是 M. S. Gazzaniga (The Social Brain: Discovering the Networks of the Mind [New York: Basic Books, 1985])，在对裂脑的文献进行综述时，断言只有左脑半球才是有意识的，其中有某种"解释者"，一直在试图解释各种无意识模块的输出，并把这些输出，编织成协调一致的合理解说。但是，不管这种解释者的构成如何，关于意识的这种准则，过于偏向于字面报告，因而譬如说，可能把动物排除在意识之外。关于初级意识和高级意识的区别，看来特别适用于这里。某些内隐–外显的分裂 (implicit-explicit dissociations)，例如记忆缺失，可能也是由于受到损伤的区域和与意识有关的更全局性的神经活动模式，失去了部分联结。请参阅 D. L. Schacter, "Implicit Knowledge: New Perspectives on Unconscious Processes", Proceedings of the National Academy of Science of the United States of America, 89 (1992), 11113–11117。

[5] W. D. TenHouten, D. O. Walter, K. D. Hoppe, and J. E. Bogen, "Alexithymia and the Split Brain: V. EEG Alpha-Band Interhemispheric Coherence Analysis", Psychotherapy and Psychosomatics, 47 (1987), 1–10; T. Nielsen, J. Montplaisir, and M. Lassonde, "Decreased Interhemispheric EEG Coherence during Sleep in Agenesis of the Corpus Callosum", European Neurology, 33 (1993), 173–176; J. Montplaisir, T. Nielsen, J. Coté, D. Boivin, Rouleau, and G. Lapierre, "Interhemispheric EEG Coherence before and after Partial Callosotomy", Clinical Electroencephalography, 21 (1990), 42–47; and M. Knyazeva, T. Koeda, C. Njiokiktjien, E. J. Jonkman, M. Kurganskaya, L. de Sonneville, and V. Vildavsky, "EEG Coherence Changes during Finger Tapping in Acallosal and Normal Children: A Study of Inter-and Intrahemispheric Connectivity", Behavioural Brain Research, 89 (1997), 243–258.

[6] W. Singer, "Bilateral EEG Synchronization and Interhemispheric Transfer of Somato-Sensory and Visual Evoked Potentials in Chronic and Acute Split-Brain Preparations of Cat", Electroencephalography and Clinical Neurophysiology, 26 (1969), 434; and A. K. Engel, P. Konig, A. K. Kreiter, and W. Singer, "Interhemispheric Synchronization of Oscillatory Neuronal Responses in Cat Visual Cortex", Science, 252 (1991), 1177–1179.

[7] P. Janet, L'automatisme psychologique; essai de psychologie expérimentale

sur les formes inférieures de l'activité humaine (Paris: F. Alcan, 1930).

[8] S. Freud, K. Strachey, and A. Freud, The Psychopathology of Everyday Life (London: Benn, 1966).

[9] E. R. Hilgard, Divided Consciousness: Multiple Controls in Human Thought and Action (New York: John Wiley & Sons, 1986).

[10] Diagnostic and Statistical Manual of Mental Disorders: Fourth Edition (Washington, D. C.: American Psychiatric Association, 1994), 477.

[11] 为什么把癔病性麻痹和感觉缺失，都列为体象失常（somatoform disorder）类中的转换失常（conversion disorder），这大概可以用发病机制上的混淆来解释。可参阅 J. Nehmiah, "Dissociation, Conversion, and Somatization", in American Psychiatric Press Review of Psychiatry, Vol. 10, eds. A. Tasman and S. M. Goldfinger (Washington, D. C.: American Psychiatric Press, 1991), 248–260; and J. F. Kihlstom, "The Rediscovery of the Unconscious", in The Mind, the Brain, and Complex Adaptive Systems: Santa Fe Institute Studies in the Sciences of Complexity, Vol. 22, ed. J. L. S. Harold Morowitz (Reading, MA: Addison-Wesley, 1994), 123–143。按照国际疾病分类（ICD10），这些机制应该分类为分裂性感觉失常和分裂性运动失常。事实上，运动分离综合征和感觉分离综合征，以及自我和有关个人经历记忆的分裂，这两者之间的差别，很可能是层次的不同。前者反映的是初级意识上的失常，后者反映的是高级意识上的失常，而并不是在发病机制上有差别。

[12] G. Tononi and G. M. Edelman, "Schizophrenia and the Mechanisms of Conscious Integration", Brain Ressarch Reviews, in press.

[13] A. J. Marcel, "Conscious and Unconscious Perception: An Approach to the Relations between Phenomenal Experience and Perceptual Processes", Cognitive Psychology, 15 (1983), 238–300; A. J. Marcel, "Conscious and Unconscious Perception: Experiments on Visual Masking and Word Recognition", Cognitive Psychology, 15 (1983), 197–237; and P. M. Merikle, "Perception without Awareness: Critical Issues", American Psychologist, 47 (1992), 792–795.

[14] V. O. Packard, The Hidden Persuaders (New York: D. McKay, 1957).

[15] N. F. Dixon, Subliminal Perception: The Nature of a Controversy (New York: McGraw-Hill, 1971); N. F. Dixon, Preconscious Processing (New York: John Wiley & Sons, 1981); Marcel, "Conscious and Unconscious Perception: An

Approach to the Relations between Phenomenal Experience and Perceptual Processes"; Marcel, "Conscious and Unconscious Perception: Experiments on Visual Masking and Word Recognition"; J. M. Cheesman and P. M. Merikle, "Priming with and without Awareness", Perception of Psychophysics, 36 (1984), 387–395; and J. M. Cheesman, "Distinguishing Conscious from Unconscious Perceptual Processes", Canadian Journal of Psychology, 40 (1986), 343–367.

[16] 正是在这种情况下，第一次提出了客观阈值和主观阈值之间的区别。请参阅 Cheesman and Merikle, "Priming with and without Awareness"; and Cheesman, "Distinguishing Conscious from Unconscious Perceptual Processes"。正如我们以前提到过的那样，客观阈值指的是，当所给刺激高过这个阈值水平时，被试判断是否有刺激的正确率高过随机水平；而主观阈值指的是，当所给刺激高于这个阈值水平时，被试会报告有有意识的知觉。

[17] 在某些场合，虽然刺激持续时间不短，强度不弱，却有没有觉知的知觉的情况。例如 F. C. Kolb and J. Braun（"Blindsight in Normal Observers", Nature, 377 [1995], 336–338）就报告了，正常被试有某种形式的"功能性盲视"。给一只眼睛呈现某种质地性反差（在水平线的背景下，有一小块竖线结构）几分之一秒，而给另一只眼睛呈现这幅图的补图。观察者报告说，不管用主观的度量还是用客观的度量来加以判断，他们都没有有关质地反差的意识经验。但是，如果强要他们去猜，那么他们可以相当可靠地检测出这种反差，并且指出这种有反差的小块所在的部位。在另一项实验中，有某些高反差的光栅，其条纹排得非常密，以致知觉不到光栅，而像是一片均匀的灰色。但是，这种光栅能够改变观察者检测排得稀一点因而比较容易看清的光栅的能力。请参阅 S. He, H. S. Smallman, and D. I. A. MacLeod, "Neural and Cortical Limits on Visual Resolution", Investigative Ophthalmology & Visual Science, 36 (1995), S438。如果一块条纹被相邻的条纹块所包围，一位观察者也会对条纹的朝向发生习惯化，而知觉不到（这种效应被称为知觉"群集"）。请参阅 S. He, P. Cavanagh, and J. Intriligator, "Attentional Resolution and the Locus of Visual Awareness", Nature, 383 (1996), 334–337。因为初级视皮层很可能和这些效应有关，所以有些人认为，初级视皮层中的神经活动，可能对意识没有贡献。例如，请参阅 F. Crick and C. Koch, "Are We Aware of Neural Activity in Primary Visual Cortex?" Nature, 375 (1995), 121–123。应该指出，关于和这些效应有关的神经元的发放模

式，以及皮层内联结的问题，在目前我们还没有什么头绪。

［18］B. Libet, D. K. Pearl, D. E. Morledge, C. A. Gleason, Y. Hosobuchi, and N. M. Barbaro, "Control of the Transition from Sensory Detection to Sensory Awareness in Man by the Duration of a Thalamic Stimulus: The Cerebral 'Time-On' Factor", Brain, 114 (1991), 1731–1757.

［19］L. Cauller, "Layer I of Primary Sensory Neocortex: Where Top-down Converges upon Bottom-up", Behavioural Brain Research, 71 (1995), 163–170.

［20］B. Libet, C. A. Gleason, E. W. Wright, and D. K. Pearl, "Time of Conscious Intention to Act in Relation to Onset of Cerebral Activity (Readiness-Potential: The Unconscious Initiation of a Freely Voluntary Act)", Brain, 106 (1983), 623–642.

［21］A. Baddeley, "The Fractionation of Working Memory", Proceedings of the National Academy of Sciences of the United States of America, 93 (1996), 13468–13472.

［22］J. M. Fuster, R. H. Bauer, and J. P. Jervey, "Functional Interactions between Inferotemporal and Prefrontal Cortex in a Cognitive Task", Brain Research, 330 (1985), 299–307; and P. S. Goldman-Rakic, and M. Chafee, "Feedback Processing in Prefronto-Parietal Circuits during Memory-Guided Saccades", Society for Neuroscience Abstracts, 20 (1994), 808.

［23］掩蔽现象也表明，神经活动要想对意识经验有贡献，必须至少持续一段时间。请参阅 V. Menon, W. J. Freeman, B. A. Cutillo, J. E. Desmond, M. F. Ward, S. L. Bressler, K. D. Laxer, N. Barbaro, and A. S. Gavins, "Spatio-Temporal Correlations in Human Gamma Band Electrocorticograms", Electroencephalography & Clinical Neurophysiology, 98 (1996) 89–102; and K. J. Meador, P. G. Ray, L. Day, H. Ghelani, and D. W. Loring, "Physiology of Somatosensory Perception: Cerebral Lateralization and Extinction", Neurology, 51 (1998), 721–727。

［24］S. L. Bressler, "Interareal Synchronization in the Visual Cortex", Brain Research-Brain Research Reviews, 20 (1995), 288–304; W. Singer and C. M. Gray, "Visual Feature Integration and the Temporal Correlation Hypothesis", Annual Review of Neuroscience, 18 (1995), 555–586; M. Joliot, U. Ribary, and R. Llinas, "Human Oscillatory Brain Activity Near 40 Hz Coexists with Cognitive Temporal Binding", Proceedings of the National Academy of Sciences of the United States of America, 91 (1994), 11748–11751; and A. Gevins, M. E. Smith, J. Le, H. Leong, J. Bennett, N. Martin, L. McEvoy, R. Du, and S. Whitfield, "High Resolution Evoked Potential Imaging of the Cortical Dynamics of Human Working Memory", Electroencephalography of Clinical Neurophysiology, 98 (1996), 327–348.

[25] R. Srinivasan, D. P. Russell, G. M. Edelman, and G. J. Tononi, "Increased Synchronization of Magnetic Responses during Conscious Perception", Neuroscience, 19 (1999), 5435–5444.

[26] 在最近的一项研究中，让被试看一幅交变图——它可以被看成一张脸，或者是没有意义的图形——并记录他的脑的电活动。只有当被试知觉到脸的时候，才有远距离的同步模式，这对应于知觉时刻本身，以及紧接着的运动反应。中间有一段去同步，标志着从知觉的时刻，过渡到运动反应。正如大范围同步可能反映了分布各处的神经元群的整合，这是统一意识状态的基础；短暂的去同步，可能反映了解耦合，这对于选择另一个统一状态来说是必需的。请参阅 E. Rodrigruez, N. George, J. P. Lachaux, J. Martinerie, B. Renault, and F. J. Varela, "Perception's Shadow: Long-Distance Synchronization of Human Brain Activity", Nature, 397 (1999), 430–433。在最近的另一成像研究中，根据被试能否觉知一种音调可预言某种视觉事件，而另一种音调则不会预言，来对被试进行分类。只有觉知到的被试，才会有不同的行为反应。PET 扫描的结果表明，当觉知可能出现的时候，和左前额叶皮层功能上有联系的某些脑区（例如枕区和颞区）的活动之间的相关性，有很大的提高。作者们断言，觉知是通过对分布各处的区域进行整合而出现的。请参阅 A. R. McIntosh, M. N. Rajah, and N. J. Lobaugh, "Interactions of Prefrontal Cortex in Relation to Awareness in Sensory Learning", Science, 284 (1999), 1531–1533。

[27] 应该指出，从慢波睡眠期唤醒，也会报告做梦，虽然和 REM 睡眠期唤醒比较起来，这时做梦要少得多，性质也不同，梦的片段通常要短得多，也远远不那么生动。但是，从最深的慢波睡眠期唤醒，很少有报告做梦的。请参阅 D. Kahn, E. F. Pace-Schott and J. A. Hobson, "Consciousness in Waking and Dreaming: The Roles of Neuronal Oscillation and Neuromodulation in Determining Similarities and Differences", Neuroscience, 78 (1997), 13–38; and J. A. Hobson, R. Stickgold, and E. F. Pace-Schott, "The Neuropsychology of REM Sleep Dreaming", Neuroreport, 9 (1998) R1–R14; 但也请参阅 D.

Foulkes, "Dream Research", Sleep, 19 (1996), 609–624。

[28] 请参阅 M. S. Livingstone and D. H. Hubel, "Effects of Sleep and Arousal on the Processing of Visual Information in the Cat", Nature, 291 (1981), 554–561。

[29] 介于生理和病理两者之间的一个大家熟悉的分离例子，是梦游。梦游者很明显能够执行各种运动程序，但是他们深度熟睡，很不容易把他们唤醒。如果唤醒他们，他们会显得茫然无知，也讲不出做过梦。梦游是在慢波睡眠的深度时相进行的，而并不在多梦的 REM 睡眠期。

[30] M. Steriade, D. A. McCormick, and T. J. Sejnowski, "Thalamocortical Oscillations in the Sleeping and Aroused Brain", Science, 262 (1993), 679–685; and M. Steriade and J. Hobson, "Neuronal Activity during the Sleep-Waking Cycle", Progress in Neurobiology, 6 (1976), 155–376.

[31] 另一个例子是全身麻醉。采用许多挥发性的麻醉剂所产生的无意识状态，伴随有脑电中的慢波，这和非 REM 睡眠期的脑电很相似。这表明，分布各处的神经元群有超同步活动。

[32] 如果一个持续时间很短的视觉刺激，在给刺激和撤刺激时的瞬态神经反应为掩蔽刺激所抑制，那么这个刺激就变得看不见了。请参阅 S. L. Macknik and M. S. Livingstone, "Neuronal Correlates of Visibility and Invisibility in the Primate Visual System", Nature Neuroscience, 1 (1998), 144–149。通过增大某些神经活动增强区和别的神经活动减少区之间的反差，注意性调制也起作用。请参阅 J. H. Maunsell, "The Brain's Visual World: Representation of Visual Targets in Cerebral Cortex", Science, 270 (1995), 764–769; and K. J. Friston, "Imaging Neuroscience: Principles or Maps?" Proceedings of the National Academy of Science of the United States of America, 95 (1998), 796–802。这些想法都表明，在其他条件都相同的情况下，愈是能在大量的可能性中进行区分的神经元群，愈有可能对意识经验有贡献。在逐一研究神经元的基础上，在神经系统稍晚阶段（如 IT 区）的神经元的发放，比起早期阶段（如视网膜、外侧膝状核或 V1 区）的神经元的发放，要更富于信息性。这意思是说，IT 区神经元的发放，极不可能是先验的 (a priori)；而视网膜神经元的发放，则很可能是。特别地，IT 区中的一个对脸敏感的神经元的发放，大大减少了关于视觉场景性质的不确定性（看到的是脸，而不是无数其他的视觉场景）；视网膜神经元的发放，则在较小程度上减少不确定性（看到的可能是在视野的某个部位有亮点的无数视觉场景中的任一个）。对猴子所作的双

眼竞争的研究结果，也和这个观点是一致的。请参阅 D. A. Leopold and N. K. Logothetis, "Activity Changes in Early Visual Cortex Reflect Monkey's Percepts during Binocular Rivalry", Nature, 379 (1996), 549–553; and D. L. Shenberg and N. K. Logothetis, "The Role of Temporal Cortical Areas in Perceptual Organization", Proceedings of the National Academy of Science of the United States of America, 94 (1997), 3408–3413。当知觉到最优刺激时，在像 V1、V4 和 MT 这样的视区中，所记录的神经元中只有 18%～25% 发放率增大。与此成对照的是，当最优刺激在知觉上占主导地位时，在 IT 区中几乎所有记录到的神经元都有反应。在高级区域中注意的效应更强，也更容易表现，这一点也是和这个观点一致的。相应地，人们也常常说，一个有意识的场景，不管是视觉场景，还是一句句子，都是为动作和计划而大体把握主要情形，并且通常都忽略局部细节。例如，请参阅 R. Jackendoff, Consciousness and the Computational Mind (Cambridge, Mass.: MIT Press, 1987)。这是不是就意味着，对世界的不变方面发放的神经元，更可能对有意识的知觉有所贡献呢？

第三部分

第七章

[1] 转引自 M. J. Kottler, "Charles Darwin and Alfred Russel Wallace: Two Decades of Debate over Natural Selection", in The Darwinian Heritage, ed. D. Kohn (Princeton, N. J.: Princeton University Press, 1985), 420。

[2] F. M. Burnet, The Clonal Selection Theory of Acquired Immunity (Nashville, Tenn.: Vanderbilt University Press, 1959); G. M. Edelman, "Origins and Mechanisms of Specificity in Clonal Selection", in Cellular Selection and Regulation in the Immune Response, ed. G. M. Edelman (New York: Raven Press, 1974), 1–37.

[3] G. M. Edelman and V. B. Mountcastle, The Mindful Brain: Cortical Organization and the Group-Selective Theory of Higher Brain Function (Cambridge, Mass.: MIT Press, 1978); G. M. Edelman, Neural Darwinism: The Theory of Neuronal Group Selection (New York: Basic Books, 1987); O. Sporns and G. Tononi, eds., Selectionism and the Brain (San Diego, Calif.: Academic Press, 1994).

［ 4 ］ G. Tononi, "Reentry and the Problem of Cortical Integration", International Review of Neurobiology, 37 (1994), 127–152.

［ 5 ］ 例如，请参阅 G. Tononi, O. Sporns, and G. M. Edelman, "Reentry and the Problem of Integrating Multiple Cortical Areas: Simulation of Dynamic Integration in the Visual System", Cerebral Cortex, 2 (1992), 310–335; and S. Zeki, A Vision of the Brain (Boston: Blackwell Scientific Publications, 1993)。

［ 6 ］ L. H. Finkel and G. M. Edelman, "Integration of Distributed Cortical Systems by Reentry: A Computer Simulation of Interactive Functionally Segregated Visual Areas", Journal of Neuroscience, 9 (1989), 3188–3208.

［ 7 ］ Edelman and Mountcastle, The Mindful Brain; Edelman, Neural Darwinism; G. Tononi, O. Sporns, and G. M. Edelman, "Measures of Degeneracy and Redundancy in Biological Networks", Proceedings of the National Academy of Sciences of the United States of America, 96 (1999), 3257–3262.

［ 8 ］ G. Tononi, C. Cirelli, and M. Pompeiano, "Changes in Gene Expression during the Sleep-Waking Cycle: A New View of Activating Systems", Archives Italiennes de Biologie, 134 (1995), 21–37.

［ 9 ］ C. Cirelli, M. Pompeiano, and G. Tononi, "Neuronal Gene Expression in the Waking State: A Role for the Locus Coeruleus", Science, 274 (1996), 1211–1215.

［10］ G. M. Edelman, G. M. J. Reeke, W. E. Gall, G. Tononi, D. Williams, and O. Sporns, "Synthetic Neural Modeling Applied to a Real-World Artifact", Proceedings of the National Academy of Sciences of the United States of America, 89 (1992), 7267–7271; and N. Almássy, G. M. Edelman, and O. Sporns, "Behavioral Constraints in the Development of Neuronal Properties: A Cortical Model Embedded in a Real-World Device", Cerebral Cortex, 8 (1998), 346–361.

［11］ K. J. Friston, G. Tononi, G. N. J. Reeke, O. Sporns, and G. M. Edelman, "Value-Dependent Selection in the Brain: Simulation in a Synthetic Neural Model", Neuroscience, 59 (1994), 229–243.

［12］ M. Rucci, G. Tononi, and G. M. Edelman, "Registration of Neural Maps through Value-Dependent Learning: Modeling the Alignment of Auditory and Visual Maps in the Barn Owl's Optic Tectum", Journal of Neuroscience, 17 (1997), 334–352.

［13］A. R. Damasio, Descartes' Error: Emotion, Reason, and the Human Brain (New York: G. P. Putnam's Sons, 1994).

第八章

［1］G. M. Edelman, Neural Darwinism: The Theory of Neuronal Group Selection (New York: Basic Books, 1987).

［2］可能会有人争辩说，即使在一个选择性系统中，也可以把所有产生重复性行为的反应，一起看作是某种表征。但是，如果采取这种可能性，就要削弱选择的动态概念。选择是后验的，对于特定的记忆来说，不需要代码或是符号。不同的结构和动力学，可以给出同样的记忆。更有甚者，作为记忆基础的各种反应和结构，随着时间在不断地变化。看来，把脑的这种动力学性质，和我们所知道的符号表征性系统（不管是语言，还是计算机代码，即我们有意识地为了人际通信和文化目的而构造的系统）的性质混为一谈，并没有意义。

第九章

［1］G. M. Edelman, Neural Darwinism: The Theory of Neuronal Group Selection (New York: Basic Books, 1987); and G. M. Edelman, The Remembered Present: A Biological Theory of Consciousness (New York: Basic Books, 1989).

第四部分

第十章

［1］O. Sporns, G. Tononi, and G. M. Edelman, "Modeling Perceptual Grouping and Figure-Ground Segregation by Means of Active Reentrant Connections", Proceedings of the National Academy of Sciences of the United States of America, 88 (1991), 129–133; G. Tononi, O. Sporns, and G. M. Edelman, "Reentry and the Program of Integrating Multiple Cortical Areas: Simulation of Dynamic Integration in the Visual System", Cerebral Cortex, 2 (1992), 310–335; E. D. Lumer, G. M. Edelman, and G. Tononi, "Neural Dynamics in a Model of the Thalamacortical System, 1: Layers, Loops, and the Emergence of Fast Synchronous Rhythms", Cerebral Cortex, 7 (1997), 207–227; and E.

D. Lumer, G. M. Edelman, and G. Tononi, "Neural Dynamics in a Model of the Thalamocortical System, 2: The Role of Neural Synchrony Tested through Perturbations of Spike Timing", Cerebral Cortex, 7 (1997), 228–236.

[2] Tononi, Sporns and Edelman, "Reentry and the Program of Integrating Multiple Cortical Areas".

[3] 由于这个模型非常复杂，要想知道如何仿真视觉系统的解剖和生理性质的详细情况，请参考原始文献；见上注。

[4] 举例来说，在初级视皮层 V1（它是按拓扑性质组织起来的，并且对对象的详细特征起反应）和像 IT 区这样的拓扑性组织差一些的区域（它们对对象的不变性质起反应），都可以观察到它们。

[5] A. Treisman and H. Schmidt, "Illusory Conjunctions in the Perception of Objects", Cognitive Psychology, 14 (1982), 107–141.

[6] 用这个模型所做的另一些仿真表明，复馈过程能够很快地把来自不同神经元群的信号，以一种全局方式分布到系统的其余部分中去，使得模型中的任意一个神经元群的反应，都与上下文高度相关，并且全局访问许多不同的输出。这种模型系统还能够灵活地适应一些以前从来也没有遇到过的特性组合，而无须用到新的神经单元。模型品质的这些方面，在现在的情况下有着特别重要的意义。这是因为，它们和解释意识经验的一些性质直接有关，例如上下文敏感性、访问和联想的灵活性。请参阅 G. Tononi and G. M. Edelman, "Consciousness and the Integration of Information in the Brain", in Consciousness, eds. H. H. Jasper, L. Descarries, V. F. Castellucci, and S. Rossignol (New York: Plenum Press, 1998)。

[7] 由于脑的极度复杂性，如果不借助仔细的仿真，就几乎不可能想象皮层–皮层回路和丘脑–皮层回路之间的相互作用可能是如何发生的；也不可能想象丘脑–皮层系统的特异性结构，通过现实性的细胞和突触性质所产生的动力学结果。为了克服这一障碍，我们最近构造了一个能体现基本的丘脑–皮层回路运作至少所需的一些特性的大规模模型。请参阅 Lumer, Edelman, and Tononi, "Neural Dynamics in a Model of the Thalamacortical System, 1"；and Lumer Edelman, and Tononi, "Neural Dynamics in a Model of the Thalamacortical System, 2", Cerebral Cortex, 7 (1997), 207–236。这个模型包括多于 65 000 个脉冲发放的神经元和 500 万条以上的联结。我们在这里不可能详细描述这个模型，及由此得到的结果，有兴趣的读者可以参考原始文献；我们在这里仅仅为专家提供一个简短的摘要。用注册

扇区（in-register sector）模拟的脑区，包括视皮层初级区和次级区（VP 和 VS）、背侧丘脑的两个相应的区（TP 和 TS），以及网状-丘脑核的两个区（RP 和 RS）。单个的神经元，不管是兴奋性的还是抑制性的，都是用单房室的整合后发放单元来模拟的。它们的细胞常数，分别采自正常发放神经元和快发放神经元。突触相互作用是通过仿真通道来实现的。这些通道提供了电压依赖性（类 NMDA）兴奋和电压无关性（类 AMPA）兴奋，以及快抑制（类 $GABA_A$）和慢抑制（类 $GABA_B$）。所有的联结都有传导延迟。此外，所有的单元都有背景水平的无规则自发活动，这种活动是通过平衡的泊松兴奋与抑制实现的。

[8] 在一项标准实验中，给模型呈现 250 毫秒的仿真刺激。这个刺激包括两个叠加在一起的光栅，一个垂直，一个水平，并且以彼此正交的方向运动。记录模型中所有单元的膜电位，显示出鲜明的大量单元所共有的阈下电位和动作电位的时空模式。这种拟稳定的活动模式，表现出有相当大程度的同步发放和振荡行为。在模型的各个水平上，都表现出高频的同步振荡。某种全局同步的度量表明了这一点。然而，在模型中也有许多单元，虽然也在活动，却不参与这种全局性的同步发放。作同步发放的单元集合，具有快速建立起来的"功能性聚类"的特性。在同步发放的单元之间，有很强的相互作用，而和别的活动单元之间的相互作用要弱得多。我们用这个模型进行仿真，仔细研究了各种生理参数（如突触强度、抑制时间常数、释放延迟，影响水平回路或层内回路、垂直回路或层间回路、丘脑-皮层回路、丘脑-皮层宏回路的结构参数）对产生同步节律的影响。单路或者两路毁损多突触回路的实验表明，在群的活动取平均水平时，是否发生高频的同步发放，这要取决于丘脑-皮层复馈回路和皮层-皮层复馈回路的动力学。模型的皮层-皮层水平联结中，有带着典型 NMDA 受体动力学特性的电压依赖性通道。实验证明，它对于皮层区内部和皮层区之间发生范围广泛的协调一致，至关重要。模拟阻断这些受体的结果，不仅减少单个突触的效率，还消除了整个模型所表现出的全局相干性。此外，还观察到丘脑-皮层系统中的同步，表现出对活动水平的非线性依存性，而活动又非线性地依存于同步。当刺激强度达到某个水平时，同步的程度和同步有效性的程度都突然增加。与此同时，神经活动的平均水平和方差也突然增加。这种突然的非线性效应，是非平衡相变的一种特征。请参阅 H. G. Schuster, Deterministic Chaos: An Introduction (New York: VCH Distribution, 1988)。这些仿真表明，"点燃"

皮层–丘脑复馈回路和丘脑–皮层复馈回路，同时打开电压依赖性通道，是产生整体性的协调一致的丘脑–皮层过程之必要条件。

[9] G. Tononi, A. R. McIntosh, D. P. Russell, and G. M. Edelman, "Functional Clustering: Identifying Strongly Interactive Brain Regions in Neuroimaging Data", Neuroimage, 7 (1998), 133–149.

[10] B. Everitt, Cluster Analysis (London: E. Arnold, 1993).

[11] Tononi, McIntosh, Russell, and Edelman, "Functional Clustering".

[12] 如果用一个离散变量 X 来表示系统的活动模式，$H(X)=K\sum p_j\log_2 p_j$，其中 K 是一个任意常数，p_j 是系统的第 j 个状态的概率，求和从 1 到 N（系统可能的状态数）[如果这 N 个状态都是同样可能的，$p_j=1/N$，这个表达式就成了 $H(X)=\log_2 N$ 比特]。如果系统的状态有一个连续的取值范围：$H(X)=-K\int \mathrm{d}X P(X)\log_2 P(X)$，则其中 $P(X)$ 是系统的概率分布函数。请注意，对于连续变量来说，虽然由于可能的状态数有无穷多个，因而其熵没有很好的定义，但是只要假定测量精度有限，那么它还是有明确定义的。此外，熵差，例如整体性和互信息，总是有定义的。请参阅 F. Rieke, D. Warland, B. de Ruyter van Steveninck, and W. Bialek, Spikes: Exploring the Neural Code (Cambridge, Mass.: MIT Press, 1997)。

[13] G. Tononi, O. Sporns, and G. M. Edelman, "A Measure for Brain Complexity: Relating Functional Segregation and Integration in the Nervous System", Proceedings of the National Academy of Sciences of the United Sates of America, 91 (1994), 5033–5037.

[14] 分别作为在一个元素子集内部和外部的统计依存性的量度。整体性和互信息有高度普遍性的优点，因为它们是多随机变量的，并且对统计依存性的高阶矩敏感。请参阅 A. Papoulis, Probability, Random Variables, and Stochastic Processes (New York: McGraw Hill, 1991)。在假定了某些条件之后，例如满足平稳性，很容易计算这些量。在非平稳的条件下，或者时间很短，要计算它们就困难了。

[15] Tononi, McIntosh, Russell, and Edelman, "Functional Clustering".

[16] 如果要精确的话，那么只有当这种值在统计上高于齐次系统（homogeneous system）的相应值，并且这种子集的内部也没有一个具更高 CI 值的子集时，我们才说，这个子集是一个功能性聚类。参阅上注中的文献。

[17] 参阅上注中的文献。

[18] S. L. Bressler, "Interareal Synchronization in the Visual Cortex", Behavioural Brain Research, 76 (1996), 37–49; M. Joliot, U. Ribary, and R. Llinas, "Human Oscillatory Brain Activity Near 40 Hz Coexists with Cognitive Temporal Binding", Proceedings of the National Academy of Sciences of the United States of America, 91 (1994), 11748–11751; A. Gevins, "High-Resolution Electroencephalographic Studies of Cognition", Advances in Neurology, 66 (1995), 181–195; R. Srinivasan, D. P. Russell, G. M. Edelman, and C. Tononi, "Frequency Tagging Competing Stimuli in Binocular Rivalry Reveals Increased Synchronization of Magnetic Responses during Conscious Perception", Journal of Neuroscience, 19 (1999), 5435–5448; E. Rodriguez, N. George, J. P. Lachaux, J. Martinerie, B. Renault, and F. J. Varela, "Perception's Shadow: Long-Distance Synchronization of Human Brain Activity", Nature, 397 (1999), 430–433.

[19] W. Singer and C. M. Gray, "Visual Feature Integration and the Temporal Correlation Hypothesis", Annual Review of Neuroscience, 18 (1995), 555–586.

[20] A. K. Engel, P. Konig, A. K. Kreiter, and W. Singer, "Interhemispheric Synchronization of Oscillatory Neuronal Responses in Cat Visual Cortex", Science, 252 (1991), 1177–1179.

第十一章

[1] C. E. Shannon and W. Weaver, The Mathematical Theory of Communication (Urbana: University of Illinois Press, 1963).

[2] 为了简单起见，这里的讨论只用到离散变量，因此也就是离散状态。但是，如果我们假设，测量只有有限的精度，那么也可以考虑连续变量的情形。请参阅第十章注解 [12]。

[3] Shannon and Weaver, The Mathematical Theory of Communication; and A. Papoulis, Probability, Random Variables, and Stochastic Processes (New York: McGraw-Hill, 1991).

[4] 只要所用的手段是系统内部的多维方差（用熵来度量）以及统计依存性（用互信息来度量），那么就可以这样做。我们在第十章中介绍了这些术语，并且在本章稍后还要作进一步的介绍。这种纯粹是统计的方法，被成功地应用到了越来越多的物理学基本问题中去。请参阅 W. H. Zurek, Complexity, Entropy, and the Physics of Information: The Proceedings of the

1988 Workshop on Complexity, Entropy, and the Physics of Information, Held May-June, 1989, in Santa Fe, New Mexico (Redwood City, Calif: Addison-Wesley, 1990)。

[5] G. Tononi, O. Sporns, and G. M. Edelman, "A Measure for Brain Complexity: Relating Functional Segregation and Integration in the Nervous System", Proceedings of the National Academy of Sciences of the United States of America, 91 (1994), 5033–5037.

[6] 换句话说，熵度量的是外界观察者对系统变异性所作的估计，而互信息则是系统自己（它的各种子集）对系统的变异性所作的估计。

[7] 举例来说，如果 X_j^k 只有两个状态，那么即使这些状态在统计上依赖于 $X-X_j^k$ 的状态，X_j^k 至多也只能区分 $X-X_j^k$ 状态的两个状态，因此相应的 MI $(X_j^k; X-X_j^k)$ 值也就低。反过来，如果 X_j^k 和 $X-X_j^k$ 统计独立，那么不管状态数如何，X_j^k 不能区分 $X-X_j^k$ 的状态，因此 MI $(X_j^k; X-X_j^k)$ 为零。而在另一方面，如果 X_j^k 有许多状态，并且这些状态和 $X-X_j^k$ 的状态统计相关，那么 MI $(X_j^k; X-X_j^k)$ 的值就高。

[8] 请参阅 Tononi, Sporns, and Edelman, "A Measure for Brain Complexity"。威廉·詹姆士和鲁道尔夫·劳茨（Rudolf Lotze）在他们的许多著作中，都一直反对整体性的概念。他们的问题主要在于，他们是想从系统的外部去认识整体性，而不是从内部去认识。请参阅 W. James, The Principle of Psychology (New York: Henry Holt, 1890), 159。

[9] 这一结论与直观概念，以及近代物理学和生物学企图把复杂系统加以概念化的努力，是一致的。请参阅 Zurek, Complexity, Entropy, and the Physics of Information。也可以定义一个不牵涉计算整体性和互信息平均值的复杂性度量，它可以用说明系统元素之间相互作用的熵来定义，并表示为 $\sum \mathrm{MI}(X_j^k; X-X_j^k)-I(X)$；请参阅 G. Tononi, G. M. Edelman, and O. Sporns, "Complexity and the Integration of Information in the Brain", Trends in Cognitive Science, 2 (1998), 44–52。也可以通过引入变动（刺激元素子集）后，观察它们和系统其余部分之间互信息的变化，来考虑系统元素之间实际因果性相互作用的方向。请参阅 G. Tononi, O. Sporns, and G. M. Edelman, "Measures of Degeneracy and Redundancy in Biological Networks", Proceedings of the National Academy of Science of the United States of America, 96 (1999), 3257–3262。请注意，应该把复杂性度量应用于单个系统（某个功能性聚类），而不是许多独立的或近于独立的子系统。

［10］请参阅 Tononi, Sporns, and Edelman, "A Measure for Brain Complexity"。

［11］O. Sporns, G. Tononi, and G. M. Edelman, "Modeling Perceptual Grouping and Figure-Ground Segregation by Means of Active Reentrant Connections", Proceedings of the National Academy of Sciences of the United States of America, 88 (1991), 129–133.

［12］这就是说，神经元活动是由独立地加在每一神经元上的随机噪声所触发的。

［13］在这种情况下，当然，脑电（EEG）并不是实际记录得到的，而是根据仿真的几千个神经元的活动计算得到的。

［14］请注意，只要系统是孤立的，那么决定系统功能特异性的（反映在这里的是拓扑组织和朝向特异性），就是其元素之间的内部联结，而不是相反。

［15］Tononi, Sporns, and Edelman, "A Measure for Brain Complexity"; O. Sporns, G. Tononi, and G. M. Edelman, "Theoretical Neuroanatomy: Relating Anatomical and Functional Connectivity in Graphs and Cortical Connection Matrices", Cerebral Cortex, 10 (2000), 127–141.

［16］C. G. Habeck, G. M. Edelman, and G. Tononi, "Dynamics of Sleep and Waking in a Large-Scale Model of the Cat Thalamocortical System", Society Neuroscience Abstracts, 25 (1999), 361.

［17］用神经生理学数据，验证了这里所描述的复杂性量度。请参阅 K. J. Friston, G. Tononi, O. Sporns, and G. M. Edelman, "Characterising the Complexity of Neuronal Interactions", Human Brain Mapping, 3 (1995), 302–314。

［18］有许多别的生物学系统，也表现出复杂性，并且似乎也适用这里所描述的分析。原核生物和真核生物中的基因调控回路、各种不同的内分泌回路、胚胎发育期间所观察到的彼此协调的事件，就是一些重要的例子。有待考察的是，我们的方法是否也适用于更广的应用方面，例如分析并行计算和通信网络。还有一个问题也还没有解决，这就是，是否可以把我们的复杂性量度，推广到时间模式的情形，特别是因为复杂的动力学系统有时间演化过程，这种演化特别在近于所谓混沌边缘的相变处，是介于完全随机（类似于抛一枚硬币）和完全规则（类似于时钟）这两种极端之间的。请参阅 Zurek, Complexity, Entropy, and the Physics of Information。

［19］G. Tononi, O. Sporns, and G. M. Edelman, "A Complexity Measure for Selective Matching of Signals by the Brain", Proceedings of the National

Academy of Sciences of the United States of America, 93 (1996), 3422–3427.

[20] Tononi, Edelman, and Sporns, "Complexity and the Integration of Information in the Brain"；G. Tononi and G. M. Edelman, "Information: In the Stimulus or in the Context?" Behavioral and Brain Sciences, 20 (1997), 698–699.

[21] 请参阅 J. S. Bruner, Beyond the Information Given: Studies in the Psychology of Knowing (New York: W. W. Norton, 1973)。

[22] 这种表达是从 Herbert Spencer 那儿借用来的。请参阅 H. Spencer, First Principles (New York: Appleton, 1920)。

[23] Tononi, Sporns, and Edelman, "A Complexity Measure for Selective Matching of Signals by the Brain".

[24] 当改变系统的联结可以增大简并（产生某种所需要的输出的可能途径的数目）时，复杂性也增大。这也表示对环境的适应。请参阅 Tononi, Sporns, and Edelman, "Measures of Degeneracy and Redundancy in Biological Networks"；也请参阅第七章。

第十二章

[1] W. James, The Principles of Psychology (New York: Henry Holt, 1890), 78.

[2] 请参阅 D. A. Leopold and N. K. Logothetis, "Activity Changes in Early Visual Cortex Reflect Monkeys' Percepts during Binocular Rivalry", Nature, 379 (1996), 549–553; and D. L. Shenberg and N. K. Logothetis, "The Role of Temporal Cortical Areas in Perceptual Organization", Proceedings of the National Academy of Sciences of the United States of America, 94 (1997), 3408–3413。

[3] G. Tononi, R. Srinivasan, D. P. Russell, and G. M. Edelman, "Investigating Neural Correlates of Conscious Perception by Frequency-Tagged Neuromagnetic Responses", Proceedings of the National Academy of Sciences of the United States of America, 95 (1998), 3198–3203; and R. Srinivasan, D. P. Russell, G. M. Edelman, and G. Tononi, "Increased Synchronization of Magnetic Responses during Conscious Reception", Journal of Neuroscience, 19 (1999), 5435–5448.

[4] 在早期视区中，其发放水平与知觉相关的神经元数目很有限，而在枕叶皮层上 MEG 信号却显示出明显的调制。这一表面上的矛盾，可以部分用 MEG 信号对大群神经元的相关发放敏感来解释。和这个事实相一致，最近对斜视猫的研究表明，在双眼竞争条件下，知觉优势和早期视区的同步化增强有关，而知觉遏制则和同步化的减少有关。请参阅

G. Rager and W. Singer, "The Response of Cat Visual Cortex to Flicker Stimuli of Variable Frequency", European Journal of Neuroscience, 10 (1998), 1856–1877。因此，单个神经元发放的变化，表现出来的可能只是冰山的一角。

［ 5 ］ 就像意识经验的空间"粗粒"（grain）看来比单个神经元的空间粗粒要粗，意识经验的时间"粗粒"也要比单个脉冲的粗粒要粗：神经元信号是用毫秒级度量的，而意识生活则是在几分之一秒的时间里展开的。请参阅 A. L. Blumenthal, The Process of Cognition (Englewood Cliffs, N. J.: Prentice-Hall, 1977)。这一观察说明，在寻找意识经验的神经相关物时，应该把注意力集中于在类似的时间尺度内展开的神经动力学方面。

［ 6 ］ D. J. Simons, and D. T. Levin, "Change Blindness", Trends in Cognitive Sciences, 1 (1997), 261–267.

［ 7 ］ M. Solms, The Neuropsychology of Dreams: A Clinico-Anatomical Study (Mahwah, N. J.: Lawrence Erlbaum Associates, 1997).

［ 8 ］ 正如我们在前面提到过的，在某些情形下，纵然刺激持续时间不短或刺激不弱，也会出现没有觉知的知觉。请参阅 F. C. Kolb and J. Braun, "Blindsight in Normal Observers", Nature, 377 (1995), 336–338; S. He, H. S. Smallman, and D. I. A. MacLeod, "Neural and Cortical Limits on Visual Resolution", Investigative Ophthalmology & Visual Science, 36 (1995), S438; and S. He, P. Cavanagh, and J. Intriligator, "Attentional Resolution and the Locus of Visual Awareness", Nature, 383 (1996), 334–337。

［ 9 ］ W. Penfield, The Excitable Cortex in Conscious Man, Springfield, Ill.: Charles C. Thomas, 1958; W. Penfield, The Mystery of the Mind: A Critical Study of Consciousness and the Human Brain (Princeton, N. J.: Princeton University Press, 1975); and E. Halgren and P. Chauvel, "Experimental Phenomena Evoked by Human Brain Electrical Stimulation", Advances in Neurology, 63 (1993), 123–140; 请参阅 W. T. D. Newsome, and C. D. Salzman, "The Neuronal Basis of Motion Perception", Ciba Foundation Symposium, 174 (1993), 217–230。

［10］ 采用经颅磁刺激的新技术，也可得到类似的结果。请参阅 V. E. Amassian, R. Q. Cracco, P. J. Maccabee, J. B. Cracco, A. P. Rudell, and L. Eberle, "Transcranial Magnetic Stimulation in Study of the Visual Pathway", Journal of Clinical Neurophysiology, 15 (1998), 288–304; U. Ziemann, B. J. Steinhoff, F. Tergau and W. Paulus, "Transcranial Magnetic Stimulation: Its Current Role in Epilepsy Research," Epilepsy Research, 30 (1998), 11–30; and R. Q. Cracco,

J. B. Cracco, P. J. Maccabee, and V. E. Amassian, Journal of Neuroscience Methods, 86 (1999), 209–219。

［11］G. Tononi 未发表的观察。

［12］E. D. Lumer, G. M. Edelman, and G. Tononi, "Neural Dynamics in a Model of the Thalamorcortical System. 1: Layers, Loops, and the Emergence of Fast Synchronous Rhythms", Cerebral Cortex, 7 (1997), 207–227. ; E. D. Lumer, G. M. Edelman, and G. Tononi, "Neural Dynamics in a Model of the Thalamocortical System. 2: The Role of Neural Synchrony Tested through Perturbations of Spike Timing", Cerebral Cortex, 7 (1997), 228–236; and G. Tononi, O. Sporns, and G. M. Edelman, "Reentry and the Problem of Integrating Multiple Cortical Areas: Simulation of Dynamic Integration in the Visual System", Cerebral Cortex, 2 (1992), 310–335.

［13］例如，请参阅 F. Crick and C. Koch, "Some Reflections on Visual Awareness", Cold Spring Harbor Symposia on Quantitative Biology, 55 (1990), 953–962; F. Crick and C. Koch, "The Problem of Consciousness", Scientific American, 267 (1992), 152–159; F. Crick, and C. Kock, "Are We Aware of Neural Activity in Primary Visual Cortex?" Nature, 375 (1995), 121–123; and S. Zeki and A. Bartels, "the Asynchrony of Consciousness", Proceedings of the Royal Society of London, Series B-Biological Sciences, 265 (1998), 1583–1585。

［14］近来 PET 的研究结果，完全和这个预测是一致的；请参阅 A. R. McIntosh, M. N. Rajah, and N. J. Lobaugh, "Interactions of Prefrontal Cortex in Relation to Awareness in Sensory Learning", Science, 284 (1999), 1531–1533。在这项研究中，可以根据被试是否能够觉知到预示着某个视觉事件的纯音，而对被试进行分类。他们观察到，当觉知可能发生的时候，与左前额叶皮层在功能上相关的脑区（例如枕叶区和颞叶区）之间的活动相关性大大增强。这些作者断言，觉知是通过整合分布于各处的脑区而产生的。此外，他们还指出，左前额叶皮层的运作（在本例中为监视）对觉知可能有贡献，也可能没有贡献，这要看左前额叶皮层和其他脑区的相互作用情况而定。

［15］和皮层的联结方式相一致，动态核心很可能是以"辐射状"和分级的方式组织起来的。例如，不同模态（视觉、听觉、触觉等）处理知觉对象的高度不变性方面的皮层区之间的相互联结，通常比处理同一些对象的低级方面的脑区之间的联结，要更直接。因此，对脸起反应的神经元群

和对噪音起反应的神经元群，可能是直接通信的；而对有一定朝向的光条起反应的神经元群和对纯音起反应的神经元群，则不是这样。但是，在同一个模态中，"高级"和"低级"的神经元群是紧密联系的。在动态核心中，即使是单个功能性聚类中的功能性相互作用，也应该反映这种组织（也请参阅第六章注解［32］）。

［16］应该指出，有许多注意的效应，也可以被概念化成动态核心演化过程中的上下文效应，虽然意识状态本身的涌现，不应该和它们的注意调制混淆起来。

［17］M. H. Chase, "The Matriculating Brain", Psychology Today, 7 (1973), 82–87.

［18］Tononi, Sporns, and Edelman, "Reentry and the Problem of Integrating Multiple Cortical Areas".

［19］有关这些估计的参考文献和讨论，可以参看：T. Norretranders, The User Illusion: Cutting Consciousness Down to Size (New York: Viking, 1998)。作为对照，电视的容量为每秒几百万比特。如果用这种方法来进行计算的话，对人感觉通道容量的估计，在每秒几百万比特左右；而我们的运动输出在其最后阶段的容量，则为每秒 40 比特左右。请参阅 K. Kupfmuller, "Grundlage der Informationstheorie und Kubernetick", in Physiologie des Menschen, Vol. 10, eds. O. H. Grauer, K. Kramer, and R. Jung. (Munich: Urban & Schwarzenberg, 1971)。

［20］意识中信息本质的这一重要差别，也指出了 B. J. Baars, A Cognitive Theory of Consciousness (New York: Cambridge University Press, 1988) 一书中所用的"全局工作空间"(global workspace) 比喻的困难。否则，这是对意识的认知方面的一个极好分析。Baars 认为，意识就像戏院里的舞台或是电视播送站。这个观点的中心思想是有限容量的概念。在每个给定的时刻，在聚光灯下都只有几个演员（相应于几块信息），但是这些演员的话，传送给了全体观众。此外，在某些情况下，观众中的有些人也可以跑上舞台，发表他们自己的看法。这里的基本想法是，信息就在这些看法里面——任何意识状态中的信息内容都不多（一次只能发表一个看法或者几个看法），然而它们却广为传播。但是，正如我们所看到的那样，信息并不在那些看法里面，而是在系统状态的数目里。这些系统状态，是在系统内部通过全局性的相互作用产生的。因此，更好一些的比喻就不是一个小的舞台和许多观众，而是一个正要作某些决定的喧闹的议会，议员通过举手来表示意见。在计数之前，每个议员都和尽可能多

别的议员相互作用，但这种作用不是通过富有说服力的言辞（没有内在意义），而只是通过推拉动作来进行的。在 300 毫秒左右的时间里，就作了一次新的表决。如何宣布表决结果，依赖于议会内部各种相互作用的数目。在一个极权主义的国家里，每个议员的表决都一样，总是全体一致的信息量为零。如果有两个内部铁板一块的集团——左翼和右翼，则每一半的表决也总是一样，信息量只是略微高一点。如果大家都没有相互作用，那么表决就完全是随机的，在系统内部也就没有什么信息整合。最后，如果在议会内部有各种相互作用，最终的表决就非常富于信息。可以用我们在第十一章中所介绍的复杂性量度，来估计这些相互作用所整合的信息量。

［21］ H. Pashler, "Dual-Task Interference in Simple Tasks: Data and Theory", Psychological Bulletin, 116 (1994), 220–244.

［22］ Blumenthal, The Process of Cognition.

［23］ E. Vaadia, I. Haalman, M. Abeles, H. Bergman, Y. Prut, H. Slovin, and A. Aertsen, "Dynamics of Neuronal Interactions in Monkey Cortex in Relation to Behavioural Events", Nature, 373 (1995), 515–518.

［24］ E. Seidemann, I. Meilijson, M. Abeles, H. Bergman, and E. Vaadia, "Simultaneously Recorded Single Units in the Frontal Cortex Go through Sequences of Discrete and Stable States in Monkeys Performing a Delayed Localization Task", Journal of Neuroscience, 16 (1996), 752–768.

第五部分

第十三章

［1］ 这就是所谓的倒谱问题（inverted spectrum argument）。

［2］ 从最普遍的角度来讲，有正常色觉的人所体验到的颜色，可以仅仅用三个参数来加以描述，这就是色调、饱和度和亮度。色调相应于实际的颜色，饱和度相应于颜色的纯度，而亮度则是这个颜色看起来有多亮或者多暗。要想更详细地了解有关色觉的心理物理学和神经生理学方面的问题，可参阅 A. Byrne and D. R. Hilbert, Readings on Color (Cambridge, Mass.: MIT Press, 1997); and K. R. Gegenfurtner and L. T. Sharpe, Color Vision: From Genes to Perception (Cambridge, England: Cambridge University Press, 1999)。

［3］ 也有互补的神经元，例如那些为绿色波长所激活而为红色波长所抑制的神经元。此外，还有一些神经元群，对视野中不同位置的同样颜色起反应。

［4］ 很可能还有更多的神经元群和颜色知觉有关，有些神经元对别的颜色分类（例如绿色、黄色、橙色、紫色等）起反应，有些神经元对不同空间位置处的颜色起反应。在皮层结构中，早于 V4 和 IT 的区域中的神经元群，也可能对颜色意识知觉中的某些方面（例如空间细节和光谱成分的敏感性）有贡献。我们在其余的讨论中，一概忽略这些复杂性。

［5］ Paul Churchland 认为，脑可以用向量表征来经济地表示各种颜色、气味和脸。请参阅 P. M. Churchland, The Engine of Reason, the Seat of the Soul: A Philosophical Journey into the Brain (Cambridge, Mass.: MIT Press, 1995)。

［6］ J. Wray and G. M. Edelman, "A Model of Color Vision Based on Cortical Reentry", Cerebral Cortex, 6 (1996), 701–716.

［7］ 例如像 F. Crick and C. Koch "Are We Aware of Neural Activity in Primary Visual Cortex?" (Nature, 375 [1995], 121–123) 中所提出的方法；S. Zeki and A. Bartels "The Asynchrony of Consciousness" (Proceedings of the Royal Society of London, Series B–Biological Sciences, 265 [1998], 1583–1585) 更明确地提出了这一点。

［8］ 回避主观体验特性问题的一种经典方法，是有关标志线（labeled line）的陈旧想法（Müller 所谓特异的神经能定律）：某个神经元的发放，究竟产生怎样的主观感受，在某种程度上是由这个神经元所联结的感官决定的。如果这个神经元联结到眼睛上，那么它就产生视觉；如果它联结到皮肤上，那么就产生触觉。当然，这什么也没有解释。例如，联结到血管壁上压力感受器的对血压敏感的神经元又如何呢？为什么它们就不应该像其他神经元一样，也产生某种血压主观体验特性呢？

［9］ 请参阅 F. Crick and C. Koch "Consciousness and Neuroscience" (Cerebral Cortex, 8 [1998], 97–107) 一文中有关神经元发放 "意义" 的讨论。

［10］ A. Schopenhauer, The World as Will and Representation, trans. by E. F. J. Payne (New York: Dover, 1966), §7.

［11］ 当一位神经生理学家某次记录一个神经元或至多几个神经元的活动，或者一位心理物理学家在考察意识经验的某个特定方面时，当然可以同意，这时考虑的是比 N 维要少的子空间。但是，根据我们所进行的讨论，我们应该认识到，此时我们忽略了对给定意识状态有贡献的绝大多数神经维度，因此要确保在所忽略掉的维度上的神经活动，至少保持相对不变。

[12] 人们可能会说，这种区分的主观体验特性，和它的意义是一回事。

[13] 一个例外是 J. R. Searle, "How to Study Consciousness Scientifically", in Consciousness and Human Identity, ed. J. Cornwell (Oxford, England: Oxford University Press, 1998), 21–37。

[14] 除了用不同的意识状态，即用对应于动态核心的 N 维神经空间中可区分的一个点，来确定不同的主观体验特性之外，也可以把主观体验特性定义为：对应于核心中的 N 个神经维。这样人们就可以说，对应于动态核心特定维的神经元群活动，决定了这个维的主观体验特性对某个给定的意识状态有多少贡献。但是，不管人们采取哪一种定义，应该清楚，只有在整个动态核心的背景下，用核心的某个特定的维来确定主观体验特性，才是有意义的。特别地，神经元群的活动自身，不会产生任何主观感受，或主观体验特性，而只是在核心的 N 维空间中，确定一些可以区分得出的点的程度。此外，只有当对应于核心的其他维的神经元群的活动保持不变时，把某个主观体验特性的变化和沿着核心特定维的活动的变化联系在一起，才是有意义的。

[15] W. James, The Principles of Psychology (New York: Henry Holt, 1890), 224.

[16] 特别地，轴线之间的实际距离，可以用分级聚类（hierarchical clustering）技术，以轴线子集合之间的互信息来定义。请参阅 B. Everitt, Cluster Analysis (London: Halsted Press, 1993)。在我们写完这一章之后才得知，有一篇数学论文用抽象的术语，讨论了由主观体验特性所定义的现象学空间的性质。请参阅 R. P. Stanley, "Qualia Space", Journal of Consciousness Studies, 6 (1999), 49–60。这一分析的某些方面，例如有关这个空间的维数、拓扑、度量、联结性、线性、正交性等，都和我们在这里所说的一致。但是，这位作者所考虑的是：和所有可能的意识经验都有关的抽象主观体验特性空间；而我们则只考虑：和某单个个体的所有意识经验有关的主观体验特性空间，并且坚持其物理实现。我们首先说明，这个空间的维，是由属于动态核心实际神经元群的活动所决定的。

[17] 请记住，电压依赖性联结，是只有当接受神经元的电压由于某些别的兴奋性输入而增大时，才为某个兴奋性输入所激活的联结。

[18] 请注意，由局部扰动而实现全局性效应的可能性，本身不是唯一的。例如在某些物理系统中，通常是在远离平衡态的条件下，可以观察到一些动态变化，其构成元素之间的"相关长度"（correlation length）大大增加。这清楚地表明，局部的扰动可以有强而快速的全局性效应。请参

阅 G. Nicolis and I. Prigogine, Exploring Complexity: An Introduction (San Francisco: W. H. Freeman, 1989)。请注意，虽然这些例子可能也表达了全局性整合的思想，这是使动态核心成为功能性聚类的前提条件，但是由于其构成元素在功能上不是高度特异的，因而缺乏复杂性。

[19] 见 A. R. Damasio 的讨论："The Somatic Marker Hypothesis and the Possible Functions of the Prefrontal Cortex", Philosophical Transactions of the Royal Society of London, Series B-Biological Sciences, 351 (1996), 1413–1420。

[20] G. M. Edelman, The Remembered Present: A Biological Theory of Consciousness (New York: Basic Books, 1989). 在最近的书，The Feeling of What Happens (New York: Harcourt Barace, 1999) 中，A. R. Damasio 扩展了自我–非自我区分的概念，这正是 G. M. Edelman, Bright Air, Brilliant Fire: On the Matter of the Mind (New York: Basic Books, 1992), 117–133, 131–136 中最初讨论意识的基础。

第十四章

[1] 见 M. H. Chase, "The Matriculating Brain", Psychology Today, 7 (1973), 82–87。

[2] 如果要了解有关认知方面的综述，可参看 B. J. Baars, A Cognitive Theory of Consciousness (New York: Cambridge University Press, 1988)。

[3] 我们在这里并不关心，输出端口究竟是在初级运动皮层，还是在某些高级运动区；也不关心，和运动神经元之间的联结是直接的，还是要在别的运动结构中通过若干其他突触，因为问题的要旨并无变化。

[4] 我们在这里也不关心，在通常情况下，无意识的感觉外周在中枢神经系统中有多深入，这样的问题。譬如说，初级视区中的活动是否有意识？这是一个经验的问题，应用动态核心假设中的一些准则可加以解决。但是，这对我们现在的论述并没有什么影响。

[5] M. V. Egger, La Parole Intérieure (Paris, 1881), 转引自 W. James, The Principles of Psychology (New York: Henry Holt, 1890), 280。

[6] 对于海马来说，情形多少有些不同。海马的解剖结构表明，从核心到海马的输出和从海马到核心的输入，并不像基底神经节或小脑那样，仅仅局限于少量输出端口和输入端口。海马回路受到一大群开放的输出端口触发；而海马程序的结果，又会通过大量的输入端口，同时触发核心。基底神经节的程序，可能找出下一个要用什么词；而海马的活动，则可

能触发下一幅要用的场景，并且海马也在记住这个场景中起关键作用。有一种有意思的可能性，这就是由于参与动态核心的许多神经元群之间的合作，动态核心可能有专门的通道（privileged access）去触发海马活动。这种可能性和下列事实是一致的，即意识是情节性记忆的前提条件，而情节性记忆需要海马。但是，意识本身并不需要海马。

［ 7 ］ A. M. Graybiel, "Building Action Repertoires: Memory and Learning Functions of the Basal Ganglia", Current Opinion in Neurobiology, 5 (1995), 733-741; and A. Graybiel, "The Basal Ganglia", Trends in Neurosciences, 18 (1995), 60-62.

［ 8 ］ H. Bergman, A. Feingold, A. Nini, A. Raz, H. Slovin, M. Abeles, and E. Vaadia, "Physiological Aspects of Information Processing in the Basal Ganglia of Normal and Parkinsonian Primates", Trends in Neurosciences, 21 (1998), 32-38; and A. Nini, A. Feingold, H. Slovin, and H. Bergman, "Neurons in the Globus Pallidus Do not Show Correlated Activity in the Normal Monkey, but Phase-Locked Oscillations Appear in the MPTP Model of Parkinsonism", Journal of Neurophysiology, 74 (1995), 1800-1805.

［ 9 ］ 由这些考虑引出一种有意思的可能性，即传统上的一些联想（例如猫和老鼠、桌子和椅子、姓和名），可能并不是像通常所设想的那样，由皮层–皮层联结介导，而是由通过基底神经节或别的皮层附器的一些彼此隔离的回路所介导。

［ 10 ］ Graybiel, "Building Action Repertoires: Memory and Learning Functions of the Basal Ganglia"; and Graybiel, "The Basal Ganglia".

［ 11 ］ Graybiel, "The Basal Ganglia"; J. E. Hoover and P. L. Strick, "Multiple Output Channels in the Basal Ganglia", Science, 259 (1993), 819-821; and F. A. Middleton and P. L. Strick, "New Concepts about the Organization of Basal Ganglia Output", Advances in Neurology, 74 (1997), 57-68.

［ 12 ］ 什么样的神经过程始终是无意识的，而它们又如何跟核心相互作用？在我们对此作小结以前，可能有必要考虑下面的问题。从经验上来说，决定意识状态内涵以及意识状态之间转换的约束或者"规则"，究竟是由一组神经元群之间的联结决定的呢，还是由另外一组神经元群的活动决定的？对这一点并不总是很清楚。在很大程度上，从一种意识状态转换为另一种意识状态，当然是由一组活动神经元群之间的联结决定的。神经元之间的联结模式，是作为自然选择的结果在进化、发育和经验过程

中形成的，其中有大量关于机体所碰到过的或将会碰到的环境的知识。联结模式把知识表达成某种布局，它确定如果在动态核心中发生什么样的活动模式，那么相继而来的更可能是哪种活动模式。另一方面，正如我们在有关自动行为的一节中说过的，有许多功能上彼此隔离的程序或输入，它们无意识地进行着，但是可以影响核心的状态。要想确定，从一个意识状态转换到另一个意识状态时，有多少是由产生意识经验的神经元群子集之外的、功能上彼此隔离的无意识自动程序介导的，又有多少是取决于这些神经元群之间的联结模式，这是一个有意思、却也很困难的问题。换句话说，在什么样的情况下，动态核心是由于内部约束而改变状态，又在什么样的情况下，它是通过触发功能上彼此隔离的程序，而这又反过来影响下一个状态，从而实现这一点的呢？例如，请考虑支配意识经验的许多"规则"，如语法规则。正如我们在研究有关人为的文法、复杂的控制问题和序列学习（sequence learning）中所得的内隐（implicit）知识和外显（explicit）知识所示，我们看起来知道大量的"规则"，但是我们在意识上并不觉知到它们。请参阅 A. S. Reber, Implicit Learning and Tacit Knowledge: An Essay on the Cognitive Unconscious, Oxford Psychology Series, No. 19 (New York: Oxford University Press, 1993); D. C. Berry, "Implicit Learning: Twenty-Five Years On: A Tutorial", in Attention and Performance 15: Conscious and Nonconscious Information Processing, Attention and Performance Series, ed. M. M. Carlo Umilta (Cambridge, Mass.: MIT Press, 1994), 755–782. 在许多情形下，这种规则是内隐地获得的，而不是有意识地或者故意地获取的。目前还不清楚，这种规则究竟体现在对意识经验有贡献的神经元群之间的联结模式中，还是由别的一些神经元群执行无意识过程的结果。由于在文献中，对内隐和外显之类的术语用法不统一，这使得问题进一步复杂化。对于联结主义的方法来说，常常把神经元的活动，当作是一种外显表征，而把联结看作是对神经元相互作用的内隐约束。在心理学文献中，外显常常表示有意识，而内隐常常表示无意识。最后，虽然联结可以决定神经相互作用，但是很明显，如果没有神经活动的话，也就没有相互作用。借用一个比喻来说，联结就像道路网，它规定了车流往哪儿流动。但是，如果车辆不真的行驶的话，那么就哪儿也去不了。类似地，除非神经元本身活跃而有发放，神经元群之间就不可能有实际的相互作用。换句话说，我们必须区分实际出现的动态过程，和在时空两方面对这个过程所施加的约束。这种区分不管这样的过程是否和意识有关，都成立。脑干中有协调运动所必需的所有回路。但是，如果不激活这些回路的话，也就不会有运动。同样，如果脑由于深度麻醉而不工作的话，就没有任何信息在丘脑-皮层系统中得到整合，意识丧失。但是，在丘脑-皮层系统中，所有有关环境的知识，依然得到保持，清醒之后还有。说得更简洁一些，产生意识经验的迅速信息整合，就像别的物理过程一样，它也需要有满足因果关系的实际动态过程。

［ 13 ］请参阅 G. M. Edelman, The Remembered Present: A Biological Theory of Consciousness (New York: Basic Books, 1989), 具体说明这样的分离症状如何会出现。

［ 14 ］W. Schultz, P. Dayan, and P. M. Montague, "A Neural Substrate of Prediction and Reward", Science, 275 (1997), 1593-1599.

［ 15 ］Bergman et al., "Physiological Aspects of Information Processing in the Basal Ganglia of Normal and Parkinsonian Primates".

第六部分

第十五章

［ 1 ］这和所谓的鲍德温效应 (Baldwin effect) 有关，请参阅 G. G. Simpson, "The Baldwin Effect", Evolution, 7 (1952), 110-117。

［ 2 ］G. M. Edelman, The Remembered Present: A Biological Theory of Consciousness (New York: Basic Books, 1989).

［ 3 ］有关语言的表达功能 (expressive function) 和指称功能 (designative function) 的概念，请参阅 C. Taylor, Human Agency and Language, Philosophical Papers, Vol. 1 (Cambridge, England: Cambridge University Press, 1985)。

［ 4 ］例如，请参阅 M. Cavell, The Psychoanalytic Mind: From Freud to Philosophy (Cambridge, Mass.: Harvard University Press, 1993)。

［ 5 ］T. Nagel, "What Is it like to Be a Bat?" in Mortal Questions (New York: Cambridge University Press, 1979).

第十七章

［ 1 ］G. M. Edelman, Neural Darwinism: The Theory of Neuronal Group Selection (New York: Basic Books, 1987); and G. M. Edelman, Bright Air, Brilliant Fire:

On the Matter of The Mind (New York: Basic Books, 1992).

[2] Edelman, Bright Air, Brilliant Fire.

[3] J. A. Wheeler, At Home in the Universe (New York: American Institute of Physics, 1994).

[4] G. M. Edelman, The Remembered Present: A Biological Theory of Consciousness (New York: Basic Books, 1989).

[5] W. V. Quine, "Epistemology Naturalized", in Ontological Relativity and Other Essays (New York: Columbia University Press, 1969); 也请参阅 H. Kornblith, Naturalizing Epistemology (Cambridge, Mass.: MIT Press, 1994)。

[6] 特别是 Quine, "Epistemology Naturalized"。

[7] W. Kohler, The Place of Value in a World of Fact (New York: Liveright, 1938).

[8] R. Penrose, The Emperor's New Mind: Concerning Computers, Minds, and the Laws of Physics (Oxford, England: Oxford University Press, 1989); and R. Penrose, Shadows of the Mind: A Search for the Missing Science of Consciousness (New York: Oxford University Press, 1994).

重译后记

　　2018 年秋，上海科学技术出版社的杨志平编辑告诉我准备重版《意识的宇宙》，问我愿不愿意对旧译做一次全面的修订。这我自然是愿意的，因为我最初翻译此书还是 2002 年的事了，当时我把兴趣转移到意识问题还为时未久，对意识研究了解不多，翻译经典名作的经验也很不足，所以对书中许多深刻的内容领会不深，甚至就没有看懂，翻译如何兼顾译文的"信"和"达"也力有未逮，这样就给译文留下了诸多遗憾。现在回过头来重读旧时译文，找出了那么多翻译不确切甚至错误之处，不禁为之汗颜。近年来，我对目前科学读物中译本的一些批评，也完全适用于自己的旧译。关键就是，有些地方当时自己没有看懂，而只是按语法规则和自己知道的单词的意思，堆砌了出来，没有广查词典以至百科全书。当然，当时的互联网不像现在这样方便，也勉强可以算是一个客观原因。但是，主观上对全书内容有许多不理解之处，而翻译时查资料和请教又不够，这才是主要原因。现在出版社给了我这样一个机会重加订正，消除遗憾、弥补错误，诚然是求之不得的好事，所以我就痛快地答应了下来。和旧版比起来，差不多每段都有改动，除了文字上的润色之外，更主要的是改正了许多翻译不确切乃至错误之处。

在这次新版中，对不少术语也重新作了规范，使之较为贴切。例如把 reentry 译为"复馈"，remembered present 译为"有记忆的现在"。此外，有些概念在不同的场合，习惯上用了不同的表述。虽然其内涵还是一样的，不过如果不符合习惯，就会使人读起来比较别扭，所以在翻译时，就把同一个词在不同的场合下翻译成了不同的表述。例如，mind 在一些地方翻译成"心智"，而在另一些地方翻译成"头脑"，更在别处翻译成"精神"（特别是在有关哲学的问题上）或"心灵"。诚如我国语言学前辈吕叔湘先生的名言："英语不是汉语"，在这两种语言的词汇之间，不存在一一对应关系。一种语言中的一个词，在不同的场合可能有许多不同的意思，在他种语言中就要用不同的词来表达。experience 在 conscious experience 这一短语中翻译成"经验"，而在其他地方则翻译成"体验"以强调其主观性特点，还在有的地方翻译成"经历"。有些不同的英语表达，含有不同的意思。在上一版翻译中，我未能体会到其中的微妙差别，而做了不够妥当的翻译，例如 feeling 翻译成"感觉"，其实这个词有强调主观的意思，因此这次翻译成了"感受"；同样，perception 是"知觉"，而不是"感觉"。还有些术语的翻译，从本书初版到现在，已经有了逐渐统一的趋势，因此这次就尽量采用比较通用的译法，如 emergence 现在翻译成"涌现"，等等。也有些术语，笔者在全国科学技术名词审定委员会组织的生物物理名词审定会上提出的建议，得到了与会专家的赞同，而已经正式公布。在这次重译时，就采用了这些译名，如 zombie 译为"无魂人"，qualia 译为"主观体验特性"等。

和旧译本相比，除了对译文进行了订正，对术语译名作了规范，还对译注做了调整，去掉了不必要的译注；对作者创造的新名词，则尽量从他自己的著作中找出解释。这本来也是原著受到批评之处。另外增加了一篇"译者导读"，对本书的脉络作了梳理，指出了其中值得读者深思的思想火花，以及不足之处。当然，以译者本人的水平，是没有资格来对本书下断言的，只不过抛砖引玉，和读者共同切磋。

此外，本书重译版编辑还发现原版中个别编排不当之处，笔者根据其建议，加了相应译注予以说明。经过编校和排版人员精心处理，本版编排更加妥贴并适合中国读者，笔者均表示感谢。中国科学院院士唐孝威先生是我国意识研究的推动者，以耄耋高龄在炎暑酷夏之中为本版作序，足见对脑研究以及对埃德尔曼理论观点和研究思路的重视，更是笔者本人之荣幸，谨向唐孝威院士深致谢意。

虽然在这次重译过程中，笔者已经尽了力，并把自己的感悟写成导读，也得到襄助，但由于水平所限，译文中的不当甚至误译之处，恐仍难完全避免。笔者期待读者的反馈意见和批评指正。

顾凡及

2019 年 9 月 1 日

于复旦大学